一行指令學 Python

用機器學習掌握人工智慧

(第二版)

徐聖訓　編著

全華圖書股份有限公司　印行

國家圖書館出版品預行編目資料

一行指令學 Python：用機器學習掌握人工智慧/徐聖訓編著.

-- 二版. -- 新北市：全華圖書股份有限公司, 2023.02

面；　公分

ISBN 978-626-328-406-7(平裝)

1.　CST: Python(電腦程式語言)

312.32P97　　　　　　　　　　　　　112001467

一行指令學 Python：用機器學習掌握人工智慧

(第二版)

作者 / 徐聖訓

發行人 / 陳本源

執行編輯 / 李慧茹

封面設計 / 戴巧耘

出版者 / 全華圖書股份有限公司

郵政帳號 / 0100836-1 號

圖書編號 / 0644301

二版二刷 / 2024 年 09 月

定價 / 新台幣 520 元

ISBN / 978-626-328-406-7　(平裝)

ISBN / 978-626-328-407-4　(PDF)

ISBN / 978-626-328-408-1　(ePub)

全華圖書 / www.chwa.com.tw

全華網路書店 Open Tech / www.opentech.com.tw

若您對本書有任何問題，歡迎來信指導 book@chwa.com.tw

臺北總公司(北區營業處)

地址：23671 新北市土城區忠義路 21 號

電話：(02) 2262-5666

傳真：(02) 6637-3695、6637-3696

南區營業處

地址：80769 高雄市三民區應安街 12 號

電話：(07) 381-1377

傳真：(07) 862-5562

中區營業處

地址：40256 臺中市南區樹義一巷 26 號

電話：(04) 2261-8485

傳真：(04) 3600-9806(高中職)

　　　(04) 3601-8600(大專)

機器學習和深度學習的時代已經來臨，其應用已經無所不在！

為了了解他們（我每次這樣說，其實是自己喜歡亂買），我花了約一隻手機的價錢，在車子上加裝了一個 OpenPilot 自動駕駛系統。想看看，如果車子能夠自己駕駛的話，開車會是多麼不一樣的心情！

測試的場景是，濱海公路上，月黑風高下著雨又沒有路燈的夜晚。由於沿路沒有路燈，又下著雨，以人類的視覺來講，我想駕駛方式會將車速設在 60 公里是非常合理的。但為了測試系統的極限，我將「人工智慧」自動駕駛系統的速度設在 90 公里。它總該比我厲害吧！

由於剛開始不太信任自動駕駛系統，只好眼睛直直盯著前方，手緊握著方向盤並不時想介入方向盤的轉動。但隨著車子越開越順暢，我發現自動駕駛系統已經可以大幅「輔助」我的視覺，開車的經驗也從原本的緊張擔心，變成了輕鬆和享受。別忘了，大腦的資源是有限的。長時間盯著前方，很快就會累，自然就會變得不耐煩。有了自動駕駛的輔助，開車還可以看看遠方的風景，輕鬆地唱著歌曲，而人的角色則從「駕駛」成為了「監視駕駛」的角色。開車可以說是輕鬆寫意，絲毫不會累！

這就是目前人工智慧的現況，我們不用花大筆的金錢，就可以享受人工智慧和深度學習的好處。人工智慧已經可以輔助，甚至取代我們的五感。這麼厲害的技術和觀念，現在不學更待何時。於是我常常有衝動想要繼續寫深度學習的書，但時間和體力又不允許，還好這部分有許多寫得很好的書和老師的影片可以參考。我就暫時放下這個衝動。

好了，本書這次改版主要更正一些錯誤，把一些觀念講得更加清楚。最重要的是，我們在作業部分大幅更新，讓大家有更多練習的機會。讓你不會學完之後有點空洞。

本書跟其他書的差異在於：

1. 我一再強調的是一個清楚的架構，也就是我們希望在使用機器學習函式的時候，只需要用到三個步驟：物件初始化、學習 fit、預測 predict。整本書的機器學習模型，我都在試圖把它精簡到這三個步驟。因此前面會比較複雜一點點，但這都是為了學習步驟的系統化。當你發現學到後面越來越簡單時，你就會知道這一點點的複雜和辛苦是值得的。

2. 絕大部分的書本都會給你實體的範例檔案，本書所有的範例程式碼都放在 Google 的 Colab 上。這麼做有三個好處。第一、當 sklearn 更新的時候，我們的範例會直接在雲端完成更正，讓本書範例隨時是可用的版本。不會有買了書但範例卻不能跑的狀況。第二、 你要使用本書的範例相當的簡單，只要你有 Google 的帳號就可以立刻使用本書的所有範例，完全不用安裝任何系統。第三、 當你可以容易使用範例的時候，就可以搭配書的內容來一起學習，達到事半功倍的效果。學習最好的方式就是一邊看一邊動手做。

3. 大部分教機器學習的書，比較不會強調文字處理的部分，包括情感分析、文字雲、主題探索等。本書一共有三個章節在談這個問題。 這一類的主題相當有趣，也是目前研究的主流之一。個人建議老師在授課的時候，可以把這部分的內容先拿來教，增加學生學習的樂趣。

4. 本書也會處理到類別分配不均（imbalanced data）的問題，這也是一般教科書比較不會談到的部分。

5. 最後，我幫各位讀者做一點貼心的整理，把內容重要的地方用粗體標示，也把重要的數據框起來。

　　這不只是一本教科書，也是可以幫助你「快速解決」問題的一本書。什麼意思呢？ 所有課本的內容都在 Colab 上，因此你遇到需要解決問題時，可以先看看課本哪一個章節的內容可以幫助你，然後複製貼上本書的程式碼來解決問題。我的學生完全同意這個優點。

舉個例子，我們在幫學校分析一個案子，要做文字雲和主題探索的內容。在機器學習的部分，我們僅花了約 10 分鐘的時間就完成所有程式碼。為什麼可以這麼快？因為所有的機器學習程式架構已經在 colab 裡了。

我自己在改版的過程有很大的重新閱讀樂趣，希望你閱讀時也能夠感受到這份樂趣。

本書的特色：

這一本書，找不到複雜的數學，看不見複雜的程式碼。而是用一個步驟一個步驟的方式，帶著你慢慢進入機器學習的領域裡。我希望能用簡單和清楚的方式，教你學會如何用 Python 來做機器學習。

「一行指令學 Python」系列的第一本書教的是 pandas，而這本的重點大多以 Scikit-Learn（之後簡稱 sklearn）為主。pandas 是功夫熊貓，sklearn 是老虎。pandas 在處理數據上所向無敵，sklearn 在機器學習上所向披靡。雖然這兩個套件應該合作無間，但總是整合不順，原因並不是因為誰搶著當老大，而是因為 sklearn 在處理資料時以 numpy 為主，而非以 pandas 為主。但在 sklearn 2.0 之後，這兩者的整合愈來愈好，特別是水平合併器 ColumnTransformer 的出現，讓 pandas 的資料更能無縫接軌到 sklearn 裡，這絕對是一個突破。不過一般的書都不會教這一部分，本書會特別強調如何把這兩個套件結合在一起。不只是 ColumnTransformer，本書還會教大家如何用 pandas 做資料探索和分析。

其次，這本書也會特別強調管道器。透過管道器，我們可以讓抽象的思維直接落實在程式碼裡，這也是一般書不會強調的部分。

• 沒有複雜的數學。

• 沒有複雜的程式碼。

• 書本編排有系統，由淺入深學習。

• 介紹 ColumnTransformer、管道器製作。大部分的書並不會強調這個部分。

- 介紹 sklearn 的資料預處理。

- 監督式的機器學習模型會介紹：簡單線性迴歸、多元線性迴歸、羅吉斯迴歸、K 最近鄰、支持向量機、決策樹、隨機森林等整合預測模型。

- 在特徵值處理上會介紹主成分分析和選最佳的 K 個特徵值 SelectKBest。

- 在非監督模型上會介紹 KMeans。

- 會說明模型預測的重要指標：正確率、精確率、召回率、混亂矩陣、綜合報告、PRC 曲線、ROC 曲線。這部分也是許多書沒有解釋清楚的部分。

- 會說明交叉驗證的原理。

- 會教大家如何用網格搜尋的使用方式，來挑選模型最佳參數。

- 會教大家做英文和中文的文字處理，並做文本情感分析和主題探索。

- 會用實際的資料來教大家做分析，包括波斯頓房價預測、鳶尾花資料、鐵達尼號資料、威斯康辛大學醫院收集的乳癌腫瘤病患預測、電信公司客戶流失預測、信用卡盜刷預測、Newsgroup 新聞群組分類、Amazon 商品評論預測、Tripadvisor 裡兩家航空公司和數字預測。其中，Amazon 商品評論和 Tripadvisor 裡兩家航空公司的資料，是我寫爬蟲收集來的。

- 會教大家，當遇到資料有問題的時候該怎麼處理，當目標類別不均衡的時候該怎麼處理。

- 最後教大家如何將深度學習的模組也包裝到 sklearn，來善用 sklearn 裡面的資料預處理和模型結果分析套件。

中華大學企管系教授

徐聖訓

徐老師又出書了！

徐老師在我們學院是一位多產優秀的老師。利用他數學學士、資訊碩士、管理博士的特殊背景，他整合了多方知識，深入淺出的介紹，並教導如何入手未來知識應用中非常重要的機器學習。

人類科技進步的速度實在是太快了。還記得 20 幾年前我從美國回臺教書，為了鼓勵同學們學習，常規定同學如果報告用電腦文字處理軟體而非手寫來寫，就能加分。反觀現在，要同學們手寫報告可能是難上加難了。

徐老師的這本書《一行指令學 Python ——用機器學習掌握人工智慧》如其書名，利用功能強大的 Python 程式語言，建立機器學習系統，協助我們解決日常管理問題，深入淺出。沒有複雜的數學公式，而有清楚邏輯引導，讀者們只要一步步跟著徐老師的步伐，由淺入深的學習，從管道器製作、資料處理、監督式機器學習模型、特徵值處理等等理論，將會一步一步進入讀者的知識庫中，使你成為「能用電腦文字處理軟體」交報告的人。

徐老師並清楚地解釋了正確率、精確率、召回率、混亂矩陣、綜合報告、PRC 曲線、ROC 曲線等一般相關書籍較為忽略的部分。另外，徐老師很貼心的利用實際的資料來教大家做分析，其中的實例包括波斯頓房價預測、鳶尾花資料、鐵達尼號資料、信用卡盜刷預測、news group 新聞群組分類、Amazon 商品評論預測等等，讓讀者更能領會機器學習的強大功能與重要性。

《一行指令學 Python ——用機器學習掌握人工智慧》是一本非常好的機器學習入門書。如果你正在猶豫徬徨，不知如何跟上人工智慧的時代，這本書將是你最好的選擇。

中華大學管理學院院長

　　人工智慧（artificial intelligence, AI）在近年幾乎變成全民運動，很多政府部門、民間機構及學校都會使用到 AI 這個關鍵字，似乎沒有使用 AI 二字，研究或產品就會失去價值。這也意味著人工智慧在今天大數據的時代，是一門重要的應用科學。人工智慧就是人造的智慧，跟我們在神經科學所研究的生物智慧（biological intelligence），聽起來是完全不一樣的，但其實兩者的目的相同，皆是利用運算為手段，以達到最準確的結果。因此，生物智慧和人工智慧常常被認為是一體兩面、相輔相成，且皆為目前進步最快的一門學問。

　　人工智慧的發展有賴於背後的演算模擬及深度學習，人工智慧背後的內涵及裡面的一些程式，對一般人而言是相當陌生的，因此如果要藉由一本好的書認識什麼叫作人工智慧，內容上淺顯易懂是非常重要的。本書正是基於這樣的一個目的而作，書中沒有深奧難懂的數學理論，取而代之的是非常簡單的例子及程式語言，這對於想快速進入這個領域的人是有幫助的。

　　人工智慧在當今各個領域都扮演非常重要的角色，包括物聯網、智慧醫療和腦科學研究。以腦科學研究為例，拜先進腦科學技術的進步所賜，科學家可以獲取大量的實驗數據，這些數據都需要大量的分析跟處理，這其中最有名的就是在神經科學內的聯結體學。腦科學研究中，從簡單的果蠅腦到複雜的人類大腦，各自包含了從數千個到數百億個神經細胞，而神經細胞的型態不盡相同，這些神經細胞彼此互相聯結，構成了錯綜複雜的聯結網絡，或叫做聯結體，而研究聯結體功能及其如何運算的學問就叫做聯結體學。在聯結體學中，神經細胞的型態及功能鑑別都需要仰賴大量的數據處理與分析，這時人工智慧就扮演了很重要的角色。

　　但是，人工智慧真的是萬能的嗎？其實想想看，人工智慧在執行某些特定且例行的工作上，它的計算速度跟能力也許遠遠超過人類的大腦。例如停車場收費員進行的車牌辨識，這是日常中例行且重複執行的工作，就可以交由人工智慧執行。但是生物智慧或人類大腦還有很多是人工智慧所沒辦法比擬的，例如跟記

憶相關的可塑性以及學習上的彈性。未來的人工智慧也許應該與生物智慧相互學習，目前的人工智慧所應用到神經科學的理論及學習原則不多，這部分是目前人工智慧或機器學習尚未應用，也是未來或許可以加進去的。人工智慧在未來可以改善空間就包括借重逆向工程（reverse engineering）以了解大腦如何藉由神經網路及神經訊號做腦中資訊的處理，這些處理是不是有一些特殊的運作原則，這些原則有沒有可能設計在未來機器學習的計算模型或方程式裡面，讓未來的機器學習能夠更聰明、更擬人化。經由對生物智慧的了解或從生物學的角度去了解神經科學，也許可以刺激人工智慧的進一步發展，這個就是目前這幾年被熱烈討論的 neuroscience inspired AI。

　　或許生物學家也可以利用機器學習的觀念和強大運算效能來了解生物智慧強化的可能。我相信這本書非常適合對人工智慧有興趣和想入門的廣大讀者，因此我在這邊慎重地推薦這本書。

國立陽明交通大學生命科學院院長

連正章

目次

第 0 章　機器學習介紹

第一部分　Python快速複習

第 1 章　Python基本功能介紹

第 2 章　Pandas DataFrame 介紹

第二部分　Sklearn資料預處理

第 3 章　資料預處理

第三部分　監督式學習線性迴歸

第 4 章　簡單線性迴歸

第 5 章　多元線性迴歸

第四部分　監督式學習分類模型

第 6 章　羅吉斯迴歸

第 7 章　K最近鄰

第 8 章　支持向量機

第 12 章　模型參數挑選和網格搜尋

第 13 章　組合預測器

第 14 章　員工流失率預測

第 15 章　客戶流失率預測

第 16 章　信用偵測

第五部分　文字分析

第 17 章　文字處理

第 18 章　Amazon商品評論分析

第 19 章　中文文字處理

第六部分　非監督式學習

第七部分　深度學習包裝

第 0 章
機器學習介紹

=========== 本章學習重點 ===========

■ 人工智慧、機器學習、深度學習

■ 機器學習發展歷史簡介

■ 人工智慧的未來

■ 什麼是學習

到底什麼是人工智慧、什麼是機器學習、什麼又是深度學習？三者的差異在哪兒？機器學習要解決的又是什麼問題呢？

我們先來看人工智慧的應用有哪些——垃圾信件辨識、手機裡相簿的圖像辨識、文字辨識、車牌辨識、手機可以認出使用者的臉、Youtube 會依照我們觀看的影片分析我們的興趣、新聞推薦、新聞撰稿等。

不久之後你將會看到，自動駕駛的汽車、能幫你訂票的助理、會創作的人工智慧藝術家。未來的世界，人工智慧將無所不在，並改變人類的生活方式。

0-1　人工智慧、機器學習、深度學習

當人工智慧圍棋程式 AlphaGo 擊敗了中、日、韓最頂尖的職業圍棋棋士，就宣告人工智慧的發展到達了一個新的高度。事實上，這已經不是人工智慧第一次嘗試挑戰人類的圍棋能力，但這麼壓倒性地贏過人類，還是第一次。我們記住你了—— AlphaGo。We will be back!!

也因為 AlphaGo，人工智慧、機器學習、深度學習便開始出現在我們的生活用語裡。究竟這些字詞代表什麼意思呢？

人工智慧

首先是「人工智慧」，簡單的定義是：讓程式展現人類的智慧。最早期的人工智慧就像是控制程式，程式設計師必須先把所有規則都考慮清楚，才能寫出控制程式，並不算是真的「智慧」。譬如：電梯的排程，哪一臺上、哪一臺下。因此從廣泛的定義，人工智慧並不一定需要酷炫的技術，只要在程式裡將互動規則定義清楚，都可以稱為人工智慧。

不過，現在我們所泛指的人工智慧，比較像是能夠具備「聽說讀寫」的功能，人工智慧能看得出你是誰、聽得懂你說的話、讀進文字並加以理解、將聽到的話寫下來然後回應你。不只如此，它還會去網路搜尋答案，找到你要去的地點並提供地圖。事實上，我所講的只是你的手機功能而已，你的手機早就已經具備人工智慧的能力。

機器學習

實現人工智慧有許多方式，其中一個重要方法是「機器學習」。相較於傳統編程方式必須定義清楚所有的規則，機器學習的特色是能從資料當中自動學出「規則」。從數學的角度來說，就是找到一個好的「函數」來滿足資料，「函數」就是「規則」。機器學習需要的元件有三：

1. 資料（你心裡想什麼，這不是廢話嗎！），
2. 機器學習的演算法，
3. 新的資料來驗證預測結果。

　　其實就這麼簡單，我們這本書就是要教這三個步驟。機器學習的厲害之處，就在於它可以從一堆資料裡面，自動找出資料的規則，來做資料的分類或者是分群。這跟傳統的控制程式必須有人來設立規則並不相同。

深度學習

　　最後要介紹的是「深度學習」，沒錯，AlphaGo 的核心就是深度學習。事實上，深度學習只是機器學習裡的方式之一。不過，這些年由於深度學習太成功了，幾乎已經讓深度學習成為人工智慧或機器學習的代名詞了。大家只要想到人工智慧，就直接聯想到深度學習。不過，深度學習只是機器學習中的一個方法，它基本的步驟和流程與機器學習並沒有太大差異。只不過，一般而言，機器學習對於資料的特徵值是需要使用者處理好的；而深度學習能自行找出資料裡的重要「特徵值」，來進行學習和預測。

　　以圖片分類來說，深度學習可以在不同的神經網路的群組裡辨識出圖形邊緣的特徵值。白話來說，如果我們希望深度學習程式能夠辨認出一隻狗，它就會自動找出狗的特徵，像狗耳朵、狗鼻子、狗眼睛等。在傳統的機器學習裡，要找出資料的特徵，必須透過各領域專家的知識幫忙；深度學習則不用，因為它具有自動抓取特徵的能力。因此，深度學習技術比傳統的機器學習更具自動化。

小結

　　「機器學習」是「人工智慧」的一部分，「深度學習」是「機器學習」的另一部分。也就是說，人工智慧在最外層、機器學習在第二層、深度學習是第三層。如圖 0-1 所示。

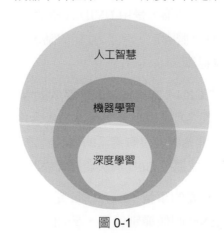

圖 0-1

0-2　機器學習發展歷史簡介

機器學習是從 1980 年代開始蓬勃興起，是一門涵蓋數學、統計學、機率論和資訊科學的綜合領域。機器學習的發展，是為了讓程式能從過往的資料自動學習，找到資料背後的規則。機器學習的理論和演算法有許多，包括本書會教的羅吉斯迴歸、k 最近鄰、支持向量機、決策樹和隨機森林等。

機器學習裡有一個分支，稱為「類神經網路」，也是在 1980 年初興起。類神經網路簡單來說，就是模擬人類大腦的運作，將功能簡單的神經元不斷地串接，形成複雜且強大的運算能力。這其實就是我們大腦真實的運作方式，而類神經網路就是希望去模擬這個運作方式。

雖然類神經網路帶著強大的希望（讓機器變成大腦）誕生，不過，在當時發展遇到一些瓶頸。首先，當神經元不斷地連接後，其所需要的計算時間就會大幅增加。而且剛開始，類神經網路的理論也不夠成熟。在當時，許多研究都認為，類神經網路的運算效果和執行速度並不會太好。

這個情況一直持續，直到新的機會產生：

1. 半導體技術進步，使得雲端儲存變得便宜，各種數據大量產生，包括消費者瀏覽網路的行為、消費的行為，或是個人資料。雲端伺服器裡擁有這些數據，不過這些數據不只是數據，而是數據金礦，讓企業對於人工智慧的需求與日俱增，希望能從數據裡挖掘更多的商機。但傳統的機器學習方式，似乎無法承擔這個重擔。
2. 深度學習在理論方面取得突破。
3. 最後是電腦的計算能力提升，特別是 GPU（圖形處理器）的出現。GPU 不是 CPU（中央處理器）哦！

什麼是 GPU 呢？它是圖形處理器，是由 NVIDIA 所發表的，專門處理繪圖運算工作。譬如：玩電動的時候會需要 3D 立體圖形，有了 GPU 的話，畫面就會變得很生動、很漂亮。GPU 特別擅長處理矩陣和數學運算。

過去大家都是用 CPU，非 GPU，來處理神經網路的問題。然而，CPU 本身並未對矩陣運算做最佳化，它比較適合處理各種不同的運算問題。最合適處理神經網路運算的硬體是圖形處理器——GPU，只不過一開始，並沒有適當的程式語言可使用 GPU，一直到 2010 年左右，才開始有人解決這個問題，並運用 GPU 解決類神經網路運算大量和緩慢的問題。

在 2012 年，發生了一件重要的事情：ImageNet 是全世界最大的圖像識別資料庫。每年史丹佛大學都會舉辦 ImageNet 圖像識別競賽，參加者包括了 Google、微軟、百度等大

型企業。長久以來，錯誤率大約都落在 28% 的瓶頸門檻。2012 年，Hinton 的兩個學生運用類神經網路的技術，以 16.42% 的錯誤率遠勝第二名的 26.22%。這個壓倒性的勝利，已經說明類神經網路新的機會到來。到 2015 年時，其錯誤率更降至 4%，已超越人工標註的 5% 錯誤率了。

其實這時，「再回春」的類神經網路，已經將自己改名為深度學習了。兩者差異在哪兒？一般而言，當類神經網路隱藏層的層數大於 3 時，稱為深度學習，但其運作核心還是類神經網路。改名字的另一個原因，可能是宣告自己完全不同了。這麼看來也並沒有錯，因為深度學習在應用和進化上，已經遠超過「那個」類神經網路時代了。本書並不會著墨於深度學習，而是在機器學習上。

0-3　人工智慧的未來

什麼！ AlphaGo 退休了？我不是叫你等我嗎！

有一天我們會打敗你的，怎麼就退休了呢？難道你已經到達了獨孤求敗的境界嗎？

我們先聊聊 AlphaGo 的訓練方式。AlphaGo 當時的訓練方式，是和許多玩家對奕，並從玩家身上學會怎麼下圍棋是最厲害的。AlphaGo 從業餘棋士的水平，到站上世界第一，僅僅花了二年左右的時間。

發展完 AlphaGo 後，科學家並沒有閒著，他們設計了 AlphaGo Zero。Zero 就表示，他是從零開始亂下，只會圍棋基本的規則，自己跟自己下棋。剛開始慘不忍睹，被別人電著玩，完全看不到人工智慧的氣勢。

但 40 天，只有 40 天！ Zero 就用 100 比 0 的戰績，讓 AlphaGo 退休。曾擊敗世界的棋王，曾經是深度學習的巔峰，AlphaGo 就這樣退場了。這說明著，深度學習進步速度是很可怕的。

為什麼 Zero 這麼厲害呢？因為「他」沒有人類知識的教導，也就沒有人類知識的框架和束縛，他探索的棋局範圍已經遠超過人類思路所能企及。而 AlphaGo 畢竟還是與人類對奕之後所產生的產物，還是有所侷限。**Zero 的出現告訴我們，未來人工智慧能幫助我們探索知識到前所未見的高度和層次。**

筆者相信，人工智慧創立的新世界不遠了，我們將迎來一個以人工智慧為導向的世代，在每個產業、知識領域，人工智慧都將扮演著「無限的可能角色」。

0-4　什麼是學習

　　在進入到內文之前，我們先來談談人類是怎麼學習的？或你是怎麼學習的？我們怎麼評估學習有沒有效？

　　大部分人都是從課本或是經驗中學習知識。當這些資訊或知識內化到大腦，我們就可以利用它來判斷生活裡所發生的所有問題。當我們判斷正確的時候，就會對自己的知識更加有信心；當我們判斷錯誤的時候，就會修正自己的知識，協助下一次的判斷。如果我們對某一個領域的判斷一直都正確的話，這個知識會進一步成爲信念，這時候，就算是出現一些小的失誤，我們也不會進行太大的修正；除非是犯了很大的錯誤，我們才會對自己的知識進行大的修正。

　　這種學習、判斷（預測）、犯錯、再學習的循環，就是人類和機器學習的共通點。我們靠著不斷學習、判斷和修正，發展出人類高度的智慧。所以學習並非只是學習，學習要加上判斷和修正才是完整的。

　　請問各位：如果有一個人，能夠把全世界的知識都背下來，但是判斷生活裡所發生的問題都是錯誤的，你會不會覺得他很聰明？某種程度上，你會認爲他很聰明，因爲對於過去發生的事情，他都可以很準確地告訴你答案是什麼；但是對於未知的未來，你就不會相信他給你的建議。

　　換言之，**知識的可貴在於推測未知**。爲了能夠面對未知，我們常常要進行知識的抽象化和一般化。這種抽象化和一般化的知識，才更能幫助我們適應未來。因此，學習的關鍵不是爲了記憶，而是爲了幫助我們理解這個世界和預測未來的變化。從這個角度來看，舉一反三、溫故知新、適當犯錯、重新更新、抽象推理，都是學習裡重要的元件。

　　同樣的，人工智慧要談的也不是記憶，而是透過適當的學習，能夠對於「不確定」進行推理和判斷。有了這個觀念後，你就可以了解，爲什麼在進行機器學習的時候，我們需要將資料切割成「訓練集」和「測試集」。**訓練集主要是用來進行「學習」用，其預測結果的正確率僅供參考。實際判斷機器學習的好壞，我們需要的是新的、從沒有看過的「測試集」資料。對於未知的判斷，往往才是我們評估機器學習好壞的重要指標。**

　　既然我們的大腦就能夠進行學習，爲什麼還要仰賴人工智慧呢？主要是因爲，大腦能夠處理的資訊容量大小有限；而機器學習能夠處理大量的資料，而且不會倦怠、不會疲勞、不會罷工。因此。如果你可以善用機器學習的話，它就像是你的小幫手，或者是秘書；而你空出來的大腦資源，就可以進行更高階的決策。譬如：我們經營一家公司，公司裡有許多的顧客，我們想知道哪些顧客是即將要離開的？如果是用人工一筆、一筆的檢視資料，可能檢視到第十筆，你的大腦就無法進行思考，而神遊到某個世界去了。這時，如果可以用機器學習的方式，幫我們預先找出可能離開的顧客，我們就可以進一步擬定策略來留住顧客。

第 1 章

Python
基本功能介紹

本章學習重點

- Python 基本語法複習
- 變數、函數、串列、字典複習

在本章中，我們快速地複習 Python 裡最重要的幾個功能。透過一個代購的例子，來做整章的串連。

最近很多人做起代購的生意，如果有好的眼光、有人脈，就可以透過代購去購買一些國外的產品來販售。現在做生意不見得要用實體店面，透過代購，我們可以把庫存的成本放在國外，當顧客下單時，再準備跟廠商叫貨。再者，由於代購業者最靠近消費者，他們也可以最快速地了解未來的流行機會。因此在未來，代購或臉書直播商品販賣，都會是新興的機會。

我們來設想一個情境，作為本章的串連。小明從韓國批貨，他需要寫一個程式，將金額從韓元轉換成台幣。除此之外，由於代購有人事成本、關稅成本等問題，他需要再加上兩成的獲利才能成為售價。譬如：韓國進貨成本 50000 韓元，匯率是 0.03，因此換算成新台幣是 1500 元，最後再加 2 成，預定的售價是 1800 台幣。我們怎麼用 Python 來幫助小明寫這個程式呢？

最簡單的方法：可以把 Python 想像成一臺電子計算機，直接把這些數值打進 Jupyter notebook 儲存格再執行即可。如範例 1-1 所示。

範例 1-1　進貨範例之售價計算

┃ 程式碼

```
50000*0.03*(1+0.2)
```

┃ 執行結果

```
1800.0
```

雖然範例 1-1 可完美地算出結果，但時間久遠，可能沒人記得這些數值代表什麼意思。變數就可以解決這個問題。在範例 1-2 中，我們一共假設了五個變數：k_cost 韓元進貨成本、rate 匯率、nt_cost 台幣成本、inc 增加的成本百分比、nt_price 台幣售價。

透過變數的命名和更改內容，我們更清楚每個數值所代表的意義。

範例 1-2　進貨範例之變數使用

┃ 程式碼

```
k_cost = 50000
rate = 0.03
nt_cost = k_cost * rate
```

```
inc = 0.2
nt_price = nt_cost * (1 + inc)
print(nt_price)
```

執行結果

```
1800.0
```

範例 1-2 雖然透過變數，增加程式的可讀性與易修改性，但輸出陽春了點兒。良好的輸出不僅增加程式專業性，也讓使用者更清楚發生了什麼事。因此，字串的出現是讓使用者能了解輸出的資料代表什麼意思。接下來在範例 1-3 中使用 f_string 的格式，即在「"」符號前加 f，這時如果字串裡有出現大括號，Python 就會將變數放入。在台幣售價上，筆者用了「.0f」，表示將浮點數的數值轉換成整數（即小數點後為 0 個數值）。

範例 1-3　進貨範例之字串格式介紹

程式碼

```
k_cost = 50000
rate = 0.03
nt_cost = k_cost * rate
inc = 0.2
nt_price = nt_cost * (1 + inc)
s = f' 韓國進貨成本是 {k_cost}，台幣成本是 {nt_cost}，台幣售價是 {nt_price:.0f} 元 '
print(s)
```

執行結果

韓國進貨成本是 50000，台幣成本是 1500.0，台幣售價是 1800 元

跟範例 1-2 的執行結果相比，這樣子的輸出是不是更加清楚了？不過，範例 1-3 的成本售價計算，如果每次都要重打一堆指令是不是很不方便？

有沒有可能像 print 函數一樣，直接呼叫 cal_price 就可以算出售價？有，這就是函數的功能。cal_price 是函數的名稱，其參數為韓國進貨成本，而我們希望輸出的資訊包括台幣成本、台幣售價，在範例 1-4 中先定義函數。我們會在範例 1-5 看到使用函數的計算結果。

範例 1-4 進貨範例之函數介紹

▌程式碼

```
def cal_price(k_cost):
    rate = 0.03
    nt_cost = k_cost * rate
    inc = 0.2
    nt_price = nt_cost * (1 + inc)
    return nt_cost, nt_price
```

範例 1-5 使用函數

▌程式碼

```
k_cost = 45000
nt_cost, nt_price = cal_price(45000)
s = f'韓國進貨成本是{k_cost}，台幣成本是{nt_cost}，台幣售價是{nt_price:.0f}元'
print(s)
```

▌執行結果

　　韓國進貨成本是 45000，台幣成本是 1350.0，台幣售價是 1620 元

　　如果韓國進貨成本有多筆資料，每次都要一筆一筆輸入很麻煩，這時可用串列，將數值在範例 1-4 中儲存起來，再透過 for 迴圈，將每一筆的韓元成本轉換成台幣和售價。

範例 1-6 進貨範例與串列和迴圈介紹

▌程式碼

```
list_k_cost = [30000, 500, 45000, 50000]
for k_cost in list_k_cost:
    nt_cost, nt_price = cal_price(k_cost)
    print(f'韓國進貨成本是{k_cost}，台幣成本是{nt_cost}，
            台幣售價是{nt_price:.0f}元')
```

執行結果

韓國進貨成本是 30000，台幣成本是 900.0，台幣售價是 1080 元
韓國進貨成本是 500，台幣成本是 15.0，台幣售價是 18 元
韓國進貨成本是 45000，台幣成本是 1350.0，台幣售價是 1620 元
韓國進貨成本是 50000，台幣成本是 1500.0，台幣售價是 1800 元

　　接續範例 1-6，我們要將計算結果存入 list_results 串列裡。做法是，先創建一個空字串，再將 cal_price 函數的計算結果依序放入 list_results 串列裡。輸出的結果是一個二維的串列。寫程式的我們當然知道，第 1 個欄位為韓元成本、第 2 個欄位為台幣成本、第 3 個欄位為台幣售價。請對照上例，會更清楚二維欄位所代表的意義。但對一般使用者而言，很難去了解這二維資料所代表的意義是什麼。

範例 1-7　接續上例，將計算結果存入 **list_results** 串列

程式碼

```
list_k_cost = [30000, 500, 45000, 50000]
list_results = []
for k_cost in list_k_cost:
    nt_cost, nt_price = cal_price(k_cost)
    list_results.append([k_cost, nt_cost, nt_price])
list_results
```

執行結果

```
[[30000, 900.0, 1080.0],
 [500, 15.0, 18.0],
 [45000, 1350.0, 1620.0],
 [50000, 1500.0, 1800.0]]
```

　　範例 1-7 的串列表示雖然正確，但不夠清楚。接下來我們將函數的輸出改成字典格式。字典是用大括號表示，用「：」符號區分成鍵和值，資料的區隔為逗號「,」。第 1 步先撰寫函數 cal_price_dict，其回傳值為字典。

範例 1-8 　進貨範例與字典介紹

▍程式碼

```python
def cal_price_dict(k_cost):
    rate = 0.03
    nt_cost = k_cost * rate
    inc = 0.2
    nt_price = nt_cost * (1 + inc)
    data = {
        'k_cost': k_cost,
        'nt_cost': nt_cost,
        'nt_price': nt_price
    }
    return data
```

範例 1-9 　使用函數回傳的字典

▍程式碼

```python
list_k_cost = [30000, 500, 45000, 50000]
list_results = []
for k_cost in list_k_cost:
    data = cal_price_dict(k_cost)
    list_results.append(data)
list_results
```

▍執行結果

```
[{'k_cost': 30000, 'nt_cost': 900.0, 'nt_price': 1080.0},
 {'k_cost': 500, 'nt_cost': 15.0, 'nt_price': 18.0},
 {'k_cost': 45000, 'nt_cost': 1350.0, 'nt_price': 1620.0},
 {'k_cost': 50000, 'nt_cost': 1500.0, 'nt_price': 1800.0}]
```

　　這樣子的資料呈現方式，是不是比單純用串列來得更加清楚？我們可以看見，這裡面一共包含四筆資料。而每一筆資料有著韓元成本、台幣成本和台幣售價三個欄位。

　　接下來假設，小明不需要成本在 10000 韓元以下的資料，我們可以用 if 來過濾資料。

範例 1-10　進貨範例與 **if** 判斷介紹

▌程式碼

```
list_k_cost = [30000, 500, 45000, 50000]
list_results = []
for k_cost in list_k_cost:
    if k_cost > 10000:
        data = cal_price_dict(k_cost)
        list_results.append(data)
list_results
```

▌執行結果

```
[{'k_cost': 30000, 'nt_cost': 900.0, 'nt_price': 1080.0},
 {'k_cost': 45000, 'nt_cost': 1350.0, 'nt_price': 1620.0},
 {'k_cost': 50000, 'nt_cost': 1500.0, 'nt_price': 1800.0}]
```

比較範例 1-9 和範例 1-10 的執行結果，我們觀察到，韓元成本低於 10000 元的資料被刪除了。

事實上，最適合人類閱讀二維資料的方式是 pandas 產生的資訊，pandas 可以將資料整理成像是 excel 工作表一樣的呈現。除此之外，它還包含了列索引鍵和欄索引鍵，幫助我們存取資料。更厲害的是，它提供了許多好用的函數，而且與 excel 的整合也相當不錯。

範例 1-11　進貨範例與 **pandas** 介紹

▌程式碼

```
import pandas as pd
df = pd.DataFrame(list_results)
df.columns = ['韓元成本','台幣成本','台幣售價']
df
```

▌執行結果

	韓元成本	台幣成本	台幣售價
0	30000	900.0	1080.0
1	45000	1350.0	1620.0
2	50000	1500.0	1800.0

我們只需要用 mean()，就可以輕鬆算出範例 1-11 三個欄位的平均值。

範例 1-12　請計算上例三個欄位的平均值

▌**程式碼**

```
df.mean()
```

▌**執行結果**

```
韓元成本    41666.666667
台幣成本     1250.000000
台幣售價     1500.000000
dtype: float64
```

用 max() 就可以算出三個欄位的最大值。

範例 1-13　請計算三個欄位的最大值

▌**程式碼**

```
df.max()
```

▌**執行結果**

```
韓元成本    50000.0
台幣成本     1500.0
台幣售價     1800.0
dtype: float64
```

章 末 習 題

1. 最近在 discovery 頻道裡面有一個真人實境的節目。參賽者必須裸露在荒郊野外生存 21 天。有一集談的是一群人在非洲。各位知道非洲是非常炎熱的地方，有著大太陽。因此，每位參賽者剛到的時候，都被太陽折磨得半死，有曬傷的、有中暑的。但令人意想不到的，是非洲也會下大雨（可能是我太孤陋寡聞），但誇張的是，溫度驟降到讓人有失溫的危機。在好幾個鏡頭裡面，參賽者還差點因為失溫而退賽。

   在節目裡面有位參賽者說，現在的溫度是華氏 50 度，他快要冷死了，請問是攝氏幾度呢？

   請同學撰寫一個函數 temp_transform，函數的參數為華氏溫度，函數的輸出為攝氏溫度。

   公式：攝氏 =（華氏 -32)*5/9

2. 假設我有一筆華氏的溫度資料，請算出它對應的攝氏溫度資料。

   華氏溫度資料。Fs = [0, 50, 100, 200]

第 2 章

Pandas
DataFrame 介紹

───── 本章學習重點 ─────

- DataFrame 的複習
- DataFrame 裡的重要屬性
- 一維和二維資料的轉換
- Nan 介紹
- 如何定位和讀取 DataFrame 裡的元素
- 介紹 axis 的觀念
- 篩選資料
- apply() 讓資料處理更簡單

　　從上一章的結果可以發現，python 在處理資料上面並不是很直觀，也不完全符合一般使用者的使用習慣。還好 pandas 的出現解決了這個問題。這也是為什麼筆者認為，python 的成功並不在於它自己的成就，而在於它開放性的架構，產生了許多第三方的套件所組成的 python 生態系統。在這個生態系裡面，有一個最重要的套件就是 pandas。Pandas 提供類似 Excel 的功能，除了能夠計算高階和抽象的運算外，還能夠繪製美麗的圖表，最後並將結果輸出到各種不同的格式。因此，在資料處理上面，pandas 絕對是首選。接下來我們就來介紹 pandas。

　　習慣上，我們會將 pandas 重新命名為 pd 來使用。因此，如果你看到 pd，就知道這是 pandas。Pandas 主要的功用在於處理多維的資料，包括一維度的 series（序列），以及二維度的 DataFrame（資料框）。Series 對應到 Excel 一欄或一列的資料，而 DataFrame 對應到一個工作表。兩者間最大的差異是：Series 是一維的資料，而 DataFrame 是二維的資料。對人類而言，一維和二維是最容易理解的資料維度。因此，我們有很多資料都是用二維的方式來儲存。在資料存放的習慣上，**我們通常將一筆、一筆的資料放在橫的「列」，不同的欄位則放在縱向的「欄」**。

　　我們先載入需要的套件，再進行本章的教學。

```
# 以下兩行是畫圖用
%matplotlib inline
import matplotlib.pyplot as plt
# 載入 pandas 套件
import pandas as pd
import numpy as np
```

2-1　創立 DataFrame

　　在本節中，我們用「字典」的方式來建立 DataFrame。

　　在範例 2-1 的字典裡共有三筆資料，分別是數學成績、英文成績和歷史成績，並存放在 scores 的變數。

　　第二步會將字典傳入 pd.DataFrame 裡（請注意：D 和 F 要大寫），並將結果存到 df 裡。如果沒有指定 index 參數的值，pandas 會自動指定 0，1，2……。

　　我們觀察一下結果：

1. 由上往下的索引鍵為「列索引鍵」，在範例 2-1 中並沒有特別的指定，因此為自動生成的 0、1、2、3。在 DataFrame 裡用 index 表示。

2. 由左向右的索引鍵稱為「欄索引鍵」，分別是 Math、English 和 History。在 DataFrame 裡用 columns 表示。

範例 2-1 用字典的方式來建立 DataFrame

▌ 程式碼

```
scores = {'Math':[90,50,70,80],
          'English':[60,70,90,50],
          'History':[33,75,88,60]}


df = pd.DataFrame(scores)
df
```

▌ 執行結果

	Math	English	History
0	90	60	33
1	50	70	75
2	70	90	88
3	80	50	60

假設這 4 筆資料分別代表四個人的成績。我們將 df.index 設上不同的人名。索引鍵為什麼重要呢？因為透過索引鍵，可以幫助我們快速定位到所要的資料。

範例 2-2 加入列索引鍵

▌ 程式碼

```
df.index = ['Simon','Allen','Jimmy','Peter']
df
```

▌ 執行結果

	Math	English	History
Simon	90	60	33
Allen	50	70	75
Jimmy	70	90	88
Peter	80	50	60

2-2　DataFrame 裡幾個重要的屬性（attributes）

DataFrame 裡最基本的三個屬性包括：列索引鍵（index）、欄索引鍵（columns）和其值（values）。其他的屬性還包括：shape 可以檢查 DataFrame 的維度，以及 dtypes 可以檢查其內部值的資料型態。

- **index**（與 **Series** 相同）
- **columns**（這是欄索引鍵）
- **values**（這是其內容）
- **shape**（維度）
- **dtype**（資料型態）

範例 2-3　縱向的標籤，稱為列索引鍵

▌ **程式碼**

```
df.index
```

▌ **執行結果**

```
Index(['Simon', 'Allen', 'Jimmy', 'Peter'], dtype='object')
```

範例 2-4　橫向的標籤，稱為欄索引鍵

▌ **程式碼**

```
df.columns
```

▌ **執行結果**

```
Index(['Math', 'English', 'History'], dtype='object')
```

DataFrame 裡面存放的值，為 numpy 的 array，這也是為什麼我們會說，DataFrame 是架在 numpy 之上，只不過它做了一些外層的指令，幫助我們處理資料。

範例 2-5　**DataFrame** 裡面存放的值，為 **numpy** 的 **array**

▌ **程式碼**

```
df.values
```

執行結果

```
array([[90, 60, 33],
       [50, 70, 75],
       [70, 90, 88],
       [80, 50, 60]])
```

DataFrame 的張量維度是二維，像是在範例 2-6 中，第一維度是四列（即 4 筆資料），第二維度則是三欄。

範例 2-6 **DataFrame 的張量維度是二維**

程式碼

```
df.shape
```

執行結果

```
(4, 3)
```

接下來我們在範例 2-7 中，利用 dtype 檢查資料型態。

範例 2-7 **DataFrame 的資料型態都是整數 int64**

程式碼

```
df.dtypes
```

執行結果

```
Math       int64
English    int64
History    int64
dtype: object
```

2-3　一維和二維資料的差異

最基本的機器學習公式是：

$$y = aX + b$$

在公式中，應變數 y 是要被預測的目標，自變數 X 是指觀測到的值。在機器學習裡，**y 通常是一維度的資料（用小寫表示），而 X 通常是二維以上的資料（大寫表示）**。由於對 X 的要求是二維以上，因此讀者要熟悉如何將一維轉二維，或二維轉成一維。這個地方對初學者而言，常常會搞得頭昏腦脹，不曉得該如何處理，所以我們把它解釋清楚。

2-3-1　一維度的 Series

在接下來的範例 2-8 中，以 y 的角度來看，這裡的 1、2、3 就表示，第 1 筆資料的預測目標為 1，其餘依此類推。因此一維度就足以表達 y。在本例可用 shape 的方法來檢查維度，維度 (3,) 表示它就是一維度的資料，讀者要熟悉這樣的表達方式。

範例 2-8　一維度的 Series

▍程式碼

```
s = pd.Series([1, 2, 3])
print(f's的維度 {s.shape}')
s
```

▍執行結果

```
s的維度 (3,)

0    1
1    2
2    3
dtype: int64
```

2-3-2　一維轉二維

在機器學習裡，從 X 的角度來看，一維度的資料會帶來混淆，因為程式並不清楚你表示的是一筆資料，還是多筆資料一個欄位。譬如：我們想將範例 2-8 變成多筆資料一個欄位的資料，用 to_frame() 的方法，能將一維的 Series 轉成二維的 DataFrame。**維度 (3,1) 表示三列一行，即一個欄位裡有三筆資料。**

範例 2-9　將一維的 **Series** 轉成二維的 **DataFrame**

▌ 程式碼

```
d = s.to_frame()
print(f'd的維度 {d.shape}')
d
```

▌ 執行結果

d 的維度 (3, 1)

	0
0	1
1	2
2	3

　　範例 2-9 的表達方式往往不是我們所要的，如果我們需要的是一筆資料有多個欄位。做法很簡單，只要轉置（T）資料就可以了。結果表示，一筆資料三個欄位。

範例 2-10　轉置資料

▌ 程式碼

```
t = d.T
print(f't的維度 {t.shape}')
t
```

▌ 執行結果

t 的維度 (1, 3)

	0	1	2
0	1	2	3

　　有時候，我們會直接處理 numpy 的資料而不轉到 pandas，因此對於基本的 numpy 操作，讀者仍要了解。這部分可以等遇到問題的時候再回過頭來了解即可。觀察範例 2-11 為一維度的資料，維度形狀為 (3,)。

範例 2-11　一維度的 numpy array

▌程式碼

```
np_a = np.array([1,2,3])
print(f'np_a的維度 {np_a.shape}')
np_a
```

▌執行結果

```
np_a的維度 (3,)
```

```
array([1, 2, 3])
```

在接下來的範例 2-12 中，用 reshape(3, 1) 函數，將資料變成三列一行的二維度資料。

範例 2-12　將一維度的 array 轉換成二維度的 array（三列一行）

▌程式碼

```
np_a2 = np_a.reshape(3,1)
print(f'np_a2的維度 {np_a2.shape}')
np_a2
```

▌執行結果

```
np_a2的維度 (3, 1)
```

```
array([[1],
       [2],
       [3]])
```

其結果就表示有三筆資料一個欄位。

範例 2-12 有更簡單的寫法：用 reshape(-1,1)。在範例 2-12 中，我們要先自行算出資料裡有三列資料。numpy 提供 -1 的參數，會自動幫我們算出 3。所以下次你看到這樣的寫法，就知道欄位為 1 欄，資料的列數由電腦決定。

範例 2-13　用 **reshape(-1,1)** 改寫範例 **2-12**

▌ 程式碼

```
np_a.reshape(-1,1).shape
```

▌ 執行結果

```
(3, 1)
```

　　我們將範例 2-13 中的 np_a 轉換成一列三行，np_a 為一維資料，用 reshape(1,-1) 即可完成資料轉換。第一個參數設為 1，就表示一列。第二個參數為 -1，就表示行數由電腦決定。

範例 2-14　將上例中的 **np_a** 轉換成一列三行

▌ 程式碼

```
np_a.reshape(1,-1).shape
```

▌ 執行結果

```
(1, 3)
```

　　有時候我們會需要直接創立二維的資料，作法如下：將一維串列的外面再多加一個中括號，它就會變成二維的資料。

範例 2-15　直接創立二維的資料

▌ 程式碼

```
np.array([[1,2,3]]).shape
```

▌ 執行結果

```
(1, 3)
```

2-3-3　將二維的 array 轉換成一維度的 array

　　這裡提供兩種將二維的 array 轉換成一維度的 array 的作法：第一種用 reshape()，第二種用 ravel()。

範例 2-16　用 **reshape()** 將二維的 **array** 轉換成一維

▌程式碼

```
np_a2.reshape(-1).shape
```

▌執行結果

```
(3,)
```

範例 2-17　用 **ravel()** 將二維的 **array** 轉換成一維

▌程式碼

```
np_a2.ravel().shape
```

▌執行結果

```
(3,)
```

2-4　NaN 介紹

　　NaN（Not a number）一般是用來代表遺漏值。遺漏值在 Python 是一個特殊的值，只能用函數來檢查，不能用等號檢查。即用 np.NaN == np.NaN 都是 False。

範例 2-18　用等號檢查資料是否為 **NaN**

▌程式碼

```
import numpy as np
np.NaN == np.NaN
```

▌執行結果

```
False
```

範例 2-19　用函數檢查資料是否為 **NaN**

▌程式碼

```
pd.isnull(np.NaN)
```

▌ 執行結果

```
True
```

範例 2-20　檢查資料是否不為 NaN

▌ 程式碼

```
pd.notnull(np.NaN)
```

▌ 執行結果

```
False
```

2-4-1　計算 DataFrame 裡有幾個遺漏值

先建立有遺漏值的資料，np.nan 就表示有遺漏值。一般而言，我們的資料都是由外部匯入，因此會有遺漏值的存在。

範例 2-21　建立有遺漏值的資料

▌ 程式碼

```
scores = {'Math':[90,50,70,80],
          'English':[60,70,90,50],
          'History':[33,np.nan,np.nan,60]}
df = pd.DataFrame(scores, index=['Simon','Allen','Jimmy','Peter'])
df
```

▌ 執行結果

	Math	English	History
Simon	90	60	33.0
Allen	50	70	NaN
Jimmy	70	90	NaN
Peter	80	50	60.0

用 isnull 的方法，可檢查哪一筆資料為遺漏值。False 表示非遺漏值，而 True 表示是遺漏值。

範例 2-22　計算遺漏值數目

▌程式碼

```
df.isnull()
```

▌執行結果

	Math	English	History
Simon	False	False	False
Allen	False	False	True
Jimmy	False	False	True
Peter	False	False	False

df 的 sum() 可以算出每個欄位有幾筆遺漏值，它會將每個「欄」的總和算出。False 的值為 0，True 為 1。因此加總範例 2-22 的結果，History 為 2，表示有兩筆遺漏值。

範例 2-23　算出範例 2-22 每個欄位有幾筆遺漏值

▌程式碼

```
df.isnull().sum()
```

▌執行結果

```
Math        0
English     0
History     2
dtype: int64
```

若要計算整個資料裡有幾個遺漏值，只要將範例 2-23 的結果，再加總一次即可。

範例 2-24　計算整個資料裡有幾個遺漏值

▌程式碼

```
df.isnull().sum().sum()
```

▌執行結果

```
2
```

　　如果我們想了解，有哪幾筆資料有遺漏值的話，可以用這個方法：先用 isnull 做出 True 和 False 的結果，再用 any() 的方法，其作用就像是邏輯運算中的「or」一樣，只要有一個元素是 True 就會輸出 True。因為我們要做的是橫向的檢查，要設 axis = 1（axis 在 2-6 節會介紹）。結果發現，在範例 2-21 的資料中，Allen 和 Jimmy 的資料有遺漏值。

範例 2-25 檢查範例 **2-21** 中，哪些人的資料有遺漏值

▌程式碼

```
df.isnull().any(axis=1)
```

▌執行結果

```
Simon      False
Allen       True
Jimmy       True
Peter      False
dtype: bool
```

　　承上例，如果想進一步把有遺漏值的資料取出來，可以用範例 2-26 介紹的方法。用布林值取值的方式在之後會介紹。

範例 2-26 將有遺漏值的資料取出

▌程式碼

```
df[df.isnull().any(axis=1)]
```

▌執行結果

	Math	English	History
Allen	50	70	NaN
Jimmy	70	90	NaN

2-5 如何定位和讀取 DataFrame 裡的元素

這是一般初學者最感到困惑的地方，因為 DataFrame 是同時包含了列和欄的二維索引，再加上很多人都用縮寫的方式表達，往往讓學習和閱讀上都變得十分不容易。在這裡簡單整理如下：

- 在 **DataFrame** 裡，預設的取值都是以欄為單位（欄索引鍵），即使你給的是數字，也會被當成欄位索引。
- 最好的方法是用 **loc** 或 **iloc** 來寫清楚。

2-5-1 欄索引鍵取值

先回顧 df。

```
df
```

	Math	English	History
Simon	90	60	33.0
Allen	50	70	NaN
Jimmy	70	90	NaN
Peter	80	50	60.0

pandas 會預設以欄為索引單位，因此，當我們要查詢英文成績時，可以使用 df['English']，它會去檢查欄索引鍵裡是否有 'English'，有則回傳出來。

範例 2-27 取英文成績

┃ 程式碼

```
df['English']
```

┃ 執行結果

```
Simon    60
Allen    70
Jimmy    90
Peter    50
Name: English, dtype: int64
```

偶爾你也會看到有人用「df.English」來取值。但只要變數名稱有空格時,這個方法就不能使用了。因此比較建議用中括號。

範例 2-28 用 . 來取值

程式碼

```
df.English
```

執行結果

```
Simon      60
Allen      70
Jimmy      90
Peter      50
Name: English, dtype: int64
```

如果要取得兩個以上的欄位值,就要用串列將欄位名稱包覆,如 ['English','Math'],再傳給 DataFrame。df[['English','Math']] 因為是多欄位的結果,因此回傳值為二維的 DataFrame。

範例 2-29 取英文和數學成績

程式碼

```
df[['English','Math']]
```

執行結果

	English	Math
Simon	60	90
Allen	70	50
Jimmy	90	70
Peter	50	80

df['English'] 的回傳是 Series,如果要變成 DataFrame,就用 df[['English']]。當 DataFrame 看見索引欄是串列時,它就會預設資料是二維的 DataFrame。

範例 2-30 讓 Series 的輸出變成 DataFrame

▌ 程式碼

```
df[['English']]
```

▌ 執行結果

	English
Simon	60
Allen	70
Jimmy	90
Peter	50

2-5-2　列索引鍵取值

因為 DataFrame 的內定是用欄索引鍵取值，因此，如果要用列索引鍵，就要加 loc[] 或 iloc[] 來加以區別。DataFrame 聰明的地方就在於，它可以同時用字典索引鍵的方式來取值（loc），也可以用類似串列算位置（iloc）的方法來取值。這讓我們在處理資料的時候相當方便。loc 是 location 的縮寫，iloc 是 index location 的縮寫。

- **.loc[index label,column label]**，就像是字典，用的是索引鍵。
- **.iloc[index position, column position]**，就像是串列，用的是位置。

我們繼續上面的例子，在範例 2-31 中示範，若要取 Simon 的成績，因為要取得的是某一筆資料，因此要加 loc，這是利用列索引鍵的方式來取值。回傳值因為是一維，所以是 Series。在範例 2-32 中則說明，用位置來計算的話，Simon 是第 0 筆資料，可用 iloc[0] 來取值。

範例 2-31 取 Simon 的成績

▌ 程式碼

```
df.loc['Simon']
```

▌ 執行結果

```
Math       90.0
English    60.0
History    33.0
Name: Simon, dtype: float64
```

範例 **2-32** 同上，用 **iloc** 取 **Simon** 的成績

▌ 程式碼

```
df.iloc[0]
```

▌ 執行結果

```
Math        90.0
English     60.0
History     33.0
Name: Simon, dtype: float64
```

　　在這個範例中，當我們要同時取 Jimmy 和 Simon 的成績時，方法和用欄索引鍵取值相似，只是要多加 .loc。

範例 **2-33** 同上例，同時取 **Jimmy** 和 **Simon** 的成績

▌ 程式碼

```
df.loc[['Jimmy','Simon']]
```

▌ 執行結果

	Math	English	History
Jimmy	70	90	NaN
Simon	90	60	33.0

　　用 iloc[] 取值時，是用資料的位置來取值。譬如，繼續上面的範例，Jimmy 的位置是 2，Simon 是 0。雖然方便，但不容易解讀。

範例 **2-34** 用 **iloc[ ]** 同時取 **Jimmy** 和 **Simon** 的成績

▌ 程式碼

```
df.iloc[[2,0]]
```

▌ 執行結果

	Math	English	History
Jimmy	70	90	NaN
Simon	90	60	33.0

iloc 主要幫助我們輕鬆地取出前幾筆或倒數幾筆的資料。

範例 2-35　取出倒數 **2** 筆資料

▌ 程式碼

```
df.iloc[-2:]
```

▌ 執行結果

	Math	English	History
Jimmy	70	90	NaN
Peter	80	50	60.0

如果要用 loc 取欄位資料的話，可以用以下的方式：在中括號裡的第 1 個位置是 ':'，表示所有列的資料我都要。第 2 個位置再放你所要的欄位名稱。

範例 2-36　取 **Math** 成績

▌ 程式碼

```
df.loc[:,'Math']
```

▌ 執行結果

```
Simon    90
Allen    50
Jimmy    70
Peter    80
Name: Math, dtype: int64
```

2-5-3　列和欄索引鍵共同使用取值

當我們要取的資料同時包含列索引鍵和欄索引鍵時，就可用以下的方法。

第一種：分兩階段處理。

第二種：用 loc 或 iloc 一次處理。

繼續先前的範例，若要取 Jimmy 和 Simon 的英文和歷史成績，我們可以先取名字之後得到 DataFrame，再取用欄索引鍵進一步取成績。這是分兩階段的處理方式，如範例 2-37。

範例 2-37　取 Jimmy 和 Simon 的英文和歷史成績（一）

▌ 程式碼

```
df.loc[['Jimmy','Simon']][['English','History']]
```

▌ 執行結果

	English	History
Jimmy	90	NaN
Simon	60	33.0

也可用 loc[列索引鍵 , 欄索引鍵] 來處理。Jimmy 和 Simon 為列索引鍵值，而英文和歷史為欄索引鍵值，如範例 2-38。

範例 2-38　取 Jimmy 和 Simon 的英文和歷史成績（二）

▌ 程式碼

```
df.loc[['Jimmy','Simon'],['English','History']]
```

▌ 執行結果

	English	History
Jimmy	90	NaN
Simon	60	33.0

在範例 2-39 中，如果要取每個人的英文和歷史的成績，可以用 loc[:, 範圍] 來完成，其中，':' 就表示所有的列資料，'English': 'History' 是範圍。

範例 2-39　每個人的英文到歷史的成績

▌ 程式碼

```
df.loc[:,'English':'History']
```

▌ 執行結果

	English	History
Simon	60	33.0
Allen	70	NaN
Jimmy	90	NaN
Peter	50	60.0

2-6　介紹 axis 的觀念

由於 DataFrame 是二維的資料，因此在很多資料處理上，必須載明是往欄的方向或往列的方向來進行。在 DataFrame 就用參數 axis = 0 或 1 來表示。

- **axis = 0**　表示資料處理沿著列索引鍵的方向，也就是往下。也可寫成 **axis='index'**。
- **axis = 1**　表示資料處理沿著欄索引鍵的方向，也就是往右，也可寫成 **axis ='columns'**。
- 假設我們要計算的是每個人的平均數，我們用 **mean** 函數。因為是沿著欄索引鍵的方向的橫向平均數，我們用 **axis = 1**。

以範例 2-40 為例，因為平均值的計算是以橫向，即一列一列來運算，因此在 mean 裡要加參數 axis = 1。

範例 2-40 計算每個人的平均分數

▌ **程式碼**

```
df[' 個人平均 '] = df.mean(axis=1)
df
```

▌ **執行結果**

	Math	English	History	個人平均
Simon	90	60	33.0	61.000000
Allen	50	70	NaN	60.000000
Jimmy	70	90	NaN	80.000000
Peter	80	50	60.0	63.333333

接著我們試著計算各科的平均數，一樣用 mean()，但因為是縱向的平均數，axis 要設為 0；內定值就是 0，因此也可省略。

範例 2-41 計算各科的平均數

▌ **程式碼**

```
df.loc[' 各科平均 '] = df.mean(axis=0)
df
```

▌執行結果

	Math	English	History	個人平均
Simon	90.0	60.0	33.0	61.000000
Allen	50.0	70.0	NaN	60.000000
Jimmy	70.0	90.0	NaN	80.000000
Peter	80.0	50.0	60.0	63.333333
各科平均	72.5	67.5	46.5	66.083333

2-7　篩選資料

當我們有一大堆資料時，往往會做資料的篩選。譬如：我們只取男生的樣本來分析。DataFrame 提供一個非常好用的功能，能根據布林值（boolean）來提取我們想要的列。

方法是：先建立一串列內有布林值，例如，我們想要取前兩列的資料，可將前兩列設為 True。DataFrame 會根據布林值來輸出是 True 的列，也就是前兩列。

範例 2-42 請取前兩列資料

▌程式碼

```
bool_v = [True,True,False,False,False]
df[bool_v]
```

▌執行結果

	Math	English	History	個人平均
Simon	90.0	60.0	33.0	61.0
Allen	50.0	70.0	NaN	60.0

接下來我們要取出數學成績及格的同學，即 Math>=60。

第一步，df['Math']>=60 的布林值串列，其結果是 [True,False,True,True]，只有 Allen 的數學不及格。

範例 2-43 判斷數學成績是否及格，即 Math ＞＝ 60

▌程式碼

```
bool_v = df['Math'] >= 60
bool_v
```

▌執行結果

```
Simon       True
Allen       False
Jimmy       True
Peter       True
各科平均       True
Name: Math, dtype: bool
```

　　然後再將布林值串列送給 DataFrame 來取值，就可以取出數學及格的同學。

範例 2-44 取出數學及格的同學

▌程式碼

```
df[bool_v]
```

▌執行結果

	Math	English	History	個人平均
Simon	90.0	60.0	33.0	61.000000
Jimmy	70.0	90.0	NaN	80.000000
Peter	80.0	50.0	60.0	63.333333
各科平均	72.5	67.5	46.5	66.083333

2-8　用 apply() 讓資料處理更簡單

　　如果我們的資料是複雜的，就必須用到迴圈來處理每一筆資料。這時你不妨想想，能不能用 apply() 這個方法來幫助你。如此一來，你就不用寫一個複雜的 for 迴圈了。apply() 方法的想法很簡單：它的參數是函數，這個方法能將函數對 DataFrame 裡的欄或列資料進行處理後再回傳出來。我們看例子再講解會比較清楚。先講解 Series.apply()。

首先，我們做一個 Series 當作接下來的案例。

範例 2-45　**2-8 節的 Series – s**

▌ 程式碼

```
s = pd.Series([1,2,3,4,5])
s
```

▌ 執行結果

```
0    1
1    2
2    3
3    4
4    5
dtype: int64
```

　　接下來我們要將 s 裡的值若是奇數就加 1，偶數就減 1。在這個例子裡，如果不用
apply()，就必須用迴圈來處理。apply() 能將函數放入 Series 裡來針對裡面的每個元素運作。
函數因為比較簡單，我們用 lambda 來寫。lambda 是一行函數的用法。lambda 函數要做的就
是奇數值加 1，偶數減 1。

範例 2-46　**s 裡若是奇數值就加 1，偶數就減 1**

▌ 程式碼

```
s.apply(lambda x: x+1 if (x%2)==1 else x-1)
```

▌ 執行結果

```
0    2
1    1
2    4
3    3
4    6
dtype: int64
```

　　那麼，要如何在 DataFrame 裡使用 apply() 呢？在 DataFrame 裡使用 apply()，會比 Series
複雜些，如果是以列索引鍵的方向來處理，要設 axis=0（預設值，可以不用寫）。如果是以
欄索引鍵的方向來處理，要設 axis=1。如果要針對裡面的每個元素來處理，用 applymap()。

範例 2-47　假設 df

程式碼

```
scores = {'Math':[900,50,730,80],
          'History':[33,75,np.NaN,np.NaN]}
df = pd.DataFrame(scores, index = ['Simon','Allen','Jimmy','Peter'])
df
```

執行結果

	Math	History
Simon	900	33.0
Allen	50	75.0
Jimmy	730	NaN
Peter	80	NaN

範例 2-48　算出每一行的最大值

程式碼

```
df.apply(max)
```

執行結果

```
Math        900.0
History      75.0
dtype: float64
```

範例 2-49　算出每一列的最大值

程式碼

```
df.apply(max, axis=1)
```

執行結果

```
Simon      900.0
Allen       75.0
Jimmy      730.0
Peter       80.0
dtype: float64
```

章 末 習 題

1. 請將串列 [8, 2, 4] 轉換成 Seires 的資料型態，請問這是一維還是二維的資料型態？

2. 請將第 1 題的執行結果轉換成二維的 Data Frame。

3. 假設有一筆資料

```
scores = {'Math':[90,np.nan,70,80],
          'English':[60,70,'90',50],
          'History':[33,np.nan,188,60]}
```

　　請先將它匯入至 df

```
df = pd.DataFrame(scores, index=['Simon','Allen','Jimmy','Peter'])
```

　　(1) 請將 English 裡有問題的 '90' 改為數字 90

　　(2) 請將 History 裡的 188，改成 88

　　(3) 請將遺漏值 nan，設為各自欄位的平均值

4. 承第 3 題，df 的資料維度是？其形狀為？請用 df.shape 來回答。表示有幾筆資料和幾個特徵值？

5. 請將 df 做資料標準化，即將每一欄裡面的值減去其平均值後，再除以標準差。

6. 請問如果要將 [4,5,6] 做成

　　(1) 一筆資料，裡面包括三個特徵值，要怎麼做？

　　(2) 三筆資料，一個特徵值，要怎麼做？（提示：用 numpy 裡的 reshape()）

7. 請問如果要將 [[4,5,6]] 變成一維資料，怎麼做？（提示：用 numpy 裡的 ravel()）

第 3 章

資料預處理

本章重點

- 遺漏值處理
- 資料正規化
- 獨熱編碼
- 管道器建立

機器學習觀念

在 sklearn 裡，機器學習主要就三行指令：

- 初始化模型：提供物件記憶體的空間、初始化物件和函數（方法）。
- 學習（**fit**）：提供參數的估算。基本上，這一步已經完成了機器學習的部分。
- 預測（**predict**）或轉化（**transform**）：「預測」是將學習後的模型套用在資料預測。「轉化」則是將資料轉換。

機器學習的結果好壞關鍵，不僅在於預測模型的好壞，更取決於資料的好壞。在資訊界有句行話：「垃圾進，垃圾出。」談的就是資料品質好壞的重要。譬如：我們要預測明天的天氣，但我們收集的資料是人民的身高、體重、血型。這時不管我們的機器學習模型多屬害都沒用。因此，資料的處理扮演著機器學習成果好壞的重要關鍵。習慣上，我們將機器學習前的資料處理稱爲「**資料預處理**」。讀者會覺得很奇怪，明明是在講機器學習，怎麼現在談的跟資料處理有關？因爲資料處理是機器學習裡最重要的關鍵，所以在本章，我們的重點都放在如何進行資料處理。

如果要講資料的處理，在 python 裡最屬害的套件莫過於 pandas（詳見本系列的第一本書《一行指令學 python ——用 pandas 掌握商務大數據分析》，全華出版）。pandas 就是專門用來處理數據的套件，包括資料探索、樞紐分析、繪圖、遺漏值、數據轉換，pandas 都能輕鬆處理。但在本章的資料預處理，我們著重在於 sklearn 的 preprocessing 模組。以功能性來講，pandas 在資料處理上是更勝一籌，因爲它有更多的功能和參數能使用。**本書選用 sklearn 的 preprocessing 模組的原因在於，它能無縫地嵌入整個機器學習的流程**。

由於 preprocessing 模組裡的函數，主要提供數據處理的功能（譬如：正規化），因此，以下將這些數據處理功能的函數統稱「轉換器」（資料轉換器的簡稱）。更具體來說，凡是具備 fit 函數（學習）和 transform 函數（轉化）的類別都是轉換器。所有轉換器透過 fit 和 transform 做爲「接口」來做串接，形成功能更強大的轉換器（之後會詳細說明）。

能將不同轉換器做連接的是 pipeline，本書稱爲「管道器」。你可以想像，管道器能將不同功能的水管做連接，因此，當管道器連結不同轉換器和預測器，就形成更強大的轉換器或預測器。管道器的實現提供了四個重要好處：

- 程式閱讀性提高：當整個資料預處理和機器學習都能用管道器包裝起來，使用者能輕易了解整個資料分析的流程。

- 提供更換參數的便利：管道器的實現不僅提升程式閱讀性，它也提供了更換參數的便利。換言之，如果我想了解遺漏值是用平均數取代好，還是中位數取代好？我們可以用 **GridSearch** 來探索（之後會介紹），透過「管道器」可以快速「實驗」哪一種方式比較好。試想，一個機器學習的好壞，往往會有數百個以上的參數要調整和實驗，如果自己手動寫，會需要用多少個 **for** 迴圈和多少個 **if** 判斷。但現在，只需要花點時間學好本書的觀念，就不用寫幾百行程式，只需要設定好管道器和參數，就能完成當年可能要花上好幾天功夫才能解決的事。而這件事的可能，就需要管道器的助攻！

- 自己寫的資料轉換程式也能加入管道器：只要遵守管道器的接口規則（**fit, transform** 或 **predict**），就能將自己的轉換程式加入管道器裡。

- 管道器能讓新的資料立即使用：因為管道器本身就包含了資料處理，因此，任何新資料都可直接使用管道器來做資料預處理，不用額外再寫函數來做資料轉換。

因為這些好處，我們必須學習轉換器和管道器的使用。我知道，看到這裡你一定很頭痛，但相信我，花點時間學習它的架構，會讓你的機器學習境界和實力都大幅提升。剛開始或許有點困難，但這點投資絕對是值得的。

3-1　資料預處理第一步：了解資料型態

資料主要分成兩大類：

- **數值型資料型態**：如身高、收入、年紀等。這群資料能做加、減、乘、除。

- **類別型資料型態**：如性別（男、女）、教育程度、衣服尺寸（**S**、**M**、**XL**）。這群資料不能做加減，因此必須進一步編碼才能使用，因為在機器學習裡，所有的資料都必須先轉換成數值。再來，類別型資料型態又可進一步細分為有順序性和沒有順序性的資料。譬如：男、女沒有誰大於誰；但衣服尺寸，我們可以說 **XL** 大於 **M**，**M** 大於 **S**。

由於這兩種類型的資料在預處理上是不相同的，我通常會分成兩個資料管道器來處理。以下是我慣用的變數命名：

- **num_pl**：數值型資料的管理器（**numerical pipeline** 縮寫）。

- **cat_pl**：類別型資料的管理器（**categorical pipeline** 縮寫）。而最後整合起來的資料管道器，命名為「**data_pl**」。

我們先來準備一下本章所需的資料。資料中有四個欄位：size、color、price 和 quantity。size 為尺寸、color 為顏色，皆為類別型資料。price 和 quantity 為價格和數量，為數值型資料。為了突顯遺漏值，我用了 DataFrame 的 style.highlight_null 來標示。

範例 3-1　本章資料

程式碼

```
import pandas as pd
import numpy as np

data = {
    'size': ['M','S',np.nan,'M','XL'],
    'color': ['green', 'blue', 'blue', np.nan, np.nan],
    'price': [200, np.nan, 200, 300, 300],
    'quantity': [np.nan, 35000, np.nan, 20000, 10000]
}
X = pd.DataFrame(data)
X.style.highlight_null(null_color='yellow')
```

執行結果

	size	color	price	quantity
0	M	green	200	nan
1	S	blue	nan	35000
2	nan	blue	200	nan
3	M	nan	300	20000
4	XL	nan	300	10000

我們可以用 X.info() 來檢查資料的類別，從範例 3-2 的執行結果可以看到，在這份資料中，size 和 color 是類別型資料型態（object），而 price 和 quantity 是數值型資料型態（float64）。

範例 3-2　資料的類別檢查

程式碼

```
X.info()
```

執行結果

```
<class 'pandas.core.frame.DataFrame'>
RangeIndex: 5 entries, 0 to 4
Data columns (total 4 columns):
 #   Column    Non-Null Count  Dtype
---  ------    --------------  -----
 0   size      4 non-null      object
 1   color     3 non-null      object
 2   price     4 non-null      float64
 3   quantity  3 non-null      float64
dtypes: float64(2), object(2)
memory usage: 288.0+ bytes
```

3-2　數值型資料型態的預處理

數值型資料最常做的兩種處理是：

- 遺漏值處理
- 標準化處理

在範例 3-3 中示範如何取出數值型資料的欄位和數值，觀察執行結果發現，在 price 有一筆遺漏值，在 quantity 有兩筆遺漏值。

範例 3-3　取出數值型資料型態的欄位和數值

程式碼

```
X_col_num = ['price','quantity']
X_num = X[X_col_num]
X_num.style.highlight_null(null_color='yellow')
```

執行結果

	price	quantity
0	200	nan
1	nan	35000
2	200	nan
3	300	20000
4	300	10000

3-2-1　數值型資料的遺漏值處理

遺漏值的處理——SimpleImputer 轉換器。

SimpleImputer 使用說明：

- 初始化物件：**SimpleImputer()**，例如，我們在範例 **3-4** 中選用平均值（**'mean'**）來取代遺漏值；如果要用中位數，就將 **'mean'** 換成 **'median'**。
- 讓程式學習並轉換：學習是 **fit**，轉換是 **transform**。因爲兩者太常接連使用，因此 **sklearn** 又將它包裝成 **fit_transform()**，同時，透過 **fit** 可算出平均值，**transform** 則將平均值填入遺漏值裡。

請注意：**在 sklearn 裡，新版的遺漏值處理是放在 impute 模組裡，而不是在 preprocessing 模組**。impute 模組功能較強，能處理文字的遺漏值。preprocessing 的 Imputer 不能處理文字的遺漏值。另一個要注意的點是，**當資料透過 sklearn 函數處理後，會將 DataFrame 轉換成 numpy 的資料格式**。爲什麼會轉成 numpy，而不是平易近人的 DataFrame 呢？筆者認爲有兩個原因：

- **numpy** 較省記憶體空間：譬如，**numpy** 有稀疏矩陣的資料型態。
- **numpy** 執行速度較快：**numpy** 的存在本來就是爲了快速運算，特別在機器學習的運算過程，往往要耗費相當多的時間。如果刻意將資料再轉到 **pandas** 會增加運算時間，並不合理。

不過，或許這些問題在不久的將來能得到更好的解決！

範例 3-4　遺漏值的處理—— **SimpleImputer** 轉換器

程式碼

```
from sklearn.impute import SimpleImputer
si = SimpleImputer(strategy='mean')
X_num_impute = si.fit_transform(X_num)
X_num_impute
```

執行結果

```
array([[  200.        , 21666.66666667],
       [  250.        , 35000.        ],
       [  200.        , 21666.66666667],
       [  300.        , 20000.        ],
       [  300.        , 10000.        ]])
```

　　觀察範例 3-4 的執行結果，price 的遺漏值被填入 250，而 quantity 的遺漏值被填入 21666。最後我們將轉換的結果存入變數 X_num_impute。

　　接下來我們要取得遺漏值的參數值。初始化後的物件 si，用 fit() 函數後即完成學習，在本例會估算出平均值。一般來講，學習後的參數值會在變數後多加一個底線來表示。在本例為 statistics_，觀察發現，分別是 250 和 21666。

範例 3-5 取得遺漏值的參數值

▌ 程式碼

```
si.statistics_
```

▌ 執行結果

```
array([  250.      ,  21666.66666667])
```

範例 3-6 遺漏值的處理──用 DataFrame 的 fillna() 來實作

▌ 程式碼

```
X_num.fillna(X_num.mean())
```

▌ 執行結果

	price	quantity
0	200.0	21666.666667
1	250.0	35000.000000
2	200.0	21666.666667
3	300.0	20000.000000
4	300.0	10000.000000

　　範例 3-6 與範例 3-4 的執行結果，兩者是相同的。但用 DataFrame 的 fillna 更簡單和直觀，而且也保留 DataFrame 的格式。**但因為我們的重點是要將資料預處理放進管道器裡，因此我們選擇的是 sklearn 的模組。**

3-2-2　數值型資料的正規化

以本例而言，price 的範圍大約落在數百之間，quantity 的範圍則大約落在數萬之間。在機器學習裡，因為 quantity 的範圍較大，因此往往會吃掉 price 的影響。解決方法就是將資料做正規化，將數值限縮在相似區間範圍內。在 sklearn 主要有兩個函數在做這件事，一個是 preprocessing 裡的 StandardScaler，另一個是 MinMaxScaler。

- **StandardScaler** 是將資料減去平均值，再除以標準差。一般稱為**數據標準化**，又稱 **Z-score** 標準化。
- **MinMaxScaler** 則是將數據做線性壓縮至 **[0,1]** 區間。

大多數時候，筆者會優先選擇用 StandardScaler 來進行資料處理。但在圖像處理或文字很多 0、1 編碼時，MinMaxScaler 會更適合，因為 0 會被保持住。

StandardScaler 使用說明

- 初始化物件：**StandardScaler()**。
- 讓程式學習並轉換：用 **fit_transform()**。透過 **fit** 可算出平均值和標準差，**transform** 則將數值做標準化轉化。

這已經是我們第 2 次使用轉換器了，讀者應該能夠漸漸熟悉並欣賞這種「標準化」的語法，也就是不管是什麼轉換器，我們通通都用 fit 和 transform 來解決。

這裡要注意的是，要使用的資料是已做好遺漏值處理的變數 X_num_impute，而非原本的 X_num。到目前為止，數值型資料已做了二階段的預處理，**分別是遺漏值處理和標準化處理**。這也是一般最常用的流程。最後我們將運算結果存入新變數 X_num_impute_ss 裡。

我們先來想想，這樣子的處理方式有沒有什麼問題？有，主要的問題就是計算過程中產生的變數太多，容易出錯。這就是管道器出現的主要原因之一。

範例 3-7　將資料做標準化

程式碼

```
from sklearn.preprocessing import StandardScaler, MinMaxScaler
ss = StandardScaler()
X_num_impute_ss = ss.fit_transform(X_num_impute)
X_num_impute_ss
```

執行結果

```
array([[-1.11803399,  0.        ],
       [ 0.        ,  1.67541563],
       [-1.11803399,  0.        ],
       [ 1.11803399, -0.20942695],
       [ 1.11803399, -1.46598868]])
```

我們來用 pandas 檢視一下，範例 3-7 的執行結果是否正確。如果你熟悉 pandas 的話，標準化的動作也可以用 pandas 來完成。做法是將每一筆資料先減去其平均值後，再除以其標準差。經檢視範例 3-8，其執行結果與範例 3-7 是相同的。

範例 3-8 用 pandas 將資料做標準化

程式碼

```
df_X_num_impute = pd.DataFrame(X_num_impute)
(df_X_num_impute - df_X_num_impute.mean())/df_X_num_impute.std(ddof=0)
```

執行結果

	0	1
0	-1.118034	0.000000
1	0.000000	1.675416
2	-1.118034	0.000000
3	1.118034	-0.209427
4	1.118034	-1.465989

3-2-3 小結

到目前為止，我們學到兩個轉換器：SimpleImputer 和 StandardScaler，用來處理遺漏值和標準化數值。在運算過程中，我們產生了暫時性的變數 X_num_impute，因為多一個變數，出錯的機率也增加了。

因此，sklearn 提出了一個「聰明」的解決方法：管道器（pipeline）。管道器透過相同的「對接口」，將不同的轉換器和預測器連結起來，不僅降低出錯機率，也提升程式的可讀性。

管道器的使用說明

- 從 **pipeline** 模組載入 **make_pipeline** 類別（另一個 **Pipeline** 類別比較複雜，在本書後段才會說明）。
- 初始化物件，並將你要的轉換器「通通」放入 **make_pipeline** 函數的參數裡。
- 讓「管道器」學習並轉換。

範例 3-9 用管道器來連接 **SimpleImputer** 和 **StandardScaler** 兩個轉換器

程式碼

```
from sklearn.pipeline import make_pipeline
num_pl = make_pipeline(SimpleImputer(strategy='mean'),
                       StandardScaler())
num_pl.fit_transform(X_num)
```

執行結果

```
array([[-1.11803399,  0.         ],
       [ 0.         ,  1.67541563],
       [-1.11803399,  0.         ],
       [ 1.11803399, -0.20942695],
       [ 1.11803399, -1.46598868]])
```

從範例 3-9 觀察到什麼？**程式是不是變得很簡潔和清楚！**我們透過管道器將兩個轉換器串接在一起，形成一個新的、功能更強大的轉換器。它能同時處理遺漏值和資料標準化。觀察執行結果，與範例 3-8 是相同的。在這個地方建議停頓一下，再多看一眼複習一下！

學會管道器的使用是非常重要的，這也是為什麼在本書會一直不斷地提到管道器。因為管道器的好用，我們選用 sklearn 做資料預處理，而非 pandas。

3-3　類別型資料的預處理

學會數值型資料的預處理後，接下來要說明如何進行類別型資料的預處理，主要包括遺漏值處理和獨熱編碼。

首先取出案例中的類別型資料欄位和數值，並觀察結果，發現在 size 有一筆遺漏值，在 color 有兩筆遺漏值。

範例 3-10　取出類別型資料的欄位和數值

▎程式碼

```
X_col_cat = ['size','color']
X_cat = X[X_col_cat]
X_cat.style.highlight_null(null_color='yellow')
```

▎執行結果

	size	color
0	M	green
1	S	blue
2	nan	blue
3	M	nan
4	XL	nan

3-3-1　類別型資料的遺漏值處理

使用 SimpleImputer 轉換器處理

- 初始化物件：SimpleImputer()。因為是類別型變數，無法用平均值或中位數，所以筆者用眾數（英文是 most_frequent）值來取代遺漏值。以本例的 size 而言，眾數是 M；color 的眾數是 blue。
- 學習並轉換：透過 fit 可算出眾數，transform 則將眾數填入遺漏值裡。最後將轉換的結果存入變數 X_cat_impute。是不是簡簡單單？

範例 3-11　使用 SimpleImputer 轉換器做類別型資料的遺漏值處理

▎程式碼

```
si = SimpleImputer(strategy='most_frequent')
X_cat_impute = si.fit_transform(X_cat)
X_cat_impute
```

▎執行結果

```
array([['M', 'green'],
       ['S', 'blue'],
       ['M', 'blue'],
       ['M', 'blue'],
       ['XL', 'blue']], dtype=object)
```

3-3-2　類別型資料的獨熱編碼

電腦無法直接處理文字資料，因此類別型的資料要先轉成數字。最簡單的方式就是獨熱編碼，用 0 和 1 的方式來表達是哪一個類別。假設有三種顏色類別：紅、黃、藍。獨熱編碼的做法是紅色：１００，黃色：０１０，藍色：００１。用 0 和 1 來表示是屬於哪一個顏色類別。

在 pandas 裡，用 get_dummies 就能完成獨熱編碼。在範例 3-12 可見，1 就表示屬於某個類別，0 就表示不是。這就是獨熱編碼名稱的由來（只有一個值是熱）。如果全都是 0，就表示是遺漏值。例如第一筆資料是 size_M 和 color_green。

範例 3-12　獨熱編碼

▊ 程式碼

```
pd.get_dummies(X_cat)
```

▊ 執行結果

	size_M	size_S	size_XL	color_blue	color_green
0	1	0	0	0	1
1	0	1	0	1	0
2	0	0	0	1	0
3	1	0	0	0	0
4	0	0	1	0	0

OneHotEncoder

sklearn 的 preprocessing 模組，提供了 OneHotEncoder 獨熱編碼函數。其使用方法：

* 初始化 **OneHotEncoder()**，參數用 **sparse=False** 來讓輸出為「非」稀疏矩陣，便於觀察。正常使用的時候不需要加這個參數，除非你想要觀察輸出結果。
* 讓程式學習並轉換 **fit_transform**。

雖然 pandas 的 get_dummies 輸出包含欄索引鍵較為清楚，但因為管道器的考量，本書仍建議用 OneHotEncoder 更為適合。

小提醒：如果在新的資料裡的某類別不存在，OneHotEncoder() 的學習結果會出現錯誤。這時使用者可用 handle_unknown='ignore' 參數來解決問題。

範例 3-13 用 **OneHotEncoder** 來做獨熱編碼

▊ 程式碼

```
from sklearn.preprocessing import OneHotEncoder
oh = OneHotEncoder(sparse=False)
X_cat_impute_oh = oh.fit_transform(X_cat_impute)
X_cat_impute_oh
```

▊ 執行結果

```
array([[1., 0., 0., 0., 1.],
       [0., 1., 0., 1., 0.],
       [1., 0., 0., 1., 0.],
       [1., 0., 0., 1., 0.],
       [0., 0., 1., 1., 0.]])
```

對照範例 3-12 的結果是相同的。

利用 OneHotEncoder 做好獨熱編碼之後，我們要將 OneHotEncoder 的欄位編碼取出來。sklearn 的函數是以 numpy 為主，因此 OneHotEncoder 的輸出並沒有欄位資訊，必須透過 get_feature_names() 來取得其 0 和 1 所代表的欄位名稱。加入原本的欄位名稱參數 ['size','color']，能讓輸出結果有 size 和 color 的資訊。

範例 3-14 取得 **OneHotEncoder** 的欄位編碼

▊ 程式碼

```
oh.get_feature_names(['size','color'])
```

▊ 執行結果

```
array(['size_M', 'size_S', 'size_XL', 'color_blue', 'color_green'],
      dtype=object)
```

如果讀者想了解編碼的結果和欄位的意義，可以將 OneHotEncoder 結果包裝成 DataFrame 格式來解決。

範例 3-15 將 **OneHotEncoder** 結果包裝成 **DataFrame** 格式

▌ 程式碼

```
pd.DataFrame(X_cat_impute_oh, columns=oh.get_feature_names
                                        (['size','color']))
```

▌ 執行結果

	size_M	size_S	size_XL	color_blue	color_green
0	1.0	0.0	0.0	0.0	1.0
1	0.0	1.0	0.0	1.0	0.0
2	1.0	0.0	0.0	1.0	0.0
3	1.0	0.0	0.0	1.0	0.0
4	0.0	0.0	1.0	1.0	0.0

3-3-3 類別型資料的管道器

　　接下來這個步驟是筆者最喜歡的——管道器。與數值型變數相同，我們一樣用管道器將 SimpleImputer 和 OneHotEncoder 兩個轉換器串接起來，形成一個功能更強大的轉化器。讀者可以將範例 3-16 與上例對照，其結果是相同的。不過程式簡潔多了，閱讀性也提升！

範例 3-16 用管道器連接 **SimpleImputer** 轉換器和 **OneHotEncoder** 轉換器

▌ 程式碼

```
cat_pl = make_pipeline(SimpleImputer(strategy='most_frequent'),
                    OneHotEncoder(sparse=False))
cat_pl.fit_transform(X_cat)
```

▌ 執行結果

```
array([[1., 0., 0., 0., 1.],
       [0., 1., 0., 1., 0.],
       [1., 0., 0., 1., 0.],
       [1., 0., 0., 1., 0.],
       [0., 0., 1., 1., 0.]])
```

　　然而，眼尖的讀者可能會發現一個問題：就是我們如何在管道器裡取得獨熱編碼的欄位名稱呢？我們要從 named_steps 裡取到獨熱編碼的物件後，才能進一步取到編碼的欄位名稱哦！這個步驟會稍微麻煩一些。

範例 3-17　從管道器裡取得獨熱編碼的欄位名稱

▌程式碼

```
oh_in_pl = cat_pl.named_steps['onehotencoder']
oh_in_pl.get_feature_names(['size','color'])
```

▌執行結果

```
array(['size_M', 'size_S', 'size_XL', 'color_blue', 'color_green'],
      dtype=object)
```

3-4　結合不同的管道器

到目前為止，我們創造了兩個管道器── num_pl 和 cat_pl。

- **num_pl** 數值型管道器，連結 **SimpleImputer** 和 **StandardScaler** 兩個轉換器。
- **cat_pl** 類別型管道器，連結 **SimpleImputer** 和 **OneHotEncoder** 兩個轉換器。

這兩個管道器分別處理了數值型和類別型的資料，但這麼做還不夠，因為我們必須將這兩種不同類型的資料重新整合到一筆資料。我們要做的是資料的水平連結，這樣才算完成了整個資料預處理的流程。

由於是「水平」連結，我們用的不是管道器，而是新的 ColumnTransformer，稱為水平合併器。

我們先用 numpy 的 concatenate 函數來實作，axis=1 表示要橫向整合。以前這是首選的方法，但 sklearn 新版提供了更好的方式，就是應用在 compose 模組裡的 ColumnTransformer 類別。

範例 3-18　將數值型結果和類別型結果「水平」整合起來

▌程式碼

```
np.concatenate([X_num_impute_ss, X_cat_impute_oh], axis=1).round(2)
```

▌執行結果

```
array([[-1.12,  0.  ,  1.  ,  0.  ,  0.  ,  0.  ,  1.  ],
       [ 0.  ,  1.68,  0.  ,  1.  ,  0.  ,  1.  ,  0.  ],
       [-1.12,  0.  ,  1.  ,  0.  ,  0.  ,  1.  ,  0.  ],
       [ 1.12, -0.21,  1.  ,  0.  ,  0.  ,  1.  ,  0.  ],
       [ 1.12, -1.47,  0.  ,  0.  ,  1.  ,  1.  ,  0.  ]])
```

3-4-1　ColumnTransformer 水平合併器

ColumnTransformer 能幫助我們水平結合多個不同的管道器或轉換器，用在資料預處理。

使用說明如下：

- 第一個參數為串列（**list**），其內包含不同的轉換器或管道器。在本例為兩個管道器 **num_pl** 和 **cat_pl**。不同的管道器最後再用元組（**tuple**）格式來送入。
- 每個元組包含三個元素：**第一個是可識別的名字（可任取），第二個是管道器或轉換器，第三個是所要使用的「資料欄位名稱」**。

以本例來說，我們已經有兩個轉換器，分別是 num_pl，其所用欄位存放在變數 X_col_num；和 cat_pl，其所用欄位放在變數 X_col_cat。

第一步，先將 ColumnTransformer 初始化到變數 data_pl，其內部參數為串列，串列包含兩個元組 tuple。這兩個元組分別是處理「數值型資料」的管道器和其所屬欄位，以及處理「類別型資料」的管道器和其所屬欄位，再用 fit_transform() 的方式做學習和轉換。

當水平合併器學習和轉換時，會參考欄位名稱（在本例為 X_col_num 和 X_col_cat），送給不同的管道器去處理。

舉個例子，本例的 X_col_num 值為 'price' 和 'quantity'，因此這兩個欄位的資料會送到數值管道器處理。而 'size'、'color' 則會送到類別管道器處理。觀察結果發現，本例共有七個欄位。這是因為前兩個欄位來自於 num_pl，後五個來自於 cat_pl。結果是正確的。

小結：透過水平合併器和管道器的幫助，讓原本複雜的程式，變成了程式的藝術，不得不令人讚嘆。而且更重要的是，**水平合併器本身也具備 fit 和 transform 的接口，因此可進一步成為新的管道器的一部分。**

範例 3-19　使用 ColumnTransformer 結合兩個轉換器

▌程式碼

```
from sklearn.compose import ColumnTransformer
data_pl = ColumnTransformer([
    ('num_pl', num_pl, X_col_num),
    ('cat_pl', cat_pl, X_col_cat)
])
data_pl.fit_transform(X).round(2)
```

執行結果

```
array([[-1.12,  0.  ,  1.  ,  0.  ,  0.  ,  0.  ,  1.  ],
       [ 0.  ,  1.68,  0.  ,  1.  ,  0.  ,  1.  ,  0.  ],
       [-1.12,  0.  ,  1.  ,  0.  ,  0.  ,  1.  ,  0.  ],
       [ 1.12, -0.21,  1.  ,  0.  ,  0.  ,  1.  ,  0.  ],
       [ 1.12, -1.47,  0.  ,  0.  ,  1.  ,  1.  ,  0.  ]])
```

　　建構完水平合併器後，我們就能用它來控制欄位的使用。譬如：我們只想要類別型資料的輸出，不要數值型資料，就只需在數值型管道器裡寫 'drop' 即可完成丟棄。觀察範例 3-20 的執行結果，果然只剩下 cat_pl 的資料。由於 ColumnTransformer 使用上具備彈性，不僅增加程式可讀性，也提升做數據實驗的便利性。

範例 3-20 用 ColumnTransformer 控制欄位的使用（一）

程式碼

```python
from sklearn.compose import ColumnTransformer
data_pl = ColumnTransformer([
    ('num_pl', 'drop', X_col_num),
    ('cat_pl', cat_pl, X_col_cat)
])
pd.DataFrame(data_pl.fit_transform(X))
```

執行結果

	0	1	2	3	4
0	1.0	0.0	0.0	0.0	1.0
1	0.0	1.0	0.0	1.0	0.0
2	1.0	0.0	0.0	1.0	0.0
3	1.0	0.0	0.0	1.0	0.0
4	0.0	0.0	1.0	1.0	0.0

　　假設希望讓 num_pl 管道器只處理 price 的欄位，quantity 不處理，該怎麼做呢？在 ColumnTransformer 裡有兩個重要的關鍵字：一個是 'passthrough'，其代表通過不處理；另一個是 'drop'，也就是丟棄。以本例而言，我們就在 num_pl 的欄位選擇裡只給 price 欄位，另外在 remainder 的參數設 'passthrough'，即剩餘沒處理的變數如 quantity 就直接通過。果然，最後一個欄位 6 的資料 quantity 沒做遺漏值處理和標準化，答案是正確的。（參閱範例 3-21 執行結果）。

範例 3-21 用 **ColumnTransformer** 控制欄位的使用（二）

▋ 程式碼

```
data_pl = ColumnTransformer([
    ('num_pl', num_pl, ['price']),
    ('cat_pl', cat_pl, X_col_cat)
], remainder='passthrough')
pd.DataFrame(data_pl.fit_transform(X))
```

▋ 執行結果

	0	1	2	3	4	5	6
0	-1.118034	1.0	0.0	0.0	0.0	1.0	NaN
1	0.000000	0.0	1.0	0.0	1.0	0.0	35000.0
2	-1.118034	1.0	0.0	0.0	1.0	0.0	NaN
3	1.118034	1.0	0.0	0.0	1.0	0.0	20000.0
4	1.118034	0.0	0.0	1.0	1.0	0.0	10000.0

　　假設 num_pl 管道器只處理 price 的欄位，但 quantity 欄位要丟棄，觀念與範例 3-21 幾乎相同，不同的地方只在於 remainder 的參數要設 'drop'，即剩餘沒處理的變數如 quantity 就丟棄。果然，最後少一個欄位的 quantity 資料，這是正確的。（參閱範例 3-22 執行結果）。

　　'drop' 也是預設參數，可省略。

範例 3-22 用 **ColumnTransformer** 控制欄位的使用（三）

▋ 程式碼

```
data_pl = ColumnTransformer([
    ('num_pl', num_pl, ['price']),
    ('cat_pl', cat_pl, X_col_cat)
], remainder='drop')
pd.DataFrame(data_pl.fit_transform(X))
```

▋ 執行結果

	0	1	2	3	4	5
0	-1.118034	1.0	0.0	0.0	0.0	1.0
1	0.000000	0.0	1.0	0.0	1.0	0.0
2	-1.118034	1.0	0.0	0.0	1.0	0.0
3	1.118034	1.0	0.0	0.0	1.0	0.0
4	1.118034	0.0	0.0	1.0	1.0	0.0

如果對於數值型資料，我們只想做遺漏值處理，但不做標準化，只要將 num_pl 換成 SimpleImputer(strategy='mean') 即可。觀察範例 3-23 的執行結果，數值型資料的確沒做標準化的動作。

範例 3-23 用 **ColumnTransformer** 控制欄位的使用（四）

程式碼

```
from sklearn.compose import ColumnTransformer
data_pl = ColumnTransformer([
    ('num_pl', SimpleImputer(strategy='mean'), X_col_num),
    ('cat_pl', cat_pl, X_col_cat)
])
pd.DataFrame(data_pl.fit_transform(X))
```

執行結果

	0	1	2	3	4	5	6
0	200.0	21666.666667	1.0	0.0	0.0	0.0	1.0
1	250.0	35000.000000	0.0	1.0	0.0	1.0	0.0
2	200.0	21666.666667	1.0	0.0	0.0	1.0	0.0
3	300.0	20000.000000	1.0	0.0	0.0	1.0	0.0
4	300.0	10000.000000	0.0	0.0	1.0	1.0	0.0

進行到此，讀者應該可以感受到 ColumnTransformer 的強大和方便了！**筆者認為，因為 ColumnTransformer 的出現，讓 sklearn 的使用更加方便和強大，它讓欄位名稱也能在 sklearn 使用。**

3-4-2 取得管道器裡的學習資訊

有時候我們會需要取得管道器裡的學習資訊，要怎麼做呢？延續上例，我們雖然知道欄位 2 到欄位 6 是類別型變數的獨熱編碼，但對應的欄位編碼結果是存在 OneHotEncoder 轉換器裡，要怎麼將它取出來呢？本節將教大家，如何取得管道器裡的資訊。

首先我們知道 data_pl 的水平合併器裡有兩個管道器，而我們要的資訊是在 cat_pl 管道器裡。因此，第一步，透過 data_pl.named_transformers_['cat_pl']，我們先取得 cat_pl 管道器。取到 cat_pl 管道器後，我們再進一步透過 named_steps['onehotencoder'].**get_feature_names()** 取得對應欄位結果。剛開始會覺得很麻煩，熟悉後就會覺得還好！

範例 3-24 取得 **OneHotEncoder** 的轉換結果——步驟一

▌ 程式碼

```
# 第一步：取得 cat_pl 管道器
data_pl.named_transformers_['cat_pl']
```

▌ 執行結果

```
Pipeline(memory=None,
    steps=[('simpleimputer', SimpleImputer(copy=True, fill_
value=None, missing_values=nan,
        strategy='most_frequent', verbose=0)), ('onehotencoder',
OneHotEncoder(categorical_features=None, categories=None,
        dtype=<class 'numpy.float64'>, handle_unknown='error',
        n_values=None, sparse=False))])
```

範例 3-25 取得 **OneHotEncoder** 的轉換結果——步驟二

▌ 程式碼

```
# 第二步：取得 onehotencoder 欄位對應結果
data_pl.named_transformers_['cat_pl'].\
named_steps['onehotencoder'].get_feature_names()
```

▌ 執行結果

```
array(['x0_M', 'x0_S', 'x0_XL', 'x1_blue', 'x1_green'],
dtype=object)
```

　　那麼，要如何知道管道器裡的轉換器名稱呢？使用「make_pipeline」會自動生成小寫轉換器的名稱當索引鍵。如果還是不確定，就用 named_steps.keys() 列出所有的索引鍵值。

範例 3-26 取得管道器裡的轉換器名稱

▌ 程式碼

```
data_pl.named_transformers_['cat_pl'].named_steps.keys()
```

▌ 執行結果

```
dict_keys(['simpleimputer', 'onehotencoder'])
```

範例 3-27 取得 **OneHotEncoder** 的轉換結果——步驟三

▌程式碼

```
# 第三步：將所有欄位整理到 DataFrame 裡
X_col_cat_oh = data_pl.named_transformers_['cat_pl'].\
named_steps['onehotencoder'].get_feature_names(X_col_cat)
columns = X_col_num + X_col_cat_oh.tolist()
print('整合後的欄位資料：',columns)
pd.DataFrame(data_pl.fit_transform(X), columns=columns)
```

▌執行結果

整合後的欄位資料： ['price', 'quantity', 'size_M', 'size_S', 'size_XL', 'color_blue', 'color_green']

	price	quantity	size_M	size_S	size_XL	color_blue	color_green
0	200.0	21666.666667	1.0	0.0	0.0	0.0	1.0
1	250.0	35000.000000	0.0	1.0	0.0	1.0	0.0
2	200.0	21666.666667	1.0	0.0	0.0	1.0	0.0
3	300.0	20000.000000	1.0	0.0	0.0	1.0	0.0
4	300.0	10000.000000	0.0	0.0	1.0	1.0	0.0

3-5　進階使用的小技巧參考

有時候資料會有極端值，我們就可以用 KBinsDiscretizer 轉換器來做處理。以這個例子來講，我們發現 30 和 40 都會被歸類在數字 2。

範例 3-28　**KBinsDiscretizer 轉換器**

程式碼

```python
# 資料
df_full = pd.DataFrame({'price':[10,20,30,40,10,20]})
print(' 原始資料 \n', df_full)

from sklearn.preprocessing import KBinsDiscretizer
kb = KBinsDiscretizer(n_bins=3, encode='ordinal')
kb.fit_transform(df_full)
```

執行結果

```
原始資料
    price
0     10
1     20
2     30
3     40
4     10
5     20


array([[0.],
       [1.],
       [2.],
       [2.],
       [0.],
       [1.]])
```

　　有時候，用眾數取代類別型資料的遺漏值並非最佳的選擇，因爲這會增加原本就是眾數的資料個數；這時不如創造一個新的類別變數 'missing'。做法是在參數裡將 strategy 設爲 'constant'，fill_value 則是所要填入的值，本例爲 'Missing'。

範例 3-29　用固定值取代遺漏值

▌程式碼

```
si = SimpleImputer(strategy='constant', fill_value='Missing')
X_cat_impute = si.fit_transform(X_cat)
X_cat_impute
```

▌執行結果

```
array([['M', 'green'],
       ['S', 'blue'],
       ['Missing', 'blue'],
       ['M', 'Missing'],
       ['XL', 'Missing']], dtype=object)
```

　　有時候管道器可能很複雜，要重寫的工程也很浩大，這時可用 set_params() 的方法，將某個轉換器的值設為 None 來關掉它。觀察範例 3-30 的執行結果，原本的管道器有做標準化的功能，但因為 StandardScaler 被關掉之後，輸出結果就沒有做標準化了。

範例 3-30　用 **set_params()** 關掉管道器裡的某個轉換器

▌程式碼

```
num_pl = make_pipeline(SimpleImputer(strategy='mean'), StandardScaler())
num_pl.set_params(standardscaler=None)
num_pl.fit_transform(X_num)
```

▌執行結果

```
array([[ 200.        , 21666.66666667],
       [ 250.        , 35000.        ],
       [ 200.        , 21666.66666667],
       [ 300.        , 20000.        ],
       [ 300.        , 10000.        ]])
```

範例 3-31

▌程式碼

```
# 檢視管道器裡的結果也沒有出現 standardscaler 了
num_pl.named_steps
```

▌執行結果

```
{'simpleimputer': SimpleImputer(copy=True, fill_value=None,
missing_values=nan, strategy='mean',
        verbose=0),
 'standardscaler': None}
```

範例 3-32　用 **set_params()** 將 **StandardScaler** 換成 **MinMaxScaler**

▌程式碼

```
from sklearn.preprocessing import MinMaxScaler
num_pl = make_pipeline(SimpleImputer(strategy='mean'), StandardScaler())
num_pl.set_params(standardscaler=MinMaxScaler())
num_pl.fit_transform(X_num)
```

▌執行結果

```
array([[0.        , 0.46666667],
       [0.5       , 1.        ],
       [0.        , 0.46666667],
       [1.        , 0.4       ],
       [1.        , 0.        ]])
```

觀察結果，透過 MinMaxScaler，確實各欄位的值都在 0 與 1 之間了！

章 末 習 題

1. 假設有一筆資料

```
data = {
    'size': ['S','M',np.nan,'XL','XL'],
    'color': ['red', 'blue', 'blue', 'black', np.nan],
    'price': [2100, np.nan, 4500, 7300, 3200],
    'quantity': [np.nan, 350, np.nan, 200, 10]
}
df = pd.DataFrame(data)
```

(1) 請用 ColumnTransformer 水平合併器，將數值和類別管道器結合起來。其中數值管道器要做遺漏值處理，用中位數 median，再做 MinMaxScaler 轉換。類別管道器的遺漏值用眾數處理後，再做獨熱編碼。

(2) 請將獨熱編碼的欄位和數值型資料欄位取出，並整合到 DataFrame 裡。

2. 承第 1 題的資料，請用 ColumnTransformer 水平合併器，將數值和類別管道器結合起來。其中數值管道器要做遺漏值處理，用平均數 mean，再做 StandardScaler 轉換。類別管道器的遺漏值用常數 'Missing' 處理後，再做獨熱編碼。

3. 承第 1 題的資料，price 欄位只做遺漏值處理 mean，不做正規化。quantity 只做 StandardScaler。size 做遺漏值眾數，再獨熱編碼。color 丟掉。最後水平整合資料。

4. 承第 2 題，數值管道器只用 quantity，price 丟掉。類別管道器丟掉。

5. 假設一筆資料 df = pd.DataFrame({'price':[10,20,3000000,40000,10,20]})，很顯然這裡資料有兩個極大值。

(1) 請考慮用 KBinsDiscretizer 來做資料的預處理，假設要 3 個分箱（bins），編碼選 'ordinal'。請觀察 3000000 變成了多少？

(2) 請問輸出結果為幾維資料，其形狀為？

　　（注意：所有資料轉換的函數，其輸入跟輸出都是二維資料。）

第 4 章

簡單線性迴歸

──────── 本章學習重點 ────────

■ 簡單線性迴歸

■ 波斯頓房價預測

■ 資料探索

■ 將資料切割成訓練集和測試集

■ 簡單線性迴歸學習和預測

■ 殘差值介紹

■ 判斷和評估模型預測好壞的指標

■ 更高次方的預測模型

■ 解釋過度擬合的問題

接下來我們要進入到機器學習的部分，首先介紹的是監督式的學習，也就是我們會有正確的 y 來「教導」機器如何學習。簡單線性迴歸是最基本的機器學習模型，但也是所有機器學習模型的根本。

4-1	簡單線性迴歸

簡單線性迴歸主要用在預測數值型資料。譬如我們想設計一個模型去預測體重，預測體重的因子是身高。這個模型當然過於簡單，不過，或許存在這樣子的一種線性關係。因為身高越高的人，身體的物質越多，體重就會越重。不過也有身高很高的人卻是非常瘦的。

簡單線性迴歸的基本假設為：變數之間存在線性的關係。一般而言，自變數（預測變數）設為 X，應變數為 y（被預測變數）。線性迴歸的主要目的，就是去預測和了解變數 X 如何去影響變數 y。以數學符號表示，就如下列公式。線性迴歸的主要目的，就是去估算出裡面的兩個參數：β_0 和 β_1。

$$y = \beta_0 + \beta_1 X$$

4-1-1　載入資料

本章所使用的資料是來自於 sklearn.datasets 模組的內建資料，首先用 load_boston 將資料讀入。

範例 4-1　讀入本章資料

程式碼

```
# 基本套件和模組
import pandas as pd
import numpy as np
import matplotlib.pyplot as plt
import seaborn as sns
%matplotlib inline
%config InlineBackend.figure_format = 'retina'
plt.rcParams['font.sans-serif'] = ['DFKai-sb']
plt.rcParams['axes.unicode_minus'] = False
import warnings
warnings.filterwarnings('ignore')
```

```
# 資料模組
from sklearn.datasets import load_boston
boston = load_boston()
```

　　讀入後會看到，**資料格式為字典**，因此我們先看一下有哪些索引鍵，方法如範例 4-2。

範例 4-2　用 keys() 了解資料有哪些索引鍵

▌程式碼

```
boston.keys()
```

▌執行結果

```
dict_keys(['data', 'target', 'feature_names', 'DESCR', 'filename'])
```

　　從範例 4-2 的執行結果發現，資料中有 data、target、DESCR、feature_names 等索引鍵。

第一步——用 DESCR 來了解資料的來龍去脈

　　DESCR 為資料的描述文字（DESCR 為 description 的縮寫），裡面會介紹資料來源，其他的索引鍵含資料有哪些特徵值的 'feature_names'，原始資料存放位置的 'data' 欄位，預測目標存放位置的 'target' 欄位。以本章的 Boston Housing 數據為例，是 1978 年由 Harrison, D. 和 Rubinfeld, D.L. 收集的，資料共有 506 個樣本和 13 個特徵值。因為資料描述有點長，因此我們透過一些小技巧僅列印前 26 行。

範例 4-3　用 DESCR 來了解資料的來龍去脈

▌程式碼

```
print('\n'.join(boston['DESCR'].split('\n')[:26]))
```

▌執行結果

```
.. _boston_dataset:

Boston house prices dataset
---------------------------

**Data Set Characteristics:**

    :Number of Instances: 506
```

```
      :Number of Attributes: 13 numeric/categorical predictive.
Median Value (attribute 14) is usually the target.

      :Attribute Information (in order):
        - CRIM     per capita crime rate by town
        - ZN       proportion of residential land zoned for lots
over 25,000 sq.ft.
        - INDUS    proportion of non-retail business acres per town
        - CHAS     Charles River dummy variable (= 1 if tract
bounds river; 0 otherwise)
        - NOX      nitric oxides concentration (parts per 10 million)
        - RM       average number of rooms per dwelling
        - AGE      proportion of owner-occupied units built prior to 1940
        - DIS      weighted distances to five Boston employment centres
        - RAD      index of accessibility to radial highways
        - TAX      full-value property-tax rate per $10,000
        - PTRATIO  pupil-teacher ratio by town
        - B        1000(Bk - 0.63)^2 where Bk is the proportion
of blacks by town
        - LSTAT    % lower status of the population
        - MEDV     Median value of owner-occupied homes in $1000's
```

在 Boston 資料裡一共有 13 個特徵值。在範例 4-4 中，我們用字典取值的方式將特徵值列印出來，這 13 個特徵值就是用來預測波斯頓房價的主要變數。

範例 4-4 取出資料的特徵值

程式碼

```
print(boston['feature_names'])
```

執行結果

```
['CRIM' 'ZN' 'INDUS' 'CHAS' 'NOX' 'RM' 'AGE' 'DIS' 'RAD' 'TAX'
'PTRATIO' 'B' 'LSTAT']
```

由於 DataFrame 非常適合用來觀察和了解資料，因此資料分析的第一步，筆者會將資料整合到 DataFrame 裡來觀察。在範例 4-5 中，欄索引鍵為範例 4-4 的 boston['feature_names']，資料為 boston['data']，最後用 df.head() 檢視前五筆資料。

範例 4-5 將資料整合到 DataFrame 裡

▊ 程式碼

```
df = pd.DataFrame(boston['data'], columns = boston['feature_names'])
df.head()
```

▊ 執行結果

	CRIM	ZN	INDUS	CHAS	NOX	RM	AGE	DIS	RAD	TAX	PTRATIO	B	LSTAT
0	0.00632	18.0	2.31	0.0	0.538	6.575	65.2	4.0900	1.0	296.0	15.3	396.90	4.98
1	0.02731	0.0	7.07	0.0	0.469	6.421	78.9	4.9671	2.0	242.0	17.8	396.90	9.14
2	0.02729	0.0	7.07	0.0	0.469	7.185	61.1	4.9671	2.0	242.0	17.8	392.83	4.03
3	0.03237	0.0	2.18	0.0	0.458	6.998	45.8	6.0622	3.0	222.0	18.7	394.63	2.94
4	0.06905	0.0	2.18	0.0	0.458	7.147	54.2	6.0622	3.0	222.0	18.7	396.90	5.33

　　然後將預測目標的 target 也整合到 DataFrame 裡。範例 4-6 裡將應變數 y 也整合到 DataFrame。y 就是 target 欄位，意義是房子金額的中位數，單位為 $1000。

範例 4-6 將預測目標的 **target** 也整合到 **DataFrame** 裡

▊ 程式碼

```
df['target'] = boston['target']
df.head()
```

▊ 執行結果

	CRIM	ZN	INDUS	CHAS	NOX	RM	AGE	DIS	RAD	TAX	PTRATIO	B	LSTAT	target
0	0.00632	18.0	2.31	0.0	0.538	6.575	65.2	4.0900	1.0	296.0	15.3	396.90	4.98	24.0
1	0.02731	0.0	7.07	0.0	0.469	6.421	78.9	4.9671	2.0	242.0	17.8	396.90	9.14	21.6
2	0.02729	0.0	7.07	0.0	0.469	7.185	61.1	4.9671	2.0	242.0	17.8	392.83	4.03	34.7
3	0.03237	0.0	2.18	0.0	0.458	6.998	45.8	6.0622	3.0	222.0	18.7	394.63	2.94	33.4
4	0.06905	0.0	2.18	0.0	0.458	7.147	54.2	6.0622	3.0	222.0	18.7	396.90	5.33	36.2

4-1-2　資料檢查

拿到資料第一件事情，就是要先檢查是否有遺漏值。我們以範例 4-7 說明利用 df.info() 檢視資料是否有缺漏。

範例 4-7　檢視資料是否有遺漏值

▎程式碼

```
df.info()
```

▎執行結果

```
<class 'pandas.core.frame.DataFrame'>
RangeIndex: 506 entries, 0 to 505
Data columns (total 14 columns):
 #   Column   Non-Null Count   Dtype
---  ------   --------------   -----
 0   CRIM     506 non-null     float64
 1   ZN       506 non-null     float64
 2   INDUS    506 non-null     float64
 3   CHAS     506 non-null     float64
 4   NOX      506 non-null     float64
 5   RM       506 non-null     float64
 6   AGE      506 non-null     float64
 7   DIS      506 non-null     float64
 8   RAD      506 non-null     float64
 9   TAX      506 non-null     float64
 10  PTRATIO  506 non-null     float64
 11  B        506 non-null     float64
 12  LSTAT    506 non-null     float64
 13  target   506 non-null     float64
dtypes: float64(14)
memory usage: 55.5 KB
```

從範例 4-7 的執行結果裡觀察到，所有的欄位都有 506 筆資料，說明資料沒有遺漏值。除此之外，也觀察到所有的資料欄位都是浮點數，不用做特別的資料轉換。

4-1-3　資料的探索

接下來利用圖形幫助我們了解與認識資料。

範例 4-8　用直方圖探索目標變數 target

▌程式碼

```
df['target'].plot(kind='hist', bins=30, alpha=0.5)
```

▌執行結果

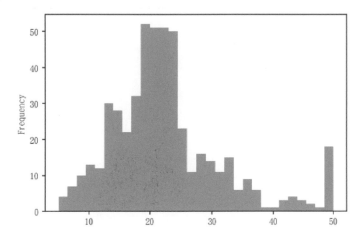

　　觀察範例 4-8 的執行結果，資料呈現類似常態分布，但在最右端的值 (50) 有異常高的次數，表示房價的最高金額就只有 50，這看起來有點不合理，應該是資料提供者當時在整理資料時有些問題。這個問題我們可以先放在心裡。通常對於不合理的資料，我們也可以選擇刪除。

　　由於本章要介紹的是簡單迴歸（單一變數），我們期望找一個相關性最高的特徵值來做實驗。什麼叫相關係數呢？當一個變數變動，另外一個變數也會跟著變動的強弱值。因此，當兩個變數間的相關係數越高，其連動性也就愈高。而所謂的不相關，就表示兩個變數不會互相影響。譬如：天氣濕度越高，下雨機率越高，這就是明顯的正相關。

　　接下來我們透過範例 4-9 的 corr 函數，來製作變數之間的相關值。

範例 4-9　相關係數的探索

▍程式碼

```
corr = df.corr().round(2)
corr['target'].sort_values(ascending=False)
```

▍執行結果

```
target     1.00
RM         0.70
ZN         0.36
B          0.33
DIS        0.25
CHAS       0.18
RAD       -0.38
AGE       -0.38
CRIM      -0.39
NOX       -0.43
TAX       -0.47
INDUS     -0.48
PTRATIO   -0.51
LSTAT     -0.74
Name: target, dtype: float64
```

　　我們檢視與 target 最高的「正相關」值是 RM（房間數），其值為 0.7。也就是說，房間數愈多，通常房價也愈高。

　　接下來，我們利用顏色標記資料，讓判讀資料的方法能夠更直覺。範例 4-10 中，np.abs() 的作用是將資料取絕對值。你會發現數值用顏色來呈現，更易於我們來判讀資料。透過相關係數的檢查，可以幫助我們了解變數之間有什麼樣的故事。有興趣的同學可以自行檢查。

範例 4-10　列出所有相關係數高於 **0.6** 的值，並用 **heatmap** 來呈現

▍程式碼

```
plt.figure(figsize=(8, 6))
corr[np.abs(corr) < 0.6] = 0
sns.heatmap(corr, annot=True, cmap='coolwarm');
```

▌ 執行結果

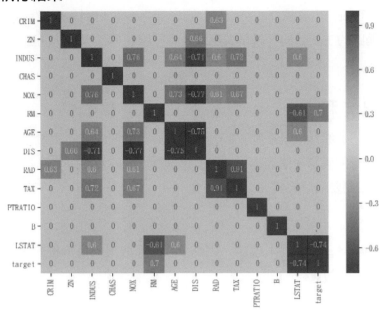

接下來我們繪製房間數與房價分布的散布圖來觀察它們之間的相關情形。

範例 4-11　繪製 **RM** 和 **target** 的散布圖，並將透明度設為 **0.5**

▌ 程式碼

```
df.plot(kind='scatter', x='RM', y='target', alpha=0.5, figsize=(8,4));
```

▌ 執行結果

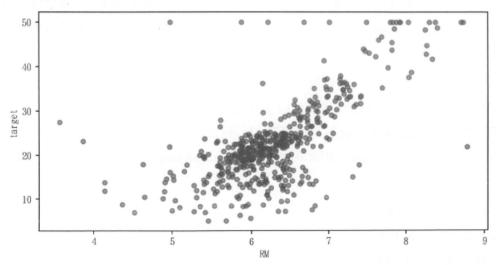

從範例 4-11 的執行結果確實也觀察到，RM 和 target 有呈現正相關的趨勢，即當房間數（RM）越多的時候，房價（target）也會越高。正相關的圖形通常會觀察到，直線有從左下往右上傾斜的趨勢。而線性迴歸的主要目的，就是去找到一條直線能最佳表示房間數和房價的關係。

4-1-4　將資料整理出 X 和 y

觀察完資料之後，我們要開始進行機器學習。第一步要將資料整理成自變數和應變數。通常自變數用大寫 X 表示為二維的資料，應變數用小寫 y 表示為一維的資料。若以數學符號呈現，可寫成下式。a 和 b 是我們要估算的值。

$$y = a*X + b$$

在本章中，X 用的是欄位 RM。在範例 4-12 中，因為 df['RM'] 取出的是一維的 Series，因此改用 **df[['RM']] 才能變成二維的資料**。

【範例 4-12】 取出 X 和 y

▍ 程式碼

```
X = df[['RM']]
y = df['target']
```

將資料切割成訓練和測試子集

在機器學習裡，訓練集是用來訓練機器學習的資料，而測試集是真正用來評估模型好壞的資料。由於我們沒有真正的測試集，所以只好將原本的資料切割成訓練集和測試集。這也是實務上常用的技巧。一般而言，我們會保留少部分資料（如百分之三十）給測試集，其餘的資料都拿來做訓練。

我們利用範例 4-13 來說明如何切割資料集。在 sklearn 的 model_selection 的模組裡，有 train_test_split 函數能幫助我們做資料的切割。其主要參數包含 X, y。另外，test_size=0.33 表示保留 33％的資料給測試集。而亂數起始值給 42，只是為了確保讀者和筆者的輸出結果是相同的。函數的回傳為元組 tuple，因此用元組解開（unpacking）取得 X_train、X_test、y_train、y_test。以下為變數說明：

- **X_train** 為自變數 X 的訓練集。
- **X_test** 為自變數 X 的測試集。
- **y_train** 為應變數 y 的訓練集。
- **y_test** 為應變數 y 的測試集。

換言之，我們將原本的自變數和應變數，再進一步切割成訓練集和測試集。

範例 4-13 將資料切割成 **train** 和 **test** 兩個子集

▌程式碼

```
from sklearn.model_selection import train_test_split
X_train, X_test, y_train, y_test = train_test_split(X, y, test_size=0.33,
                                                    random_state=42)
```

範例 4-14 檢視資料切割的筆數

▌程式碼

```
print(' 訓練集的筆數：',len(X_train))
print(' 測試集的筆數：',len(X_test))
print(' 測試集所佔全部資料的百分比：',len(X_test)/len(X))
```

▌執行結果

訓練集的筆數： 339
測試集的筆數： 167
測試集所佔全部資料的百分比： 0.3300395256916996

檢視範例 4-14 的執行結果，測試集的資料確實佔所有資料的 33%。

接下來利用散布圖來描繪訓練集和測試集的資料，分別用藍和紅呈現。

範例 4-15 用散布圖描繪訓練集和測試集的資料

▌程式碼

```
plt.figure(figsize=(10,4))
plt.scatter(X_train, y_train, color='blue', alpha=0.4, label=' 訓練集 ')
plt.scatter(X_test, y_test, color='red', alpha=0.4, label=' 測試集 ')
plt.xlabel(' 房間數量 ')
plt.ylabel(' 房價 ')
plt.legend();
```

執行結果

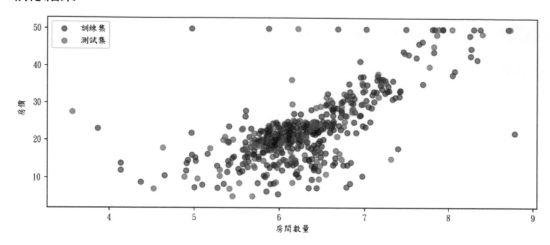

觀察範例 4-15 的執行結果發現，資料有分成訓練集和測試集。再者，觀察也發現，每增加一個房間，約增加 10 單位的價格。換言之，我們的期望 b 的值為 10 左右。不過這結果是人類大腦判讀出來的結果，並非機器學習結果。

4-1-5　迴歸模型建構

建立迴歸模型的預測器需以下三步驟：

- 初始物件
- 機器學習
- 機器預測

凡具備預測（predict）功能的類別，之後都稱為「預測器」。

一、初始物件

在 sklearn，機器學習的第一步是初始物件，其功能為取得記憶體空間，變數和函數初始化。在本章的機器學習工具為簡單線性迴歸，要從 linear_model 模組中匯入簡單迴歸 LinearRegression。初始化後的物件存放入 model 變數裡，之後訓練的結果會存到 model 的屬性裡。

範例 4-16　初始迴歸物件

程式碼

```
from sklearn.linear_model import LinearRegression
model = LinearRegression()
```

二、訓練機器

　　接下來是機器學習中最重要的一步：訓練。訓練的函數是 fit(X_train, y_train)，裡面的參數就分別是訓練集裡的 X 和訓練集裡的 y。請注意，我們只選用「訓練集」資料來訓練，不能用測試集的資料，不然就不對了。這一步看似簡單，但卻是機器學習中最重要的一步。以迴歸來說，這一步就已經算出所需的迴歸係數了。

範例 4-17　訓練迴歸模型

▌ 程式碼

```
model.fit(X_train, y_train)
```

▌ 執行結果

```
LinearRegression(copy_X=True, fit_intercept=True, n_
jobs=None,normalize=False)
```

　　我們在範例 4-17 前已說明，機器學習最關鍵的一步是 fit。fit 之後的結果，會算出我們要的係數，並存放回變數 model 裡。**在迴歸裡主要有兩個係數：一個是截距 intercept，另一個是迴歸係數 coef。請注意，在範例 4-18 中，intercept 和 coef 後多加一個底線（_），表示是被估算出來的結果。**

範例 4-18　檢視訓練後的係數

▌ 程式碼

```
print(model.intercept_ , model.coef_)
```

▌ 執行結果

```
-34.22235234632531 [9.03907314]
```

　　觀察發現，截距為 -34，係數為 9.03（跟我們觀察的 10 很接近）。因此，估算出的迴歸模型為：

$$y(房價中位數) = -34.22 + 9.04 * x(房間數)$$

　　這結果表示，每增加一個房間，房價的中位數為增加 9.04 個單位（US$1000）。

三、預測結果分析

做完模型學習和預測之後，雖然有結果，但並不曉得結果的好壞。因此，做完機器學習後，下一個重要的步驟，就是要評估預測結果的好壞。最簡單的方式就是拿「新的」資料來做預測，並比較實際值，在本例中，這組資料就是「測試集」。我們給 predict 函數 X_test 值，它就能預估出對應的房價。在範例 4-19 中，我們將預測結果存入 y_pred 變數。所以 **y_pred 是預測的結果。那真實的房價存放在哪裡呢？存放在 y_test 裡。這個資料是被用來評估結果好壞用的。**

範例 **4-19**   評估訓練模型的好壞

▍ 程式碼

```
y_pred = model.predict(X_test)
```

在執行過範例 4-19 後，我們接著繪製散布圖來觀察預測的 y_pred 與實際 y_test 的分布。

第一步，讀者一定要記得 y_pred 是預測值，y_test 是實際值。

範例 **4-20**   繪製散布圖來觀察預測值與實際值的分布

▍ 程式碼

```
plt.figure(figsize=(8,4))
plt.scatter(X_test, y_test, label=' 實際資料 ')
plt.scatter(X_test, y_pred, c='r', label=' 預測結果 ')
plt.legend()
```

▍ 執行結果

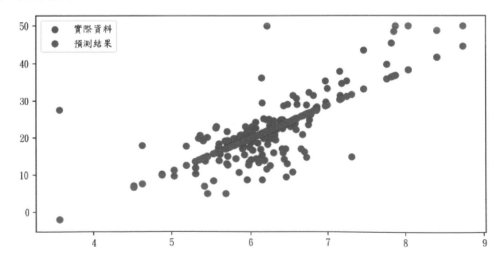

我們可以觀察到，預測的結果（紅色）呈一條直線，這是因為線性迴歸本身是線性的預測關係。實際的結果（藍色）則是散布在紅線兩旁。觀察發現，有些點的估計相當準確，但有些點的誤差值卻相當地高。

我們要怎麼評估，怎麼樣的預測結果叫作好？什麼樣的預測結果叫作不好？答案：用「殘差值」來表示，殘差值就表示著實際值和預測值的落差（y_test - y_pred）。殘差就是誤差，當殘差值是零的時候，就表示預測百分之百正確。

在範例 4-21 的執行結果中，殘差 0 用紅色虛線表示。**點與紅線的距離就為殘差值** 。 殘差愈大，表示預測愈不準確。在圖中，有幾個點的殘差是最高的（如左方靠近房間數為 3，房價為 30 的那個點，殘差值就很大）。各位可以先想一下，整體結果的殘差公式要怎麼寫，答案我們在 4-1-6 小節公布。

範例 4-21 繪製殘差的散布圖

▌程式碼

```
plt.figure(figsize=(8,4))
plt.scatter(X_test, y_test-y_pred)
plt.axhline(0, c='r', ls='--');
```

▌執行結果

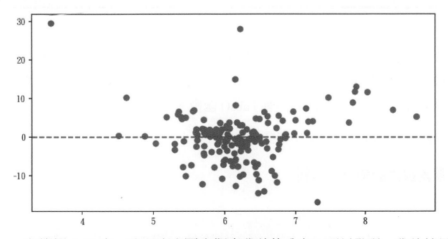

在範例 4-22 中，改用直方圖來觀察殘差的分布，可以發現：殘差值呈現約常態分配。絕大部分的殘差值都在 –10 和 10 之間。不過有幾筆資料的殘差值較大，約 30。

範例 4-22　用直方圖觀察殘差的分布

▌程式碼

```
plt.hist(y_test-y_pred, bins=30);
```

▌執行結果

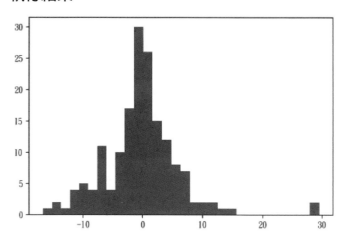

有些時候我們會想要了解和檢視殘差值最大的幾筆資料，就可以用範例 4-23 所示範的技巧。

第一步：將 X_test、y_test 整合回 DataFrame。用 pd.concat() 函數即可整合，axis=1 是設定往欄索引鍵（橫向）的方向整合。

第二步：將預測值 y_pred 也放入，再創建殘差欄位 'error'：y_test-y_pred。接著創立絕對值欄位 'error_abs'，取絕對值的原因是殘差會有正負號。取絕對值後，我們再用排序就能找出誤差最大的前幾筆資料。取絕對值是用 numpy 裡的 abs() 函數。

第三步：將 df_test 依照 error_abs 的大小來排序，由大到小。

範例 4-23　找出殘差最大的前五筆資料

▌程式碼

```
df_test = pd.concat([X_test, y_test], axis=1)
df_test['y_pred'] = y_pred
df_test['error'] = df_test['target']-df_test['y_pred']
df_test['error_abs'] = np.abs(df_test['error'])
df_test.sort_values(by='error_abs', ascending=False, inplace=True)
df_test.head()
```

執行結果

	RM	target	y_pred	error	error_abs
365	3.561	27.5	-2.034213	29.534213	29.534213
371	6.216	50.0	21.964526	28.035474	28.035474
375	7.313	15.0	31.880390	-16.880390	16.880390
181	6.144	36.2	21.313713	14.886287	14.886287
436	6.461	9.6	24.179099	-14.579099	14.579099

觀察範例 4-23 的執行結果發現，在本例有問題的資料可能是編號 365、371 等。房間數爲 3.5 和 6.2。

接著在範例 4-24 要繪製殘差和實際值分布圖，並標示殘差最大的五個點。這個範例較難，有興趣的同學可自行研究。

首先，用 plt.subplots() 做出兩個子圖，然後在第一個子圖繪製殘差值分布，並將殘差較大的五個點設爲紅色，其他點爲藍色，再用虛線點表示預測和實際的殘差值。

在第二個子圖，我們繪製藍色點爲實際的值，灰色爲預測值，紅色爲殘差較大的五個點。同樣地，虛線的點表示預測和實際的殘差值。

在圖形上所標示的數字爲資料的列索引鍵值，方便我們看出是哪些筆資料，如此我們就可以看出，資料 365、181、371、436、375 可能有些問題。

這個技巧可以幫助使用者檢視，是否這幾筆資料的輸入有問題。因爲有時候當我們輸入一堆資料的時候，難免會有輸入錯誤的情況發生。

範例 4-24　繪製殘差和實際值分布圖，並標示殘差最大的五個點

程式碼

```
colors = ['red']*5 + ['blue']*(len(df_test)-5)

fig, axes = plt.subplots(1, 2, figsize=(12,4))
# 第一張圖
ax = axes[0]
df_test.plot(kind='scatter', x='RM', y='error', c=colors, ax=ax)
for i in df_test.index[:5]:
    ax.text(x=df_test.loc[i,'RM']+0.1, y=df_test.loc[i,'error']-1, s=i)
    ax.vlines(x=df_test.loc[i,'RM'], ymin=0, ymax=df_test.loc
```

```
                                                    [i,'error'], ls=':')
ax.axhline(0, c='r', ls='--')
ax.set_title('殘差值分布')

# 第二張圖
ax = axes[1]
df_test.plot(kind='scatter', x='RM', y='target', c=colors, ax=ax)
df_test.plot(kind='scatter', x='RM', y='y_pred', c='gray', ax=ax)
for i in df_test.index[:5]:
    ax.text(x=df_test.loc[i,'RM']+0.1, y=df_test.loc[i,'target']-1, s=i)
    ax.vlines(x=df_test.loc[i,'RM'],
              ymin=df_test.loc[i,'target'], ymax=df_test.loc[i,'y_
                                          pred'], ls=':')
ax.set_title('實際值分布');
```

▌ 執行結果

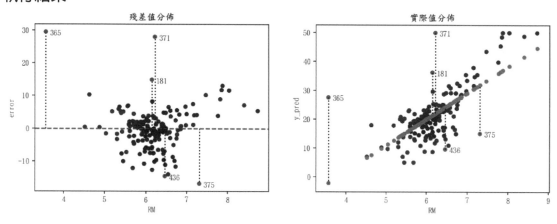

4-1-6　整體預測結果的好壞評估

　　除了用圖形來觀察外，有沒有更客觀的方法，能夠一次去解讀模型預測的好壞。如果是你，你會如何評估迴歸模型整體預測結果的好壞？**簡單來說，就是「殘差值的總和」越小越好**。不過，因為殘差值有正負號，直接相加會互相抵消為 0，因此有兩種修正做法：

- 第一種是**先平方後再相加**，在 **sklearn** 的 **metrics** 模組有 **mean_squared_error** 函數可用。
- 第二種是**先取絕對值後再相加**，在 **sklearn** 的 **metrics** 裡有 **mean_absolute_error** 函數可用，這兩個指標都是愈低愈好。
- 另一個指標是 R^2，為解釋變異量，其值是愈大愈好。其值會在 0 和 1 之間。

在範例 4-25 的 mean_squared_error 為 39，mean_absolute_error 為 4.27，R^2 為 0.48。至於這個結果是好或不好，通常我們會需要去比較其他機器學習的結果，或者去詢問該領域的專家才會了解。

範例 4-25 迴歸模型預測結果好壞評估

程式碼

```
from sklearn.metrics import mean_squared_error,
                            mean_absolute_error, r2_score
print('Mean Squred Error:',mean_squared_error(y_test, y_pred))
print('Mean Absolute Error:', mean_absolute_error(y_test, y_pred))
print('R2 Score:', r2_score(y_test, y_pred))
```

執行結果

```
Mean Squred Error: 39.091051114869956
Mean Absolute Error: 4.271512885857222
R2 Score: 0.4834590168919487
```

4-1-7　運用模型來預測結果

模型訓練建構完成後，就可以做為實務運用囉！如果我們想利用本章範例來預測，當房間數為 6 時，房價的預測應為多少？這時候可以用 predict() 函數將 6 放入參數裡。但因為參數必須為二維的資料，因此輸入的**資料要變成 [[6]]**（表示為一筆資料和一個欄位）。算出來的結果是 20.01。

範例 4-26 如何用模型預測房價

程式碼

```
model.predict([[6]])
```

執行結果

```
array([20.01208651])
```

還記得我們在範例 4-18 所計算出的迴歸模型估算結果，現在我們自己算算看結果是否與範例 4-26 相同。結果是相同的。

y（房價中位數）$= -34.22 + 9.04 * x$（房間數）

範例 4-27　用估算出的係數算出預測值

▌程式碼

```
model.intercept_ + model.coef_*6
```

▌執行結果

```
array([20.01208651])
```

4-1-8　更高次方的預測模型

在線性模型裡，我們得到最後的指標是：

- **Mean Squred Error: 39.09105111486995**
- **Mean Absolute Error: 4.271512885857222**
- **R^2 Score: 0.4834590168919489**

有沒有可能存在非線性的關係，包括二次方或三次方呢？那要怎麼做才能有二次或三次方的預測呢？

二次方的迴歸模型

先產生 RM 二次方項，再進行迴歸預測。

範例 4-28　二次方的迴歸模型

▌程式碼

```
X_train['RM2'] = X_train['RM']**2
X_test['RM2'] = X_test['RM']**2
X_train.head()
```

▌執行結果

	RM	RM2
478	6.185	38.254225
26	5.813	33.790969
7	6.172	38.093584
492	5.983	35.796289
108	6.474	41.912676

範例 4-29　迴歸預測

▌程式碼

```
model_2 = LinearRegression()
model_2.fit(X_train, y_train)
y_pred = model_2.predict(X_test)
print('Mean Squred Error:',mean_squared_error(y_test, y_pred))
print('Mean Absolute Error:', mean_absolute_error(y_test, y_pred))
print('R2 Score:', r2_score(y_test, y_pred))
```

▌執行結果

```
Mean Squred Error: 31.473995415562957
Mean Absolute Error: 3.9790451133823814
R2 Score: 0.5841091996600494
```

　　二次方的預測結果比一次方好。殘差值指標下降了，而且 R^2 也上升了。

範例 4-30　輸出模型預測的係數

▌程式碼

```
model_2.intercept_, model_2.coef_
```

▌執行結果

```
(56.7981163837862, array([-19.51754517,    2.21109792]))
```

　　將以上執行結果代入迴歸模型即為：

$$y\,(\,房價中位數\,) = 56.80 - 19.52 * x\,(\,房間數\,) + 2.21 * x^2$$

範例 4-31　將預測結果做圖

▌程式碼

```
plt.figure(figsize=(8,4))
plt.scatter(X_test.iloc[:,0], y_test, label=' 實際資料 ')
plt.scatter(X_test.iloc[:,0], y_pred, c='r', label=' 預測結果 ')
plt.legend();
```

執行結果

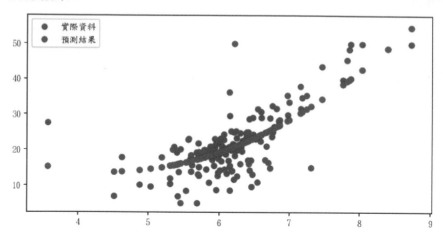

從圖形上觀察發現，紅色的點連成的線確實像二次方的拋物線。

多次方轉換器

sklearn 在 preprocessing 模組中，提供了多次方的特徵值轉換器 PolynomialFeatures。如此一來，我們就不用自己創造高次方的欄位。

範例 4-32 多次方轉換器

程式碼

```
# 先將原本的二次方欄位刪除
X_train.drop('RM2', axis=1, inplace=True)
X_test.drop('RM2', axis=1, inplace=True)

# 觀察前五筆資料與手動增加的二次方項是相同的，多出來的 1 不用去理它
from sklearn.preprocessing import PolynomialFeatures
polynomial = PolynomialFeatures(degree=2)
x_poly = polynomial.fit_transform(X_train)
x_poly[:5]
```

執行結果

```
array([[ 1.      ,   6.185   ,  38.254225],
       [ 1.      ,   5.813   ,  33.790969],
       [ 1.      ,   6.172   ,  38.093584],
       [ 1.      ,   5.983   ,  35.796289],
       [ 1.      ,   6.474   ,  41.912676]])
```

用管道器實現多次方的轉換器

這是最棒的一步。範例 4-33 透過管道器，將二次方項轉換器和迴歸預測器連結在一起。這個管道器就同時具備資料轉換和模型預測的功能，程式在撰寫上精簡許多。觀察結果也是正確的。請對照 4-29。

範例 4-33 用管道器實現多次方的轉換器

程式碼

```
from sklearn.pipeline import make_pipeline
model_pl_2 = make_pipeline(PolynomialFeatures(degree=2),
                                        LinearRegression())
model_pl_2.fit(X_train, y_train)
y_pred = model_pl_2.predict(X_test)
print('Mean Squred Error:',mean_squared_error(y_test, y_pred))
print('Mean Absolute Error:', mean_absolute_error(y_test, y_pred))
print('R2 Score:', r2_score(y_test, y_pred))
```

執行結果

```
Mean Squred Error: 31.473995415562957
Mean Absolute Error: 3.9790451133823828
R2 Score: 0.5841091996600494
```

讀者可能會直覺地認為：次方越高，模型預測能力也會增加。這觀念基本上是對的，但當模型變得更厲害的時候，也會**產生「過度擬合」（over fitting）的問題；即預測模型對於訓練資料的預測率很高，但對於新資料的預測能力卻反而會下降**。這是因為模型學到太細，而無法將結果做一般化。

在範例 4-34 我們做個實驗：將模型的次方值從 1 次方升到 10 次方，來分別觀察訓練集和測試集的殘差情況。我們觀察到，對於「訓練集」的資料來說（藍色虛線），其殘差值確實會因為次方的增加而逐漸降低。但**測試集的殘差在次方是 9 的時候反而大幅提升（橘色實心線），這就表示過度擬合的情況發生**。換言之，此時的機器模型結果對於新資料的預測是非常差的。

這就是為什麼我們需要「測試集」的資料，因為機器學習有可能發生過度擬合的情況，而測試集的結果才能真正代表模型的預測能力。

範例 4-34   高次方項的預測結果說明

▌程式碼

```
errors_train = []
errors_test = []
for order in range(1, 10):
    model_pl_o = make_pipeline(PolynomialFeatures(degree=order),
                                                LinearRegression())
    model_pl_o.fit(X_train, y_train)
    y_pred = model_pl_o.predict(X_train)
    errors_train.append(mean_squared_error(y_train, y_pred))
    y_pred = model_pl_o.predict(X_test)
    errors_test.append(mean_squared_error(y_test, y_pred))

plt.plot(range(1,10),errors_train, marker='.', ls = '--', label='訓練集')
plt.plot(range(1,10),errors_test, marker='o', label=' 測試集 ')
plt.legend();
```

▌執行結果

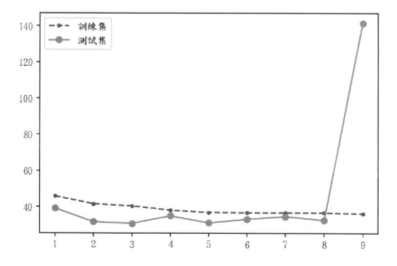

補充說明

有同學上課問：過度擬合（over fitting）究竟代表什麼意思？我當時就想到一個例子。如果想要請裁縫師縫製一件新衣服的話，你會希望這件衣服有多合身，多 fit ？這裡的合身就是 fit。我們當然希望這件衣服越合身越好，但是過度合身會有什麼問題呢？就是如果你突然多了一點贅肉，這件衣服就會變得很難看，這就是過度擬合。我們會希望這件衣服能夠保留一些空間，讓未來的自己也能夠穿得進去，這就是比較好的擬合（good fitting）。那如果你隨便拿一件特大號的衣服套進去，那就是低度擬合（under fitting）。

機器學習要考量的是未知數據的預測情況，因此我們要的是好的擬合（good fitting），而非過度擬合。這也是初學者常犯的錯誤。

章 末 習 題

1. 請將自變數 X 的欄位用 'LSTAT'，再用線性迴歸模型估算。

    (1) 預測係數。

    (2) 繪製預測結果和實際結果的散布圖。

    (3) 整體預測結果分析。

2. 請利用第 1 題的預測模型來預測，當 LSTAT 為 5 時，其預測結果為多少？回答這個問題的時候，要先想一下輸入的資料要幾維。

3. 在這個作業裡面我們要練習的是過度擬合的情況。請將機器學習的訓練和預測資料集都設為訓練集，然後再來檢視訓練集的 mean_squared_error, mean_absolute_error, r2_score。雖然前兩個指標改變並不多，但 r2_score 提升不少。這個作業是要提醒你，記得將資料做切割來做結果好壞的評估。

4. 在這個作業裡面，我們要做的是資料切割的練習。

    (1) 請在 train_test_split(test_size=0.99) 裡將 test_size 設為 0.99，再觀察 mean_squared_error, mean_absolute_error, r2_score。

    (2) 請在 train_test_split(test_size=0.1) 裡將 test_size 設為 0.1，再觀察 mean_squared_error, mean_absolute_error, r2_score。

    (3) 你觀察到什麼現象？

5. 請將第 1 題的 X 先三次方化，再進行一次預測。

    (1) 預測係數。

    (2) 繪製預測結果和實際結果的散布圖。

    (3) 整體預測結果分析。

第 5 章

多元線性迴歸

本章學習重點

■ 多元線性迴歸

■ 模型建構三步驟

■ 用標準化的數據做機器學習

■ 預測結果的好壞評估

■ 利用訓練後的模型預測結果

■ 不同欄位的實驗

■ 管道器原理進一步解釋

本章重點

- 檢視係數的重要性
- 標準化係數
- 用管道器結合資料轉化器和預測器
- 水平合併器
- 實作管道器

多元線性迴歸和簡單線性迴歸的差異，就在於自變數可以擁有多個變數（多個特徵值）。方程式如下所示。線性迴歸的功能，就是要預測 $\beta_0, ..., \beta_n$ 係數。

$$y = \beta_0 + \beta_1 X_1 + \beta_2 X_2 + \cdots\cdots$$

5-1 載入資料

資料仍沿續第 4 章的波士頓房價，因為資料與第 4 章相同，所以我們就不再進行資料探索的動作。

範例 5-1 載入本章資料

▍程式碼

```
import pandas as pd
import numpy as np
import matplotlib.pyplot as plt
import seaborn as sns
%matplotlib inline
plt.rcParams['font.sans-serif'] = ['DFKai-sb']
plt.rcParams['axes.unicode_minus'] = False
%config InlineBackend.figure_format = 'retina'
import warnings
warnings.filterwarnings('ignore')

from sklearn.datasets import load_boston
boston = load_boston()
df = pd.DataFrame(data = boston['data'], columns = boston['feature_names'])
df['target'] = boston['target']
df.head()
```

執行結果

	CRIM	ZN	INDUS	CHAS	NOX	RM	AGE	DIS	RAD	TAX	PTRATIO	B	LSTAT	target
0	0.00632	18.0	2.31	0.0	0.538	6.575	65.2	4.0900	1.0	296.0	15.3	396.90	4.98	24.0
1	0.02731	0.0	7.07	0.0	0.469	6.421	78.9	4.9671	2.0	242.0	17.8	396.90	9.14	21.6
2	0.02729	0.0	7.07	0.0	0.469	7.185	61.1	4.9671	2.0	242.0	17.8	392.83	4.03	34.7
3	0.03237	0.0	2.18	0.0	0.458	6.998	45.8	6.0622	3.0	222.0	18.7	394.63	2.94	33.4
4	0.06905	0.0	2.18	0.0	0.458	7.147	54.2	6.0622	3.0	222.0	18.7	396.90	5.33	36.2

5-2　將資料整理出 X 和 y

以下兩行你看久了就會成為標準化的動作。X 就是把 'target' 取掉，y 則是取 'target' 欄位。

範例 5-2　整理出資料中的 X 和 y

程式碼

```
X = df.drop('target', axis=1)
y = df['target']
```

5-2-1　將資料切割成訓練集和測試集

將資料切割成訓練集和測試集，這也是固定動作。之後你就會發現，所有的動作都大同小異。這也是學習 sklearn 讓人最開心的地方。

範例 5-3　將資料分割成訓練集 (_train) 和測試集 (_test)

程式碼

```
from sklearn.model_selection import train_test_split
X_train, X_test, y_train, y_test = train_test_split(X, y, test_size=0.33,
          random_state=42)
```

範例 5-4 印出 **X_train** 的前五筆資料

▌程式碼

```
X_train.head()
```

▌執行結果

	CRIM	ZN	INDUS	CHAS	NOX	RM	AGE	DIS	RAD	TAX	PTRATIO	B	LSTAT
478	10.23300	0.0	18.10	0.0	0.614	6.185	96.7	2.1705	24.0	666.0	20.2	379.70	18.03
26	0.67191	0.0	8.14	0.0	0.538	5.813	90.3	4.6820	4.0	307.0	21.0	376.88	14.81
7	0.14455	12.5	7.87	0.0	0.524	6.172	96.1	5.9505	5.0	311.0	15.2	396.90	19.15
492	0.11132	0.0	27.74	0.0	0.609	5.983	83.5	2.1099	4.0	711.0	20.1	396.90	13.35
108	0.12802	0.0	8.56	0.0	0.520	6.474	97.1	2.4329	5.0	384.0	20.9	395.24	12.27

　　從列索引鍵的排列來看，資料有先被打散過再做切割。從欄索引鍵來看，target 欄位確實被移除了。

5-3　迴歸模型建構三步驟

　　建立迴歸模型的三個步驟為：

1. 初始物件
2. 機器學習
3. 模型預測

　　你會發現，指令都沒有修改。所以用 sklearn 來學習是很容易上手的。

範例 5-5 建構迴歸模型（一）──初始迴歸物件

▌程式碼

```
from sklearn.linear_model import LinearRegression
model = LinearRegression()
```

範例 5-6　建構迴歸模型（二）──訓練迴歸模型

▌ 程式碼

```
model.fit(X_train, y_train)
```

▌ 執行結果

```
LinearRegression(copy_X=True, fit_intercept=True, n_jobs=None,
        normalize=False)
```

與上一章唯一的差異就是：X_train 用了所有的欄位；但在迴歸模型的部分並沒有差異。

範例 5-7　檢視訓練後的係數

▌ 程式碼

```
print(' 常數項 ',model.intercept_)
print(' 迴歸係數 ',model.coef_)
```

▌ 執行結果

```
常數項 33.334975755636165
迴歸係數 [-1.28749718e-01  3.78232228c-02  5.82109233e-02  3.23866812e+00
 -1.61698120e+01  3.90205116e+00 -1.28507825e-02 -1.42222430e+00
  2.34853915e-01 -8.21331947e-03 -9.28722459e-01  1.17695921e-02
 -5.47566338e-01]
```

範例 5-7 雖然呈現了數據，但我們並沒有辦法立刻了解這些數值所對應的變數是什麼。這時候就要利用我們另外一位好朋友──pandas 了。首先，用 zip() 將欄位名稱和預測係數綁在一起，再用 pd.DataFrame() 將資料轉換成 DataFrame 的格式，最後再針對係數由大到小來排序，如範例 5-8。

範例 5-8　檢視訓練後的係數，並將係數由大到小排序

程式碼

```
pd.DataFrame(zip(X.columns, model.coef_), columns=['變數','係數']).\
sort_values(by='係數', ascending=False)
```

執行結果

	變數	係數
5	RM	3.902051
3	CHAS	3.238668
8	RAD	0.234854
2	INDUS	0.058211
1	ZN	0.037823
11	B	0.011770
9	TAX	-0.008213
6	AGE	-0.012851
0	CRIM	-0.128750
12	LSTAT	-0.547566
10	PTRATIO	-0.928722
7	DIS	-1.422224
4	NOX	-16.169812

結果可見，最大的正相關為 RM，其值為 3.90；負向最大是 NOX 的 -16.19。NOX 是一氧化氮的濃度，濃度愈高房價愈低。RM 係數最大與上一章所得的結果是相同的，但最大負相關卻不一樣了，原因在於我們沒將資料標準化。

5-4　用標準化的數據再做一次機器學習

我們用標準化再做一次機器學習。「標準化後」的多元線性迴歸，才能將不同欄位的影響力一起比較。由於本例沒有類別數據，因此不用類別管道器和 ColumnTransformer。

範例 5-9 用「管道器」連接「標準化轉換器」和「迴歸預測器」

程式碼

```
from sklearn.preprocessing import StandardScaler
from sklearn.pipeline import make_pipeline
model_pl = make_pipeline(StandardScaler(), LinearRegression())
model_pl.fit(X_train, y_train)
```

執行結果

```
Pipeline(memory=None,
     steps=[('standardscaler', StandardScaler(copy=True,
with_mean=True, with_std=True)), ('linearregression',
LinearRegression(copy_X=True, fit_intercept=True, n_jobs=None,
normalize=False))])
```

我們要先取得管道器裡的迴歸物件，再進一步取得其內部的迴歸係數值。

範例 5-10 取得範例 5-9 的迴歸係數結果

程式碼

```
reg = model_pl.named_steps['linearregression']
pd.DataFrame(zip(X.columns, reg.coef_), columns=[' 變數 ',' 係數 ']).\
sort_values(by=' 係數 ', ascending=False)
```

執行結果

	變數	係數
5	RM	2.808135
8	RAD	2.032761
11	B	1.041257
1	ZN	0.867933
3	CHAS	0.861838
2	INDUS	0.405028
6	AGE	-0.358669
0	CRIM	-0.988580
9	TAX	-1.364009
4	NOX	-1.900100
10	PTRATIO	-2.082536
7	DIS	-3.045535
12	LSTAT	-3.926286

　　觀察範例 5-10 的執行結果，正相關的最大值仍是 RM，值為 2.81；而負相關的最大值則變成了 LSTAT（社會階層低的人口百分比），值為 -3.93。很顯然地，特徵值的重要性會受到數值範圍的影響。

　　要如何知道管道器裡的轉換器和預測器的索引鍵呢？雖然在前面的章節有介紹過，我們再複習一次。

範例 5-11 取得管道器裡的轉換器和預測器的索引鍵

▌程式碼

```
model_pl.named_steps.keys()
```

▌執行結果

```
dict_keys(['standardscaler', 'linearregression'])
```

　　得知本例的索引鍵有 standardscaler 和 linearregression。

5-5　預測結果的好壞評估

範例 5-12 進行訓練集資料的預測結果評估

▌程式碼

```
y_pred = model_pl.predict(X_test)

from sklearn.metrics import mean_squared_error, mean_absolute_error, r2_score
print('Mean Squred Error:',mean_squared_error(y_test, y_pred))
print('Mean Absolute Error:', mean_absolute_error(y_test, y_pred))
print('R2 Score:', r2_score(y_test, y_pred))
```

▌執行結果

```
Mean Squred Error: 20.724023437339753
Mean Absolute Error: 3.1482557548168324
R2 Score: 0.7261570836552476
```

　　跟上一章的簡單迴歸相比，所有評估績效都有所提升。

5-6　利用訓練後的模型預測結果

利用第一筆資料來進行預測，先看第一筆資料的實際 y 值。

範例 5-13　取第一筆資料的實際 y 值

▌ 程式碼

```
y_train.iloc[0]
```

▌ 執行結果

```
14.6
```

範例 5-14　第一筆資料的預測結果

▌ 程式碼

```
model_pl.predict(X_train.iloc[[0]])
```

▌ 執行結果

```
array([18.94993353])
```

預測出來的結果是 18.9，和 14.6 的差距並不大。請注意，在這裡我們使用管道器 model_pl，它會自動將資料做標準化後再進行預測。

5-7　不同欄位的實驗

當資料中有這麼多欄位的時候，有時候我們只想知道其中「某些」欄位的預測值結果是如何。這時候該怎麼做呢？可以利用水平合併器 ColumnTransformer，唯有它才能夠進行欄位挑選。

範例 5-15 主要示範水平合併器如何使用，透過 X.columns[:3] 選到前三個欄位。 只有這三個欄位會進入資料處理，其餘沒有選到的欄位，其內定值是捨棄，預測結果有比較差一點。

範例 5-15 挑選前三個欄位進行預測

▌程式碼

```
from sklearn.compose import ColumnTransformer
data_pl = ColumnTransformer([
    ('column_sel',StandardScaler(),X.columns[:3])
])
model_pl = make_pipeline(data_pl, LinearRegression())
model_pl.fit(X_train, y_train)
y_pred = model_pl.predict(X_test)


print('Mean Squred Error:',mean_squared_error(y_test, y_pred))
print('Mean Absolute Error:', mean_absolute_error(y_test, y_pred))
print('R2 Score:', r2_score(y_test, y_pred))
```

▌執行結果

```
Mean Squred Error: 49.17549394985067
Mean Absolute Error: 5.158028841813333
R2 Score: 0.35020529596305805
```

透過上例的水平合併器，我們僅取 'LSTAT' 欄位來做實驗。

範例 5-16 取 LSTAT 欄位進行預測

▌程式碼

```
data_pl = ColumnTransformer([
    ('column_sel','passthrough',['LSTAT'])
])
model_pl = make_pipeline(data_pl, LinearRegression())
model_pl.fit(X_train, y_train)
y_pred = model_pl.predict(X_test)
print('Mean Squred Error:',mean_squared_error(y_test, y_pred))
print('Mean Absolute Error:', mean_absolute_error(y_test, y_pred))
print('R2 Score:', r2_score(y_test, y_pred))
```

執行結果

```
Mean Squred Error: 38.410075117662345
Mean Absolute Error: 4.744269760624963
R2 Score: 0.49245729145962347
```

範例 5-17 繪製 **LSTAT** 欄位直方圖和進行 **log** 後的直方圖

程式碼

```
fig, axes = plt.subplots(1, 2, figsize=(8,3))
df['LSTAT'].hist(alpha=0.4, bins=30, ax=axes[0])
axes[0].set_title(' 原始 ')
# 對 'LSTAT' 欄位進行 log 轉換
np.log1p(df['LSTAT']).hist(alpha=0.4, bins=30, ax=axes[1])
axes[1].set_title(' 進行 log 轉換 ');
```

執行結果

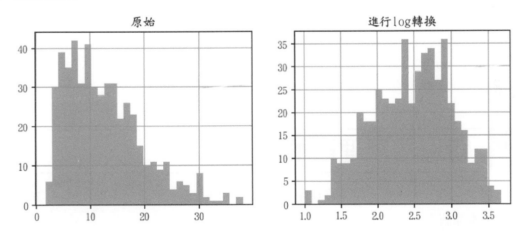

　　觀察左側的原始圖形，其右方有一條長長的尾巴，表示 LSTAT 在值較大的地方樣本較少。log 會取數值的指數部分，因此透過 log 轉換後，長長的尾巴會不見，看起來比較像常態分布。我們來實驗看看，這樣的結果會不會比較好。

　　範例 5-18 主要是說明 FunctionTransformer 的使用。np.log 函數無法直接被加入管道器裡，但是透過 FunctionTransformer 的外殼和接口，就能將 np.log 函數加入管道器裡。管道器裡目前有三個元件：data_pl 是用來做欄位選擇，FunctionTransformer 是爲了 np.log 函數，LinearRegression 則是我們的預測器。比較範例 5-17 和範例 5-18 的執行結果會發現，殘差值變小，且 R^2 上升，這個結果很有趣，表示資料經過某種轉換後，結果也會不同。

範例 5-18 將 log 函數加入管道器

▌程式碼

```
from sklearn.preprocessing import FunctionTransformer
data_pl = ColumnTransformer([
    ('column_sel','passthrough',['LSTAT'])
])
model_pl = make_pipeline(data_pl,
                         FunctionTransformer(np.log1p),
                         LinearRegression())
model_pl.fit(X_train, y_train)
y_pred = model_pl.predict(X_test)

print('Mean Squred Error:',mean_squared_error(y_test, y_pred))
print('Mean Absolute Error:', mean_absolute_error(y_test, y_pred))
print('R2 Score:', r2_score(y_test, y_pred))
```

▌執行結果

```
Mean Squred Error: 30.77844851412701
Mean Absolute Error: 4.187905021877533
R2 Score: 0.5933000111122595
```

5-8 管道器原理再解釋

　　雖然本書進行到這裡，已經常常在使用管道器了，但還沒有對它的原理和對接口做比較清楚的說明。本節將進一步說明。

　　sklearn 是透過對「接口」的規定，讓管道器能夠連結「轉換器」和「預測器」。

- 對於轉換器的接口規定是 **fit** 和 **transform()**。
- 對於預測器的接口規定是 **fit** 和 **predict()**。

　　只要滿足這些需要，你也可以自行設計轉換器或預測器，並連接到管道器裡。不過，資料是如何在管道器裡流通的呢？訓練集與測試集又有什麼差異呢？

- 首先，訓練集的資料會流通所有「轉換器」的 **fit** 和 **transform**。因此，它會將資料轉換完成，也會將學習到的參數儲存下來，最後給測試集的資料使用。轉換之後的資料會進一步送到預測器的 **fit** 進行學習。

- 對於測試集的資料而言，在「轉換器」裡只做資料轉換（**transform**），在預測器裡只做預測（**predict**）。這是因爲對於測試集資料不用再進行學習。

爲了讓讀者更熟悉整個流程，我們在範例 5-19 介紹自製管道器的流程。

- 你會觀察到，「訓練集」在轉換器裡會做 **fit** 和 **transform**，在預測器裡會做 **fit**。這些步驟用管道器來做，就只需使用 **fit()**，它會做完所有的 **fit** 和 **transform**。
- 而「測試集」僅經過轉換器的 **transform** 和預測器的 **predict**。用管道器來做也只要一個 **predict()**，它就會自動做完所有的 **transform** 和 **predict**。

這一切我們都不用擔心，因爲管道器已經幫我們做好了這一切。

範例 5-19 自製管道器流程

程式碼

```
# 用字典存放初始化的轉換器和預測器
pl = dict()
pl['ss'] = StandardScaler()
pl['regression'] = LinearRegression()

# 訓練集會做標準化的學習和轉換，再進行預測器的學習。
pl['regression'].fit(pl['ss'].fit_transform(X_train), y_train)
# 測試集會做標準化的轉換，和預測器的預測。
y_pred = pl['regression'].predict(pl['ss'].transform(X_test))
print('Mean Squred Error:',mean_squared_error(y_test, y_pred))
print('Mean Absolute Error:', mean_absolute_error(y_test, y_pred))
print('R2 Score:', r2_score(y_test, y_pred))
```

執行結果

```
Mean Squred Error: 20.724023437339753
Mean Absolute Error: 3.1482557548168324
R2 Score: 0.7261570836552476
```

章 末 習 題

1. 請選取 ['PTRATIO', 'B', 'LSTAT'] 欄位來進行資料標準化後，再進行多元線性迴歸，並輸出預測結果的係數和 mean_squared_error, mean_absolute_error, r2_score。

2. 請自行撰寫程式來計算範例 1 結果的 mean_squared_error（均方誤差）和 mean_absolute_error（平均絕對誤差）。

   （提示：由於 y_pred 和 y_test 都是 numpy 物件，兩者就可直接相減後得到新向量，不用寫 for 迴圈會比較簡單。）

3. 請用第 1 題的資料來討論資料的標準化是否會影響到其整體預測結果好壞（用 mean_squared_error, mean_absolute_error, r2_score 來比較）。

   （提示：如果在第 1 題中有用到 ColumnTransformer，那就可以用 passthrough 的關鍵字來回答第 3 題。如果忘記也可以回去看第三章。）

4. 承第 1 題，請將 StandardScaler 改成 MinMaxScale。
   (1) 請列印預測係數。
   (2) 比較與第 1 題的總體預測結果是否不同？

5. 多元線性迴歸會希望自變數之間的相關性不要太高，在本題我們做一個實驗，請先創造一個新的欄位 LSTAT2，這個欄位的值是 LSTAT*(-1)。請列印出模型預測結果的係數，以及總體預測結果好壞評估。

6. 我們在做數據實驗的時候，有時候會不小心忘了拿掉預測的 y 值，這時候會產生什麼結果呢？請各位將 target 也放入自變數來做實驗。請輸出預測結果的係數和 mean_squared_error, mean_absolute_error, r2_score，再做討論。

7. 請選取 ['RM'] 欄位來進行線性迴歸實驗，先做 log 轉換再迴歸，並輸出預測結果的係數和 mean_squared_error, mean_absolute_error, r2_score。再對照前一章的結果。

第 6 章

羅吉斯迴歸

════════ 本章學習重點 ════════

- 羅吉斯迴歸
- 介紹 Sigmoid 函數
- 介紹鳶尾花資料集
- 資料探索和切割
- 介紹判斷邊界、精確率和召回率
- 羅吉斯迴歸模型建構
- 介紹混亂矩陣
- 精確率和召回率的選擇
- 如何輸出預測結果的機率值
- PRC 和 ROC 圖
- 預測邊界繪製
- 實際運用模型來預測結果

接下來我們要介紹的是機器學習裡面的分類預測，相較於迴歸模型，分類預測模型要預測的是不同類別。

先來設想一個情境：假設我們經營一家賣衣服的商店，裡面販賣成年人和孩童的衣服，在入口處設置了一個監視器，可以量測顧客的身高，那麼，要如何透過身高知道進來的是**成年人還是孩童**呢？

我們判斷的規則可能是：低於 160 公分的是孩童，高於 160 公分的為成年人。這就是屬於「**分類**」**的預測規則**，和數值的預測有所不同。**數字預測的輸出是數值，譬如身高。而類別預測的輸出是類別，譬如男女**。因此，在進行機器學習之前，我們要先了解，自己要預測的是數值預測還是類別歸類。

由於迴歸本身無法用來做分類，聰明的科學家就在資料的**輸出 y 動了手腳，加入 Sigmoid 函數，這樣就能將輸出的範圍限定在 0 和 1 之間**（參考範例 6-1）。當輸出的值高於某個門檻，如 0.5，就預測是 1；低於 0.5 就預測是 0。這就是羅吉斯迴歸的原理。

羅吉斯迴歸的核心仍是線性迴歸，因此，它僅能做線性的分類預測。看似不怎麼樣，但當數據是線性可分類時，它的預測表現非常好。羅吉斯迴歸常應用在醫療領域，是被廣泛運用的演算法。

範例 6-1 **Sigmoid 函數繪圖**

▌ **程式碼**

```
import pandas as pd
import numpy as np
import matplotlib.pyplot as plt
import seaborn as sns
%matplotlib inline
plt.rcParams['font.sans-serif'] = ['DFKai-sb']
plt.rcParams['axes.unicode_minus'] = False
%config InlineBackend.figure_format = 'retina'
import warnings
warnings.filterwarnings('ignore')

x = np.linspace(-10,10,1000)
# sigmoid function
y = 1/(1+np.exp(-x))
plt.plot(x,y)
```

```
plt.axhline(0.5, c='k', ls='--')
plt.axvline(0, c='k', ls='--')
plt.annotate(' 切割點 (0, 0.5)', xy=(0,0.5), fontsize=14,
             xytext=(20,10), textcoords='offset points',
             arrowprops=dict(arrowstyle='->',
                             connectionstyle="arc3,rad=.2"))
plt.ylim(0,1);
```

▌執行結果

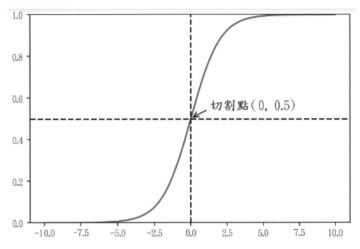

　　從範例 6-1 的執行結果可以看出 Sigmoid 函數的幾個特點。第一，函數的輸出值在 0 到 1 之間。第二，函數是對稱的。因此，通常我們判斷切割點是在 x 等於 0，或是 y 等於 0.5 的點。當 x 大於 0 或者是 y 大於 0.5 的時候，我們就判斷為 1。反之則為 0。

6-1　載入資料

　　本章所使用的資料是來自於 sklearn 內建的鳶尾花資料，用 load_iris 將資料讀入。

範例 6-2　載入本章資料

▌程式碼

```
from sklearn.datasets import load_iris
iris = load_iris()
```

範例 6-3 了解資料中有哪些索引鍵

程式碼

```
iris.keys()
```

執行結果

```
dict_keys(['data', 'target', 'target_names', 'DESCR', 'feature_
names', 'filename'])
```

在範例 6-4 中，會用 DESCR 來探索資料集中的資料。DESCR 為資料的描述文字，裡面會介紹資料來源、有哪些特徵值（feature_names）、原始資料（data）和預測目標（target）。以本章的鳶尾花（iris）數據為例，是 1988 年由 R.A. Fisher 收集的，資料共有 150 個樣本，4 個特徵值和 3 個預測的類別。

鳶尾花資料集是非常著名的生物資訊資料集之一，取自美國加州大學歐文分校的機器學習資料庫（http://archive.ics.uci.edu/ml/datasets/Iris），資料的筆數為 150 筆，共有五個欄位：

1. 花萼長度（Sepal Length）：計算單位是公分。
2. 花萼寬度（Sepal Width）：計算單位是公分。
3. 花瓣長度（Petal Length）：計算單位是公分。
4. 花瓣寬度（Petal Width）：計算單位是公分。
5. 類別（Class）：可分為 Setosa、Versicolor 和 Virginica 三個品種。

範例 6-4 用 **DESCR** 來了解資料的來龍去脈

程式碼

```
print('\n'.join(iris['DESCR'].split('\n')[:18]))
```

執行結果

```
.. _iris_dataset:

Iris plants dataset
--------------------

**Data Set Characteristics:**

    :Number of Instances: 150 (50 in each of three classes)
```

```
:Number of Attributes: 4 numeric, predictive attributes and the class
:Attribute Information:
    - sepal length in cm
    - sepal width in cm
    - petal length in cm
    - petal width in cm
    - class:
            - Iris-Setosa
            - Iris-Versicolour
            - Iris-Virginica
```

範例 6-5 　將資料整合到 DataFrame 裡

▌ 程式碼

```
df = pd.DataFrame(iris['data'], columns=iris['feature_names'])
df['target'] = iris['target']
df.head()
```

▌ 執行結果

	scpal length (cm)	sepal widlh (cm)	petal length (cm)	petal width (cm)	target
0	5.1	3.5	1.4	0.2	0
1	4.9	3.0	1.4	0.2	0
2	4.7	3.2	1.3	0.2	0
3	4.6	3.1	1.5	0.2	0
4	5.0	3.6	1.4	0.2	0

用 df.head() 檢視前五筆資料。

為了能夠繪製預測的邊界圖，我們僅取用兩個欄位來做說明，資料也僅取第 50 筆之後的資料。完整的資料分析留給各位讀者來自行探索。

範例 6-6　僅使用 **sepal width (cm)**、**petal length (cm)** 兩個欄位

▌程式碼

```
df = df[['sepal width (cm)', 'petal length (cm)','target']]
df = df.iloc[50:]        # 第 50 筆之後的資料
df.head()
```

▌執行結果

	sepal width (cm)	petal length (cm)	target
50	3.2	4.7	1
51	3.2	4.5	1
52	3.1	4.9	1
53	2.3	4.0	1
54	2.8	4.6	1

範例 6-7　了解目標值的分布

▌程式碼

```
df['target'].value_counts()
```

▌執行結果

```
2    50
1    50
Name: target, dtype: int64
```

　　target 裡的 1 和 2 各 50 個，資料的分布很平均。

範例 6-8　了解範例 6-7 中，**1 和 2** 所表示的類別

▌程式碼

```
iris['target_names']
```

▌執行結果

```
array(['setosa', 'versicolor', 'virginica'], dtype='<U10')
```

　　得知 **1 為 versicolor**，**2 為 virginica**。

6-2　資料檢查

在範例 6-9 中，利用 df.info() 觀察到，所有的欄位都有 100 筆資料，說明資料沒有遺漏值。除此之外，也觀察到所有的資料欄位都是浮點數，預測的 target 為整數，不用做類別資料的資料轉換。

範例 6-9　檢視資料是否有遺漏值

┃ 程式碼

```
df.info()
```

┃ 執行結果

```
<class 'pandas.core.frame.DataFrame'>
RangeIndex: 100 entries, 50 to 149
Data columns (total 3 columns):
 #   Column             Non-Null Count   Dtype
---  ------             --------------   -----
 0   sepal width (cm)   100 non-null     float64
 1   petal length (cm)  100 non-null     float64
 2   target             100 non-null     int64
dtypes: float64(2), int64(1)
memory usage: 2.5 KB
```

6-3　資料的探索

seaborn 的 pairplot 是一個非常好用的函數，除了可以快速檢視兩個變數間的關係，其 hue 參數更可依不同值將資料區分為不同組。範例 6-10 中的 **hue 參數為 target**，因此資料就會分成兩組來繪圖。target 1 為 versicolor，2 為 virginica。

先從單一變數的角度來看（對角線兩個圖）。對這兩種樣本鑑別度比較高的是 petal length（花瓣長）欄位，因為從圖形上的觀察，兩個樣本的分布分得比較開（右下的圖）。而在 sepal width（花萼寬）上，兩個樣本的分布差不多。換言之，如果想要判斷是哪一種鳶尾花的話，最好的方法是觀察**花瓣長**。從資料得知，virginica 的花瓣比較長。

從雙變數關係來看，資料似乎也能依不同類別區分。

範例 6-10 用 **seaborn** 的 **pairplot** 檢視變數關係

▌ 程式碼

```
sns.pairplot(df,hue='target',
             vars=['sepal width (cm)', 'petal length (cm)'], size=2);
```

▌ 執行結果

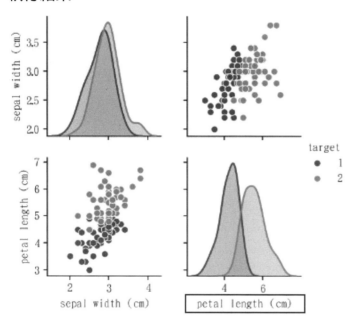

判斷邊界

我們先來做一個實驗。

範例 6-11 花瓣長 **petal length** 的判斷邊界

▌ 程式碼

```
ax = sns.pairplot(df,hue='target',
          vars=['petal length (cm)'], size=3)
```

執行結果

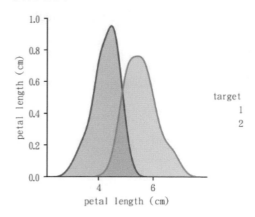

觀察範例 6-11 的執行結果，假設今天有人問你，要怎麼去判斷這兩種鳶尾花，你會怎麼回答？我想，大部分的人都會回答：**當花瓣的長度小於五公分時，會判斷它是 versicolor；當花瓣的長度大於五公分時，會判斷它是 virginica**。為什麼選五公分呢？因為它是兩個圖形的交叉點。這個五公分，就是用我們**人類的視角來判斷蘭花的「判斷邊界」**。但這不叫人工智慧，這叫做人類智慧。不過，跟人類學習相同的是，**機器學習就是希望從「既有的資料」去發現「資料背後存在的規則」**。

如果我們將判斷邊界設在四公分時會出現什麼不同的情況？也就是說，當花瓣的長度小於四公分時，判斷它是 versicolor；當花瓣長度大於四公分時，判斷它是 virginica。

從圖形上觀察，當花瓣的長度低於 4 公分時，所有的樣本都是 versicolor。因此，當我看見花瓣長度少於四公分而預測是 versicolor 時，正確率會是百分之百。**對於預測的把握度，專業術語叫做「精確率」（precision）**。換言之，**我對於自己能預測 versicolor 的把握度很高**，也就是對預測 versicolor 的精確率很高。就像是很厲害的預言師一樣。

但當花瓣長度大於四公分的時候，樣本裡面混雜著這兩種鳶尾花約是一半一半。不過如果我的預測準則仍是：當花瓣長度大於四公分時就預測它是 virginica，這會出現什麼問題呢？我的預測正確率就會變得很差，我的預言約有一半是錯的。專業術語來講，就是我對預測 virginica 的精確率很低。

小結：當花瓣長度的判斷邊界從五公分調整至四公分時，對 versicolor 的預測精確率會上升，但是對 virginica 預測的精確率會下降。

那什麼是召回率呢？假設今天 virginica 是很名貴的鳶尾花，我們會擔心機器因沒有辦法正確地找回所有鳶尾花，而造成巨大的損失。如果以找回樣本為出發點，這個觀念叫做「召回率」（recall）。一樣用這個例子來說明。當花瓣預測邊界為四公分的時候，雖然預測 virginica 的精確率很低，但是我很有把握，所有的 virginica 都會被找出來。因此我對

virginica 的預測召回率是高的。不過，當花瓣長度小於四公分的時候，雖然我預測 versicolor 精確率是高的，但有一半以上的 versicolor 樣本是預測不到的，也就是說，對 versicolor 的召回率是低的。這個觀念先講到這裡，之後會有更詳盡的介紹。

範例 6-12 檢視變數間的相關係數

▌程式碼

```
df.corr().round(2)['target']
```

▌執行結果

```
sepal width (cm)     0.31
petal length (cm)    0.79
target               1.00
Name: target, dtype: float64
```

　　觀察同樣發現，petal length (cm) 與目標 target 的相關性較高，為 0.79，表示花瓣的長度比較有機會區分出不同的類別。

　　接下來要繪製散布圖，在散布圖裡，有一個 c 的參數可用來指定資料的顏色，在範例 6-13 中，指定為 target 上色。

範例 6-13 繪製散布圖，並用類別值來著色

▌程式碼

```
df.plot(kind='scatter', x='sepal width (cm)', y='petal length (cm)',
        c='target', cmap='coolwarm', alpha=0.6, figsize=(6,4))
```

▌執行結果

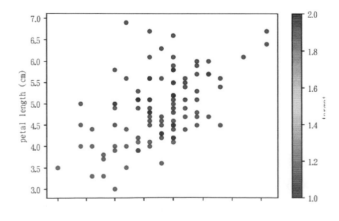

　　以上為資料探索的介紹。

6-4　將資料整理出 X 和 y

假設 X 為預測 y 的特徵值（自變數），y 為被預測的標的（應變數）。

範例 6-14　取出鳶尾花資料的 **X** 和 **y**

程式碼

```
X_cols = ['sepal width (cm)', 'petal length (cm)']
y_col = 'target'
X = df[X_cols]
y = df[y_col]
```

6-4-1　將資料切割成訓練集和測試集

　　訓練集是用來訓練機器學習的資料，而測試集是真正用來評估模型好壞的資料集。在範例 6-15 裡，測試集的資料佔全部的 33%，用 random_state 是希望讀者所實驗出來的結果與書本結果是相同的，42 是任意數字。

範例 6-15　將資料切割成訓練集和測試集

程式碼

```
from sklearn.model_selection import train_test_split
X_train, X_test, y_train, y_test = train_test_split(X, y, test_size=0.33,
        random_state=42)
```

範例 6-16　檢視資料切割的筆數

程式碼

```
print('訓練集的筆數：',len(X_train))
print('測試集的筆數：',len(X_test))
print('測試集所佔全部資料的百分比：',len(X_test)/len(X))
```

執行結果

訓練集的筆數： 67
測試集的筆數： 33
測試集所佔全部資料的百分比： 0.33

　　檢視結果，測試集確實佔所有資料的 33%。

6-5   羅吉斯迴歸模型建構

建立羅吉斯迴歸有三個步驟：

1. 初始羅吉斯迴歸
2. 機器學習
3. 模型預測

6-5-1   初始物件

在 sklearn，機器學習的第一步是初始物件。要進行羅吉斯迴歸，需先從 linear_model 模組中匯入。初始化後的物件存放入 model 變數裡，之後訓練的結果都會存到 model 物件中。羅吉斯迴歸裡加了一個參數 solver='liblinear'，是為了確保讀者與本書的操作結果是相同的。因為隨著 sklearn 的更新，其內定值不見得會用 liblinear。

範例 6-17   初始羅吉斯迴歸物件

▌程式碼

```
from sklearn.linear_model import LogisticRegression
model = LogisticRegression(solver='liblinear')
```

6-5-2   訓練機器

請注意，**我們只選「訓練集」的資料來訓練羅吉斯迴歸模型，測試集不能去動它。因此，機器學習的訓練函數是 fit(X_train, y_train)，裡面的參數分別是訓練集裡的 X 和訓練集裡的 y**。到這個步驟我們已經完成了機器學習，之後就可以拿它所做出來的結果做預測。

範例 6-18   訓練羅吉斯迴歸模型

▌程式碼

```
model.fit(X_train, y_train)
```

▌執行結果

```
LogisticRegression(C=1.0, class_weight=None, dual=False, fit_
intercept=True,
          intercept_scaling=1, max_iter=100, multi_class='warn',
          n_jobs=None, penalty='l2', random_state=None, solver='warn',
          tol=0.0001, verbose=0, warm_start=False)
```

範例 6-19 取得學習參數

❙ 程式碼

```
model.coef_
```

❙ 執行結果

```
array([[-2.48416603,  1.88759016]])
```

　　求出兩個係數值分別爲 -2.48 和 1.88。不過因爲這兩個係數還要經過指數變換才會得到 y，我們就不把公式寫出來了。

6-5-3　模型預測分析

　　因爲模型已經學習完成，用 predict 函數就能預測。在本例我們要預測的是測試集的資料，因此輸入的參數爲 X_test。

範例 6-20 印出「測試集」預測的前五筆

❙ 程式碼

```
y_pred = model.predict(X_test)
y_pred[:5]
```

❙ 執行結果

```
array([2, 2, 2, 1, 1])
```

　　前五筆的預測結果爲 2，2，2，1，1。其中 2 是 virginica，1 爲 versicolor。

範例 6-21 印出實際的前五筆和預測的前五筆資料

❙ 程式碼

```
pd.DataFrame(zip(y_test, y_pred), columns=['實際',' 預測 ']).head()
```

❙ 執行結果

	實際	預測
0	2	2
1	2	2
2	2	2
3	1	1
4	1	1

　　觀察前 5 筆資料，發現預測的正確率為百分之百。不過，如果要精確討論的話，實際和預測一共會有四種結果組合。實際為 1 預測為 1、實際為 2 預測為 2、實際為 1 預測為 2、實際為 2 預測為 1。還好我們不用寫程式來算（其實也不難，我們在章末習題練習），在 python 裡提供了混亂矩陣，幫我們計算這四種情況的個數。

6-6　預測結果的好壞評估

　　在本章的預測目標為鳶尾花種類，屬於類別型的變數。因此，評估的好壞就可以用類別 1 的答對幾題、類別 2 的答對幾題……來思考，而不只是用殘差而已。在 sklearn 裡，評估預測結果好壞的指標都在 metrics 模組裡。針對類別型預測結果提供了幾個好用函數：

- **accuracy_score**（正確率）：顯示整體正確率。
- **confusion_matrix**（混亂矩陣）：顯示實際和預測的結果組合。
- **classification_report**（綜合報告）：顯示更多預測結果的細節，如召回率和精確率。

範例 6-22 混亂矩陣—— **confusion_matrix**

▌ **程式碼**

```
from sklearn.metrics import confusion_matrix, accuracy_score,
                                        classification_report
cm = confusion_matrix(y_test, y_pred)
print(pd.DataFrame(cm, index=['實際1', '實際2'],
                   columns=['預測1', '預測2']))
print()
print('整體正確率:', accuracy_score(y_test, y_pred).round(2))
# 另一個快速得到正確率的方法
print('另一個得到正確率的方法', model.score(X_test, y_test).round(2))
```

▌ **執行結果**

	預測1	預測2
實際1	12	7
實際2	1	13

整體正確率：0.76
另一個得到正確率的方法 0.76

　　先觀察執行結果。縱向的列索引鍵是實際值由類別 1 到類別 2。橫向的欄索引鍵是模型預測結果，也是由類別 1 到類別 2。

- 左上的數值 12 表示有 12 筆資料。它代表的意義是實際是類別 1，預測結果也是類別 1，因此落在這個儲存格的 12 筆預測資料都是預測正確的。這一格，我們叫它做眞陰（True negative, TN）。很多人在學到這裡的時候搞得頭昏腦脹，所以再將它講解得清楚一點。所謂眞假，「眞」就代表是對的，「假」就代表是錯的。而陰和陽的定義並不是好壞之分，是我們定義它的。陽通常表示我們想要預測的事件。譬如：我們想要預測一個人是否「感染病毒」？因此，「感染病毒」就會設爲陽性。在本例，類別 2 視爲「陽」，類別 1 視爲「陰」。

- 右上的 7 就表示有 7 筆資料，它代表的是實際爲類別 1，但預測結果爲類別 2。因此落在這個儲存格的 7 筆預測資料是錯的。這一格叫做假陽（False positive, FP），就是被誤認爲是陽性。就好像一個人沒生病，卻被誤診成生病。

- 左下的 1 表示有 1 筆資料，它代表的是實際是類別 2，但被預測爲類別 1，因此落在這個儲存格的一筆預測資料是錯的。這一格叫做假陰（False negative, FN），就是被錯誤認爲是陰性。就好像一個人其實已經生病了，卻沒被診斷出來。

- 右下的 13 表示有 13 筆資料，它代表的是實際是類別 2，預測也爲類別 2。因此落在這個儲存格的 13 筆資料是預測正確的。這一格叫做眞陽（True positive, TP）。表示患病的人有被診斷出來。

　　再提醒一次，這裡的陰跟陽並沒有特殊的意義。我們只是爲了方便解釋說明，給它陽是生病，陰是沒有生病的意義。以鳶尾花的例子來講，陰是 versicolor，陽是 virginica。這裡的陰陽就沒有任何特殊的意義。

　　我們用一個實際的例子來說明，讓你對這些觀念更加清楚。最近新型冠狀病毒的疫情鬧得沸沸揚揚，我們就用它來解釋這些名詞的意義。疾病的診斷，一般而言，0 是沒有染病，1 是染病。

- 所謂的眞陰，就是受檢測的人沒有被感染，而且檢查的結果也是沒有生病。
- 所謂的眞陽，就是受檢測的人被感染了，而且檢查的結果也證實他的確被感染了。
- 所謂的假陽，就是受檢測的人沒有被感染，但是檢查的結果卻誤診爲被感染了。因此是假的陽性。
- 所謂的假陰，就是受檢測的人被感染了，但是檢查的結果卻沒有發現他是被感染的狀態。因此是假的陰性。

這裡面有兩種錯誤情況，哪一種錯誤的情況傷害比較大呢？假陰還是假陽？

我們來想想：假陽的情況，會讓一個人被隔離，造成生活的不方便。但假陰的情況，卻會讓染病的人在外四處遊蕩，而感染更多的人。因此，以這個例子來說，假陰造成的傷害會比較大。這也是爲什麼，我們目前的防疫措施對於有被感染嫌疑的人，需要採檢三次的陰性才會放他出去，就是避免假陰情況的發生。

6-6-1　精確率和召回率的選擇

召回率或精確率是兩個不同的預測標準，有什麼方法可以幫助我們快速判斷要用哪一種呢？在本節，我們先介紹觀念，詳細定義在 6-6-2 節。

- 寧可錯殺一百，也「不要放過一個」，選的就是召回率。譬如：對於新型冠狀病毒感染的預測，我們要求的就是「實際染病」的召回率要高，寧可錯殺一百，也不要放過一個。通常增加召回率最簡單的方式，就是降低判斷門檻的標準，但降低門檻的風險是增加假陽的情況。這會造成預測的精確率下降。
- 如果要求的是預測的正確率，就選精確率。以手機解鎖爲例，現在的手機都具備指紋或臉部辨識的功能，我在乎的條件是，當手機預測是我，一定就是我。我不能接受的條件是：不是我本人卻能解開手機。這時就要選精確率。

除了精確率和召回率外，還有一個名詞叫（整體）正確率。

- 整體正確的樣本數出現在對角線上，其除以所有樣本數即爲正確率。在範例 6-22 中用 **accuracy_score** 計算得出，本例的正確率約爲 7 成 6。

原本的正確率只有 76% 並非很好，我們將資料標準化後再做一次，經範例 6-23 處理後，正確率提升至 85%。這說明資料的標準化對預測結果是有影響的。標準化的作法說明如下：

- 用 **make_pipeline** 做出管道器，將資料轉換器和羅吉斯迴歸綁在一起，這個管道器就能同時進行資料轉換和模型預測。
- 使用上，可以想像這個管道器爲新的估計器，用 **fit** 能完成資料轉換還有學習，用 **predict** 就能完成預測。

範例 6-23　用標準化的資料重新檢視正確率

程式碼

```
from sklearn.preprocessing import StandardScaler
from sklearn.pipeline import make_pipeline
model_pl = make_pipeline(StandardScaler(),
                         LogisticRegression(solver='liblinear'))
```

```
model_pl.fit(X_train, y_train)
y_pred = model_pl.predict(X_test)
cm = confusion_matrix(y_test, y_pred)
print(pd.DataFrame(cm, index=['實際1', '實際2'],
                       columns=['預測1', '預測2']))
print()
print('整體正確率:',accuracy_score(y_test, y_pred).round(2))
```

▌ 執行結果

```
        預測1    預測2
實際1     17      2
實際2      3     11

整體正確率: 0.85
```

6-6-2　綜合報告

　　一般來說，會用正確率來當作最後參考指標。但如果假陽和假陰會造成的傷害是不同的，或目標樣本類別不均衡時，就會進一步參考精確率和召回率的結果。

　　以本例來說，雖然整體正確率從 0.76 提高到 0.85。但實際為類別 2，被預測為類別 1 的錯誤樣本，卻從原本的 1 個提升成 3 個。因此，如果所在乎的是類別 2 的召回率，甚至會將就比較差的正確率。

　　如果想要看見召回率和精確率的結果，在 metrics 模組裡的 classification_report 就提供了召回率、精確率和 f1 分數。以下說明這三個指標：

- 召回率（**recall**）是從實際樣本的觀點來看。實際是類別 **1** 的樣本共有 **19** 筆，實際是類別 **2** 的樣本有 **14** 筆，這兩個是分母值，並不會改變。再來，實際是類別 **1** 的樣本，預測正確為 **17** 筆，因此從綜合報告看見，召回率為 **0.89**。如果是從實際是類別 **2** 的角度來看，實際是類別 **2** 的樣本共有 **14** 筆，預測正確為 **11** 筆，召回率有 **0.79**。**召回率就是召回實際樣本的正確比率。**

- 精確率（**precision**）是從預測結果的觀點來看。觀察範例 **6-23** 混亂矩陣的執行結果，預測為類別 **1** 的樣本裡共有 **20** 筆，預測正確的有 **17** 筆，類別 **1** 的精確率是 **0.85**。預測為類別 **2** 的樣本共有 **13** 筆，預測正確有 **11** 筆，類別 **2** 精確率有 **0.85**。因此，精確率是模型預測能力的正確率。

- **f1-score** 是調和這兩種變數的「加權調和平均數」，你可以想像為，它綜合了召回率和精確率的平均值。數學公式是加權調和平均數。

範例 6-24 綜合報告說明── **classification_report**

程式碼

```
print(classification_report(y_test, y_pred))
```

執行結果

	precision	recall	f1-score	support	
1	0.85	0.89	0.87	19	實際樣本數
2	0.85	0.79	0.81	14	
micro avg	0.85	0.85	0.85	33	
macro avg	0.85	0.84	0.84	33	
weighted avg	0.85	0.85	0.85	33	

6-7　預測結果的機率值

　　羅吉斯迴歸的預測結果介於 0 和 1 之間，因此其結果可以直接用來預測類別發生的機率。不過，要得到預測機率值，要用的是 predict_proba() 函數。請注意其回傳值為兩個類別分別的機率值。

　　我們先回顧一下，之前範例所得的前五筆預測資料為 2,2,2,1,1。接下來，我們要輸出訓練資料的前五筆預測機率。

範例 6-25 輸出訓練資料的前五筆預測機率

程式碼

```
y_test_proba = model_pl.predict_proba(X_test.iloc[:5])
pd.DataFrame(y_test_proba, columns=['預測 1 的機率', '預測 2 的機率'])
```

執行結果

	預測1的機率	預測2的機率
0	0.263081	0.736919
1	0.056462	0.943538
2	0.059512	0.940488
3	0.939655	0.060345
4	0.909115	0.090885

範例 6-25 得出的第一筆資料，預測是類別 1 的機率是 0.26，預測是類別 2 的機率是 0.74。如果是你要預測第 1 筆資料，你會預測是類別 1 還是類別 2？類別 2 對吧？為什麼呢？因為預測類別 2 的機率高於類別 1。但如果你只有類別 2 的預測機率值，你對類別 2 的判斷門檻會設在多少？會設在 0.5 對吧？因為類別 1 和類別 2 的預測機率相加為 1。因此，類別 2 的發生機率高於 0.5，就代表類別 2 的發生機率高於類別 1。

以第二筆資料來說，預測類別 1 的機率是 0.06，預測類別 2 的機率是 0.94，我們會預測的類別也是類別 2。不過，雖然這兩筆的預測都是類別 2，但羅吉斯迴歸認為，第 2 筆資料是類別 2 的機率高於第 1 筆資料。因此，相較於單純的輸出類別值，預測機率可以提供更多的資訊。

如果想要提升預測類別 2 的正確性（精確率），即增加我的預言能力，要怎麼做呢？我們可以提高判斷的門檻。譬如，只有當預測類別 2 的機率大於 0.8 時才選為類別 2。範例 6-26 會再說明。

羅吉斯迴歸一般都是用 0.5 為預測門檻，如果想要提升預測為類別 2 的精確率，可以用較高的預測門檻做為篩選標準（如 0.8）。換言之，**只有非常確定的機率值才會被判斷為類別 2**。 因此，即使第一筆預測為類別 2 的機率是 0.74，不過仍小於 0.8，所以也保守地將其預測為類別 1。

程式要怎麼寫呢？因為 predict_proba 的回傳值是 numpy 的 array，因此用 numpy.where來做篩選較簡單。np.where() 的用法是：邏輯條件為第一個參數，條件成立時回傳第二個參數值；不成立，就回傳第三個參數。請注意，**這裡的 y_pred_proba 取的是類別 2 的預測機率值**，即程式碼裡的 [:,1]。

範例 6-26　改變機率門檻至 0.8

▌程式碼

```
y_pred_proba = model_pl.predict_proba(X_test)[:,1]
y_pred_8 = np.where(y_pred_proba>=0.8, 2, 1)
y_pred_8[:5]
```

▌執行結果

```
array([1, 2, 2, 1, 1])
```

對照範例 6-25 的執行結果，第一筆資料的機率是 0.74，因此預測為類別 1；第二筆為 0.94，因此預測為類別 2。其餘依此類推。

使用不同的預測門檻，就會有不同的預測結果。既然有了新的預測結果，就可以來觀察它的正確率、混亂矩陣和綜合報告。

範例 6-27 將範例 6-26 的預測結果用正確率、混亂矩陣和綜合報告輸出

程式碼

```
print(' 正確率：', accuracy_score(y_test, y_pred_8).round(2))
print(' 混亂矩陣 ')
print(pd.DataFrame(confusion_matrix(y_test, y_pred_8),
            index=[' 實際 1', ' 實際 2'], columns=[' 預測 1', ' 預測 2']))
print(' 綜合報告 ')
print(classification_report(y_test, y_pred_8))
```

執行結果

```
正確率： 0.82
混亂矩陣
        預測 1    預測 2
實際 1     19      0
實際 2      6      8
綜合報告
              precision    recall   f1-score    support

           1       0.76      1.00       0.86         19
           2       1.00 上升 0.57       0.73         14

   micro avg       0.82      0.82       0.82         33
   macro avg       0.88      0.79       0.80         33
weighted avg       0.86      0.82       0.81         33
```

觀察結果發現，首先整體正確率從 0.85 降為 0.82。

其次，因為對類別 2 的資料設了較高的進入門檻，因此會發現類別 2 的精確率從 0.85 升為 1，其預測的 8 筆資料皆正確。也就是說。我們目前對於預測類別 2 的正確率很有信心。當預測結果是類別 2 的時候，它就一定是正確的。但高門檻也會帶來代價，當我們將判斷門檻調高時，會導致一些類別 2 的資料被誤判為類別 1。因此，類別 2 的召回率就會下降。觀察發現，類別 2 的召回率從原本的 0.79 降為 0.57。從這個說明就可知道，**精確率和召回率之間是相互「取捨」的，即一個好，另一個就不會好。**

　　那提高類別 2 的判斷門檻，對類別 1 的影響又是什麼？因為類別 2 的預測門檻較高，因此會被判斷成類別 2 的難度變高，有更多的資料都會被判定為類別 1，類別 1 的召回率就會上升。觀察發現，類別 1 的召回率為 100%。但因為有更多類別 2 的資料也會被誤判為類別 1，因此類別 1 的精確率就會下降，從 0.85 降至 0.76。

　　結果整理：提高類別 2 的判斷門檻會增加類別 2 的精確率，但會降低類別 2 的召回率，同時會增加類別 1 的召回率，但會降低類別 1 的精確率。

　　既然調整判斷門檻能改變召回率與精確率，那麼來做一個有趣的實驗，看看判斷門檻如何改變召回率和精確率。

　　為了計算不同判斷門檻的精確率和召回率，我們用 precision_score（精確率函數）和 recall_score（召回率函數）。因為要的是類別 2 的召回率和精確率，因此用 pos_label=2 的參數。

範例 6-28 用不同的判斷門檻計算對應的精確率和召回率

▎程式碼

```
from sklearn.metrics import precision_score, recall_score
scores = []
# 先用 [:,1] 取得類別 2 的預測機率
y_pred_proba = model_pl.predict_proba(X_test)[:,1]
# 將判斷門檻從 0, 0.1, 0.2, ... 到 1
for threshold in np.arange(0, 1, 0.1):
    # 透過 np.where 取得不同判斷門檻的預測結果
    y_pred = np.where(y_pred_proba>=threshold, 2, 1)
    prec = precision_score(y_test, y_pred, pos_label=2)
    recall = recall_score(y_test, y_pred, pos_label=2)
    # 將所有結果存在 scores 串列
    scores.append([threshold, prec, recall])
df_p_r = pd.DataFrame(scores, columns=['門檻','精確率','召回率'])
df_p_r.sort_values(by='門檻')
```

執行結果

	門檻	精確率	召回率
0	0.0	0.424242	1.000000
1	0.1	0.636364	1.000000
2	0.2	0.666667	1.000000
3	0.3	0.777778	1.000000
4	0.4	0.764706	0.928571
5	0.5	0.846154	0.785714
6	0.6	0.833333	0.714286
7	0.7	0.909091	0.714286
8	0.8	1.000000	0.571429
9	0.9	1.000000	0.500000

觀察發現，當提高類別 2 的預測門檻時，精確率有提升，而召回率會下降。

PRC 圖

以召回率和精確率做圖的圖形，一般叫做 precision recall curve（簡稱 PRC 圖）。圖形的 x 軸為類別 2 的召回率，y 軸為類別 2 的精確率，標記的數字為判斷門檻。以範例 6-29 來說明。

範例 6-29　將範例 6-28 繪製成圖

程式碼

```
ax = df_p_r.plot(x=' 召回率 ', y=' 精確率 ', marker='o')
ax.set_xlabel(' 類別 2 召回率 ')
ax.set_ylabel(' 類別 2 精確率 ')
for idx in df_p_r.index:
    ax.text(x=df_p_r.loc[idx,' 召回率 '], y=df_p_r.loc[idx,
                                        ' 精確率 ']-0.02,
        s=df_p_r.loc[idx,' 門檻 '].round(1))
```

執行結果

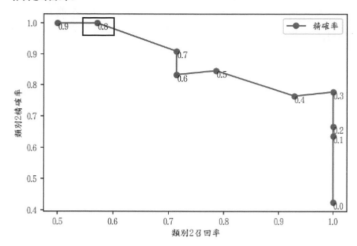

從範例 6-29 的執行結果圖形發現，當類別 2 的召回率上升，精確率會下降。但資料也並不完全符合這個關係，主要原因是因為，這裡的預測機率是由測試集樣本預測出。不過，基本上也符合召回率上升，精確率會下降的關係。

以這個例子而言，如果要選最高的精確率（圖形最高點為 1），我們的門檻可選 0.8，這時的召回率約 0.58。看得出來召回率並不高。

在 metrics 模組裡有 precision_recall_curve 能自動幫忙試算不同的判斷門檻與其精確率和召回率的值。precision_recall_curve 的門檻值是程式算的，無法手動調整。在範例 6-30 有完整的示範。觀察範例 6-30 的結果雖然與範例 6-29 不同，但其實只是門檻值不一樣所造成的。在章末習題會請讀者寫程式來檢查。

範例 6-30　承範例 6-29，用 precision_recall_curve 來繪製圖形

程式碼

```
from sklearn.metrics import precision_recall_curve
# precision_recall_curve 的輸入參數是機率值
prec, recall, thres = precision_recall_curve(y_test, y_pred_proba,
                                             pos_label=2)
df_p_r = pd.DataFrame(zip(thres, prec, recall), columns=['門檻','
                                             精確率','召回率'])
# 判斷門檻最大的前五筆
display(df_p_r.tail())
ax = df_p_r.plot(x='召回率', y='精確率', marker='o');
```

```
for idx in df_p_r.index:
    ax.text(x=df_p_r.loc[idx,'召回率'], y=df_p_r.loc[idx,'精確率']-0.02,
            s=df_p_r.loc[idx,'門檻'].round(2))
```

執行結果

	門檻	精確率	召回率
12	0.943538	1.0	0.357143
13	0.990069	1.0	0.285714
14	0.992587	1.0	0.214286
15	0.998551	1.0	0.142857
16	0.999267	1.0	0.071429

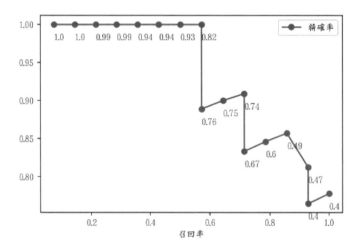

ROC 圖

　　另一種常用的是 ROC（Receiver operating characteristic curve）圖。它的開發背景是在二次世界大戰中，雷達員對於雷達讀取需求而發明的。因為雷達員看見雷達上的光點時有兩種判斷可能：第 1 種是鳥，第 2 種是敵機。雷達員就用信號強弱和設定的門檻值作為判斷依據。我們先來想想：你會在乎的是敵機的召回率，還是精確率？答案應該是召回率。因為任何一架敵機如果沒有被偵測出來的話，那對於國家的傷害就會很大。再請問，怎麼樣可以提高召回率？最簡單的方式，就是將雷達上的每一個點都視為敵機（即降低門檻值），這樣的召回率就會是百分之百。這當然不是一個很好的方式。ROC 圖就是發明出來解決這個問題的。

ROC 圖有兩個座標軸：

- 橫座標（x 軸）為 1-specificity（特異度）：什麼是特異度呢？以我們學過的語言就是：**類別 1 的召回率**。因此，x 軸（**1- 特異度**）是類別 1 召回的錯誤率。
- 縱座標為**敏感度**（**Sensitivity**）：以我們學過的語言就是：**類別 2 的召回率**。

如何用 ROC 圖來判斷預測結果的好壞呢？假設希望類別 2（敵機）的召回率要高，但也不希望類別 1 的召回錯誤率太高。也就是說，**任何一架敵機都不要錯過，但也不希望把所有鳥類都誤認為是敵機**。不過，魚與熊掌不可兼得，當類別 2 的召回率高時，類別 1 的召回錯誤率也會提升。

在醫學診斷裡，敏感度和特異度的指標也很常用。**敏感度代表的是診斷方法是否夠靈敏，可以將生病的人診斷出來（類別 2 的召回率），特異度代表診斷方法是否也能將實際沒病的患者，診斷是沒病的（類別 1 的召回率）**。

通常學到這裡會覺得頭昏腦脹（筆者第 1 次看的時候就有這種感覺），既然有 PRC 圖，為什麼又有 ROC 圖。其實這兩個圖的基本精神是相同的，只是看問題的觀點不同。先來比較一下，不管是 PRC 圖或是 ROC 圖，都有**類別 2 的召回率**（敏感度）。但 PRC 圖強調的是類別 2 的精確率，而 ROC 圖強調的是類別 1 的召回不要犯錯。兩者使用時機就要看繪圖的目的是什麼。譬如：手機的解鎖預測，我們在乎的是類別 2 的精確率，希望手機唯一能解鎖的情況是：它預測使用者是我，就真的是我。這時選用 PRC 圖比較合適。但如果是應用在醫學診療，我在乎的除了是把生病的人診斷出來，也希望不要誤診沒有生病的人。這時選用 ROC 圖會比較適合。除此之外，ROC 圖也比較不會受到樣本不均衡的情況影響。

最後，如何用 ROC 曲線來說明哪個預測模型結果較佳呢？因為敏感度（類別 2 的召回率）和 1- 特異度（類別 1 的召回錯誤率）會同時升降。好的模型會讓敏感度的上升速度快於 1- 特異度的速度。即**類別 2 的召回率上升幅度，會比類別 1 的召回錯誤率上升快**。

範例 6-31 示範寫作程式繪製 ROC 圖，因為只需要召回率就可以製作 ROC 圖，因此只需用到 recall_score 函數即可，唯一要修改的參數就是 pos_label。觀察範例結果，**當判斷門檻愈高時，類別 2 的敏感度會下降，類別 1 的 1- 特異度也會下降**。這兩個指標是同升同降。

範例 6-31 計算敏感度與 **1-** 特異度

▌ 程式碼

```
from sklearn.metrics import recall_score
scores = []
y_pred_proba = model_pl.predict_proba(X_test)[:,1]
for threshold in np.arange(0, 1, 0.1):
    y_pred = np.where(y_pred_proba>=threshold, 2, 1)
    # tpr 為類別 2 的召回率
    tpr = recall_score(y_test, y_pred, pos_label=2)
    # fpr 為類別 1 的召回錯誤率
    fpr = 1 - recall_score(y_test, y_pred, pos_label=1)
    scores.append([threshold, tpr, fpr])
df_roc = pd.DataFrame(scores, columns=['門檻','敏感度','1-特異度'])
df_roc.sort_values(by='門檻').head()
```

▌ 執行結果

	門檻	敏感度	1-特異度
0	0.0	1.000000	1.000000
1	0.1	1.000000	0.421053
2	0.2	1.000000	0.368421
3	0.3	1.000000	0.210526
4	0.4	0.928571	0.210526

範例 6-32 承上例，繪製 **ROC** 圖（提示：橫座標為 **1-** 特異度，縱座標為敏感度）

▌ 程式碼

```
ax = df_roc.plot(x='1-特異度', y='敏感度', marker='o')
for idx in df_roc.index:
    ax.text(x=df_roc.loc[idx,'1-特異度'], y=df_roc.loc[idx,'敏感度']-0.03,
            s=df_roc.loc[idx,'門檻'].round(1))
```

執行結果

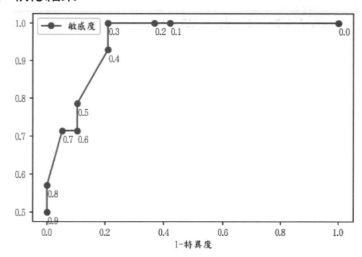

ROC 曲線可以用 metrics 模組裡的 roc_curve 直接繪製。

範例 6-33 呈上例,用 roc_curve 繪製 ROC 圖

程式碼

```
from sklearn.metrics import roc_curve
fpr, tpr, thres = roc_curve(y_test, y_pred_proba, pos_label=2)
df_roc = pd.DataFrame(zip(thres, fpr, tpr), columns=['門檻','1-
                                        特異度','敏感度'])
display(df_roc.head())
ax = df_roc.plot(x='1-特異度', y='敏感度', marker='o')
for idx in df_roc.index:
    ax.text(x=df_roc.loc[idx,'1-特異度'], y=df_roc.loc[idx,'敏感度']-0.05,
            s=df_roc.loc[idx,'門檻'].round(2))
```

執行結果

	門檻	1-特異度	敏感度
0	1.999267	0.000000	0.000000
1	0.999267	0.000000	0.071429
2	0.821775	0.000000	0.571429
3	0.764504	0.052632	0.571429
4	0.736919	0.052632	0.714286

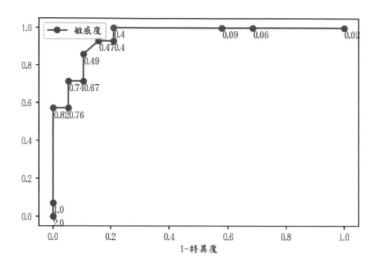

　　另一個判斷模型預測能力好壞的指標是 ROC 圖的面積。一個好的模型，它預測正確的上升速度會比犯錯的速度來得快。以 ROC 圖的面積來說，就是值越大越好。ROC 圖的面積可以用 roc_auc_score 函數來計算，其 AUC 值（area under curve）愈接近 1，就表示分類效果愈好；愈接近 0.5，就表示分類效果愈差。一般而言的判斷標準是：

- 傑出：**AUC 介於 0.9-1.0 之間。**
- 優秀：**AUC 介於 0.8-0.9 之間。**
- 普通：**AUC 介於 0.7-0.8 之間。**
- 不好：**AUC 介於 0.6-0.7 之間。**
- 差勁：**AUC 介於 0.5-0.6 之間。**

範例 6-34　**ROC 曲線的面積**

▌程式碼

```
from sklearn.metrics import roc_auc_score
roc_auc_score(y_test, y_pred_proba)
```

▌執行結果

```
0.9530075187969924
```

　　在本例 AUC 為 0.95，表示分類的效果傑出。

6-8　預測邊界繪製

　　什麼是預測邊界呢？就是預測模型用來判斷在什麼範圍是哪一種類別的「判斷標準」。這個判斷標準主要是透過「訓練集」學習而來。範例 6-35 寫了一個預測邊界的函數，用來繪製邊界圖（僅適用於二維空間），由於不是本章重點，程式就不做說明，有興趣的讀者可自行研究。

範例 6-35　繪製預測邊界圖

程式碼

```python
def plot_decision_boundary(X_test, y_test, model, debug=False):
    points = 500
    x1_max, x2_max = X_test.max()
    x1_min, x2_min = X_test.min()
    X1, X2 = np.meshgrid(np.linspace(x1_min-0.1, x1_max+0.1, points),
                         np.linspace(x2_min-0.1, x2_max+0.1, points))
    x1_label, x2_label = X_test.columns
    fig, ax = plt.subplots()
    X_test.plot(kind='scatter', x=x1_label, y=x2_label, c=y_test,
                cmap='coolwarm', colorbar=False, figsize=(6,4),
                s=30, ax=ax)
    grids = np.array(list(zip(X1.ravel(), X2.ravel())))
    ax.contourf(X1, X2, model.predict(grids).reshape(X1.shape),
                alpha=0.3, cmap='coolwarm')
    if debug:
        df_debug = X_test.copy()
        df_debug['y_test'] = y_test
        y_pred = model.predict(X_test)
        df_debug['y_pred'] = y_pred
        df_debug = df_debug[y_pred != y_test]
        df_debug.plot(kind='scatter', x=x1_label, y=x2_label,
                      s=50,  color='none', edgecolor='y', ax=ax)
        for i in df_debug.index:
            ax.text(s=df_debug.loc[i,'y_test'], x=df_debug.loc[i,
                    x1_label]+0.01, y=df_debug.loc[i, x2_label]-0.05)
```

羅吉斯迴歸的預測邊界

由於羅吉斯迴歸是線性預測的機器學習模型，因此圖形中預測邊界是線性的，依線的上下方，將資料預測成不同類別。將 debug 設為 True，則會標註犯錯的點的真實值。參數裡的 model 是「未標準化」的「測試集」的學習結果。圖中的文字 1 表示實際是類別 1 卻出現在類別 2 的預測範圍，一共有 7 筆。圖中的 2 表示實際是類別 2 卻出現在類別 1 的預測範圍，只有 1 筆。

範例 6-36 繪製羅吉斯迴歸的預測邊界

▌ 程式碼

```
plot_decision_boundary(X_test, y_test, model, debug = True)
```

▌ 執行結果

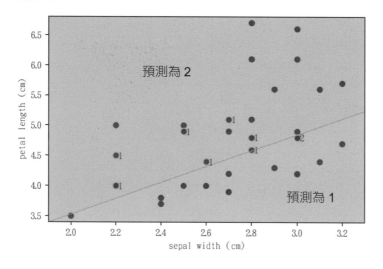

範例 6-37 繪製標準化後的預測邊界，並將錯誤值加以標記。model_pl 是標準化的測試集的學習結果。圖中顯示，實際為類別 1，錯的有兩筆。實際為類別 2，錯的有三筆。預測結果比未標準化來得好。

圖形中有一筆比較奇怪，即 sepal width 等於 2.8，petal length 等於 4.8，顏色是藍色（實際為類別 1）卻被標記為類別 2，接下來會在範例 6-38 檢視這筆資料。

範例 6-37 繪製標準化後的預測邊界，並將錯誤值加以標記

▌ 程式碼

```
plot_decision_boundary(X_test, y_test, model_pl, debug = True)
```

▌ 執行結果

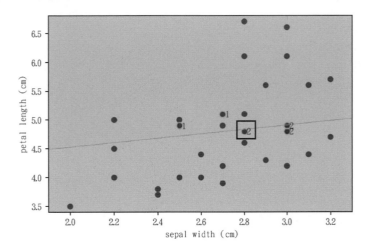

範例 6-38 檢視資料，**sepal width** 等於 **2.8**，**petal length** 等於 **4.8**

▌ 程式碼

```
df[(df['sepal width (cm)'] == 2.8) & (df['petal length (cm)'] == 4.8)]
```

▌ 執行結果

	sepal width (cm)	petal length (cm)	target
76	2.8	4.8	1
126	2.8	4.8	2

原來是有兩筆特徵值相同但目標值不同的資料，因此不管怎麼預測都會錯。

6-9 運用模型來預測結果

模型訓練建構完成後，就可以做為實務運用。以本例來說，應該就可以預測 (3,3) 這筆資料屬於哪個類別。預測結果是類別 1。

範例 6-39 運用模型預測結果

▋ 程式碼

```
model_pl.predict([[3,3]])
```

▋ 執行結果

```
array([1])
```

補充說明

　　有學生上課問，有沒有更簡單的方式，說明精確率和召回率？我的回答是：如果要提升召回率，最簡單的方式就是把預測判斷門檻降到最低，將所有樣本都視為陽性，召回率就是 100，但這麼一來，就沒有任何的預測和鑑別能力。如想要提升預測能力，就會把判斷門檻提升，如此一來，在門檻邊緣的資料就會被排除，精確率上升，但召回率就會下降。

　　以手機解鎖作為例子，如果我在乎的是每一次指紋解鎖都要成功，那我可以降低判斷門檻，增加召回率，但帶來的風險是別人也可以解鎖我的手機。如果我在乎的是預測的正確率，那我可以提升判斷門檻增加精確率，但帶來的不便就是常常會解鎖失敗，因為一些小小的誤差（譬如有水），都可能造成手機解鎖的失敗。

章 末 習 題

1. 用鳶尾花全部的欄位來做羅吉斯迴歸模型預測。

   (1) 請將資料做標準化,並輸出正確率、混亂矩陣和綜合報告。請注意,全部資料裡一共有三個類別的花朵。

   (2) 請預測這筆資料的結果是什麼? [2,1,3,3]。(提示:請注意資料維度問題。)

   (3) 請預測這兩筆資料的結果是什麼? [2,1,3,3],[4,5,7,8]。(提示:請注意資料維度問題。)

   (4) 請依照上例的預測結果,自己寫程式來製作混亂矩陣。(提示:用 groupby。)

2. 請使用下面程式碼產生實驗資料,並繪製圖形觀察。

   ```
   from sklearn.datasets import make_classification
   X, y = make_classification(n_samples=1000, n_informative=2,
                              n_redundant=0, n_features=2,
                              n_classes=2, random_state=0)
   plt.scatter(X[:,0], X[:,1], c=y)
   ```

   (1) 將資料切割後,用羅吉斯迴歸模型預測,輸出正確率、混亂矩陣和綜合報告。

   (2) 用課本提供的程式來繪製預測邊界。

   (3) 請繪製 ROC 圖及計算其曲線面積。

3. 請使用下面程式碼產生實驗資料,並繪製圖形觀察。

   ```
   from sklearn.datasets import make_gaussian_quantiles
   X, y = make_gaussian_quantiles(cov=3.,
                                  n_samples=1000, n_features=2,
                                  n_classes=2, random_state=1)
   plt.scatter(X[:,0], X[:,1], c=y)
   ```

   (1) 將資料切割後,用羅吉斯迴歸模型預測,輸出正確率、混亂矩陣和綜合報告。

   (2) 用課本提供的程式來繪製預測邊界。希望你有觀察到預測的結果很不好,原因就在於羅吉斯迴歸只能做資料的線性分割預測。有興趣的同學可以先用第八章的支持向量機(SVM)來實驗看看結果。

   (3) 請繪製 ROC 圖及計算其曲線面積。

4. 請用本章的資料(即用兩個特徵值和 50 筆之後的資料)來做實驗。我們希望讓預測為 2 的 Virginica 能有最大召回率,因此將機率判斷門檻設為 0,請問:

   (1) Virginica 的召回率和精確率,混亂矩陣和綜合報表。請問你觀察到什麼現象?

   (2) 若將 Virginica 的機率判斷門檻設為 0.99,請問其召回率和精確率,混亂矩陣和綜合報表。請問你觀察到什麼現象?

5. 進階題：

(1) 請用本章的資料來檢視 precision_recall_curve 的輸出結果是正確的。做法如下：請先取得 precision_recall_curve 回傳的判斷門檻 thres 的值，再自己寫迴圈來驗證精確率和召回率。

(2) 請用本章的資料來檢視 roc_curve 函數的輸出結果是正確的。做法如下：請先取得 roc_curve 回傳的判斷門檻 thres 的值，再自己寫迴圈來驗證 1- 特異度和敏感度。

第 7 章

K 最近鄰

━━━━━ 本章學習重點 ━━━━━

■ 介紹 K 最近鄰（KNN）

■ KNN 模型建構

■ 鄰居數目的選擇（n_neighbors）

■ 判斷邊界繪製

■ 主成分分析介紹和使用

■ 用 SelectKBest 選最佳的特徵值

■ 用管道器連結標準化、SelectKBest 和 KNN

　　K 最近鄰（K-nearest neighbor classifer, KNN）也是分類預測模型，其演算法的想法很簡單，相同類別的資料，它們的特徵值應該都很接近。因此，如果想知道某個東西是屬於哪一個類別的，就看看跟它的特徵值比較接近的 k 個鄰居是屬於哪一個類別，它就是屬於那個類別。

　　舉個例子：你在路上看到一個外國人，皮膚是黑色的，英文又講得很好，你會猜他是哪一國人？你會回想自己過去經驗裡，皮膚是黑色的，英文又講得很好的，大多是哪一國人，然後給出答案。我們再舉另一個例子，如果你看到一個動物有翅膀，你會認為他是哪一種動物呢？這裡的翅膀就是特徵值。如果你過去的經驗裡，絕大部分有翅膀的動物都是鳥類，你的答案就會是鳥類；但如果你過去經驗裡，絕大部分有翅膀的動物都是蝙蝠，你的回答就會是蝙蝠。這種在經驗裡面比對，就像是 K 最近鄰的精神。

　　K 最近鄰的想法就是如此。當看見一筆未知資料時，它就找找與它特徵值最相「近」的「K 個資料」的結果是什麼，再依此判斷給出答案。那為什麼要參考 K 筆資料，而非只是一筆呢？因為參考資訊比較多的時候，答案會比較客觀。

　　學習 K 最近鄰時，你要知道：

- 如何去定義遠和近：一般用歐氏距離。
- 另一個是要選取幾個鄰居（參數 k）。

7-1　載入資料

　　本章仍使用前二章所使用的鳶尾花資料，**同樣兩個特徵值和後五十筆資料**。因為資料的檢查和探索在上一章已做過，本章就省略。

範例 7-1　載入資料

▌程式碼

```
import pandas as pd
import numpy as np
import matplotlib.pyplot as plt
import seaborn as sns
%matplotlib inline
plt.rcParams['font.sans-serif'] = ['DFKai-sb']
plt.rcParams['axes.unicode_minus'] = False
%config InlineBackend.figure_format = 'retina'
import warnings
```

```
warnings.filterwarnings('ignore')

from sklearn.datasets import load_iris
iris = load_iris()
df = pd.DataFrame(iris['data'], columns=iris['feature_names'])
df['target'] = iris['target']
df = df[['sepal width (cm)', 'petal length (cm)','target']]
df = df.iloc[50:]
df.head()
```

▍執行結果

	sepal width (cm)	petal length (cm)	target
50	3.2	4.7	1
51	3.2	4.5	1
52	3.1	4.9	1
53	2.3	4.0	1
54	2.8	4.6	1

7-2　將資料整理出 X 和 y

X 為自變數，y 為應變數。

範例 7-2 取出 X 和 y

▍程式碼

```
X = df.drop('target', axis=1)
y = df['target']
from sklearn.model_selection import train_test_split
X_train, X_test, y_train, y_test = train_test_split(X, y,
                              test_size=0.33, random_state=42)
```

7-3　KNN 模型建構

建立 KNN 模型有下列三步驟：

1. 初始物件
2. 機器學習
3. 模型預測

本書進行到這裡，讀者會發現在 python 裡，機器學習的步驟就是這三個——初始物件、機器學習、模型預測。不過，要知道不同的機器學習演算法，它放在哪一個模組裡。以 K 最近鄰法來講，它是放在 neighbors 模組；而 K 最近鄰的函數是 KNeighborsClassifier。K 最近鄰的預設 k 值是 5。

範例 7-3 建立 KNN 模型三步驟

程式碼

```
from sklearn.neighbors import KNeighborsClassifier
# 初始物件
model = KNeighborsClassifier()
# 機器學習
model.fit(X_train, y_train)
# 正確率的預測，model.score 提供了簡便的正確率輸出方式
model.score(X_test, y_test)
```

執行結果

```
0.8787878787878788
```

觀察結果，預測正確率約為 0.88，高於羅吉斯迴歸裡的 0.85。只是改個機器學習演算法，正確率就能提升。是不是很簡單？

7-3-1　標準化資料

是否注意到，範例 7-3 並沒有將資料標準化，因此本例將利用標準化的結果再做一次分析。你會發現，在本例結果並沒有再提升。不過事實上，K 最近鄰是會受到資料有無標準化影響的。我們在繪製預測邊界圖的地方會再次說明。

範例 7-4 用標準化的資料來分析

▌ 程式碼

```
from sklearn.preprocessing import StandardScaler
from sklearn.pipeline import make_pipeline
model_pl = make_pipeline(StandardScaler(),
                         KNeighborsClassifier())
model_pl.fit(X_train, y_train)
model_pl.score(X_test, y_test)
```

▌ 執行結果

```
0.8787878787878788
```

7-3-2 預測結果分析

預測結果分析包含正確率、混亂矩陣和綜合報告。

範例 7-5 預測結果分析

▌ 程式碼

```
from sklearn.metrics import confusion_matrix, accuracy_score,
                                            classification_report
y_pred = model_pl.predict(X_test)
print(' 正確率:', accuracy_score(y_test, y_pred).round(2))
print(' 混亂矩陣 ')
print(confusion_matrix(y_test, y_pred))
print(' 綜合報告 ')
print(classification_report(y_test, y_pred))
```

▌ 執行結果

```
正確率: 0.88
混亂矩陣
[[17  2]
 [ 2 12]]
```

綜合報告

	precision	recall	f1-score	support
1	0.89	0.89	0.89	19
2	0.86	0.86	0.86	14
micro avg	0.88	0.88	0.88	33
macro avg	0.88	0.88	0.88	33
weighted avg	0.88	0.88	0.88	33

範例 7-6　繪製未標準化結果的預測邊界

▌程式碼

```python
def plot_decision_boundary(X_test, y_test, model, debug=False):
    points = 500
    x1_max, x2_max = X_test.max()
    x1_min, x2_min = X_test.min()

    X1, X2 = np.meshgrid(np.linspace(x1_min-0.1, x1_max+0.1, points),
                        np.linspace(x2_min-0.1, x2_max+0.1, points))
    x1_label, x2_label = X_test.columns
    fig, ax = plt.subplots()
    X_test.plot(kind='scatter', x=x1_label, y=x2_label, c=y_test,
            cmap='coolwarm', colorbar=False, figsize=(6,4),
            s=30, ax=ax)
    grids = np.array(list(zip(X1.ravel(), X2.ravel())))
    ax.contourf(X1, X2, model.predict(grids).reshape(X1.shape),
            alpha=0.3, cmap='coolwarm')
    if debug:
        df_debug = X_test.copy()
        df_debug['y_test'] = y_test
        y_pred = model.predict(X_test)
        df_debug['y_pred'] = y_pred
        df_debug = df_debug[y_pred != y_test]
        df_debug.plot(kind='scatter', x=x1_label, y=x2_label,
                s=50, color='none', edgecolor='y', ax=ax)
        for i in df_debug.index:
            ax.text(s=df_debug.loc[i,'y_test'], x=df_debug.loc[i,
                x1_label]+0.01, y=df_debug.loc[i, x2_label]-0.05)

plot_decision_boundary(X_test, y_test, model, True)
```

┃ 執行結果

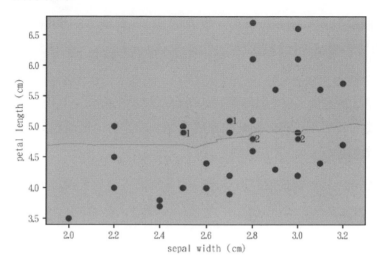

觀察發現，預測邊界不再是一條直線。資料裡有四筆錯誤也順利標示。

　　範例 7-7 要繪製標準化資料的預測邊界。將 model 參數用 model_pl 的結果輸入。雖然以混亂矩陣的角度來看，有無標準化結果是相同的；但從預測邊界的圖來看，兩者是有差異的。因此做 K 最近鄰，還是建議要做資料標準化。

範例 7-7　繪製標準化資料的預測邊界

┃ 程式碼

```
plot_decision_boundary(X_test, y_test, model_pl, True)
```

┃ 執行結果

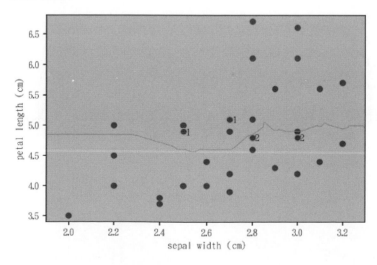

k 參數的選擇

　　K 最近鄰法可選擇的鄰居個數在 n_neighbors 參數，其預設為 5。範例 7-8 用 for 迴圈來測試不同的 n_neighbors 值會如何影響結果。觀察發現，正確率在 n_neighbors 等於 5 或 7 為最佳，正確率為 0.88。

　　上述的結論是否會有爭議呢？答案是，有。因為這個結果可能只是「瞎貓碰上死老鼠」，運氣好而已。也就是說，測試集的資料正好符合訓練出來的模型。請記得，**測試集只提供最後結果的輸出，不能用來做參數挑選。**

　　正確的參數挑選做法留在 GridSearch 網格搜尋那章再說明。目前各位只要知道，不同的參數會影響結果就好。

範例 7-8　**n_neighbors 數目的選擇**

▍**程式碼**

```
accs = []
for n in range(3,8):
    model_pl = make_pipeline(StandardScaler(),
                             KNeighborsClassifier(n_neighbors=n))
    model_pl.fit(X_train, y_train)
    print(f' 鄰居數 {n}，整體正確率：{model_pl.score(X_test, y_test).
                             round(2)}')
```

▍**執行結果**

```
鄰居數 3，整體正確率：0.85
鄰居數 4，整體正確率：0.82
鄰居數 5，整體正確率：0.88
鄰居數 6，整體正確率：0.85
鄰居數 7，整體正確率：0.88
```

　　接下來用全部的特徵值來預測，並用羅吉斯迴歸和 K 最近鄰法兩種演算法，結果會如何呢？

範例 7-9 用全部特徵值來分析

▌ 程式碼

```
iris = load_iris()
df = pd.DataFrame(iris['data'], columns=iris['feature_names'])
df['target'] = iris['target']
df = df.iloc[50:]
# 資料分割
X = df.drop('target', axis=1)
y = df['target']
X_train, X_test, y_train, y_test = train_test_split(X, y,
                                                    test_size=0.33,
                                                    random_state=42)
# 羅吉斯迴歸
from sklearn.linear_model import LogisticRegression
model_pl_lr = make_pipeline(StandardScaler(), LogisticRegression
                                            (solver='liblinear'))
model_pl_lr.fit(X_train, y_train)
print(f'羅吉斯迴歸正確率 {model_pl_lr.score(X_test, y_test).round(3)}')
# KNN
model_pl_knn = make_pipeline(StandardScaler(), KNeighborsClassifier())
model_pl_knn.fit(X_train, y_train)
print(f'KNN 正確率 {model_pl_knn.score(X_test, y_test).round(3)}')
```

▌ 執行結果

羅吉斯迴歸正確率 0.939
KNN 正確率 0.909

　　觀察發現，羅吉斯迴歸的正確率高於 K 最近鄰法，且高達 9 成 4。也因為用全部特徵值的關係，正確率高於前一章的結果。

7-4 主成分分析

　　接下來要介紹主成分分析法（principal component analysis, PCA），這個演算法背後的數學原理比較複雜，不多做說明。這個演算法的主要功用是降低資料的維度。

　　先建立 100 筆資料的二維資料散布圖，從範例 7-10 的執行結果看得出來，資料呈現某種正相關性。

範例 **7-10**　創建 **PCA** 用的資料

▌ 程式碼

```
np.random.seed(1)
x = np.linspace(-10, 10, 100)
y = 2 * x + 4*np.random.randn(100)
df_pca = pd.DataFrame(zip(x,y), columns=['x0','x1'])
plt.scatter(x, y);
```

▌ 執行結果

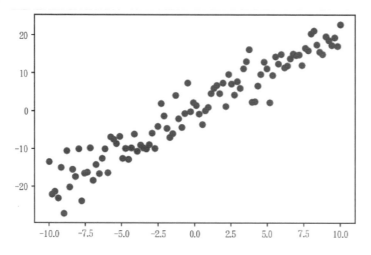

選擇能最大化代表資料的軸

如果希望將範例 7-10 的二維資料，用一維的軸來表示，哪一個軸會是最合適的呢？這就是主成分分析想幫我們做的事：將資料從高維度降低至低維度，並且能最大化保留資料的變異程度。

使用的方式仍是相同，先初始化物件，但因為要做資料轉換，就要用 fit_transform 函數。參數的 n_components 設為 1，因為資料要從原本的二維降低至一維。觀察結果發現，資料確實從原本的二維資料變成了一維資料。

範例 **7-11**　如何選擇軸，能最大化的代表這份二維資料

▌ 程式碼

```
from sklearn.decomposition import PCA
pca = PCA(n_components=1)
```

```
X_pca = pca.fit_transform(df_pca)
X_pca[:5]
```

執行結果

```
array([[16.64465063],
       [24.34275306],
       [23.58673821],
       [25.12086528],
       [17.60504644]])
```

　　那究竟這一維的資料對應回原本的二維空間是什麼呢？就是範例 7-12 執行結果中的斜線。這條線代表的意義就是：如果要將二維資料壓縮成一直線時，這一條直線最能代表原來的二維資料。從數學上來講，就是這條線保留最大的資料變異度。斜直線的答案看起來很合理。

範例 7-12　範例 7-11 得到的軸，繪製在原來的散布圖裡

程式碼

```
# 原來的資料
plt.scatter(x, y)
# 將 X_pca 轉到原本的資料維度
X_new = pca.inverse_transform(X_pca)
plt.scatter(X_new[:,0], X_new[:,1], c='r', alpha=0.3);
```

執行結果

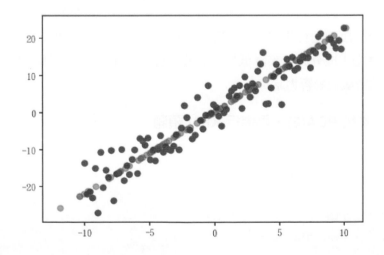

主成分分析的轉換係數

　　主成分分析會將原本的資料做線性組合，而產生主要成分。在 PCA 裡的 components_ 就能找到這個轉換係數。只要將原始資料與轉換係數做內積（相乘後再相加），就可得到主成分最後的數值。有興趣的讀者可以自己參考。

範例 7-13　主成分分析的轉換係數

▍程式碼

```
print(f'PCA 的轉換係數：{pca.components_}')
xy_0 = np.array([x[0],y[0]])
print(f' 第一筆原始資料：{xy_0}')
# 進行內積
print(f' 自行運算的內積結果：{np.sum(pca.components_ * xy_0)}')
print(f' 主成分的第一筆資料：{X_pca[0]}')
```

▍執行結果

```
PCA 的轉換係數：[[-0.41212534 -0.91112716]]
第一筆原始資料：[-10.        -13.50261855]
自行運算的內積結果：16.42385589968553
主成分的第一筆資料：[16.64465063]
```

　　接下來請將鳶尾花的資料進行標準化，再 PCA(2)，然後進行 KNN 預測。在 make_pipeline 裡一共進行三個步驟：標準化、主成分分析至二維，再用 K 最近鄰預測。在範例 7-14，就可以看到管道器的好用之處了。

　　觀察發現，正確率降低至 0.85，這是因為原本四個特徵值的資料降低到兩個特徵值。既然降低維度會降低正確率，那為什麼要進行主成分分析呢？原因一是速度考量，因為當資料具有非常多特徵值時，就可以透過主成分分析來降低特徵值的維度，加速運算。原因二是透過主成分分析有可能將會干擾的特徵值影響力拿掉。

範例 7-14　將資料標準化，然後 PCA(2)，再進行 KNN 預測

▍程式碼

```
model_pl = make_pipeline(StandardScaler(),
                         PCA(n_components=2),
                         KNeighborsClassifier())
model_pl.fit(X_train, y_train)
```

```
y_pred = model_pl.predict(X_test)
print(' 整體正確率 :',accuracy_score(y_test, y_pred).round(2))
```

▌ **執行結果**

整體正確率： 0.85

7-5　SelectKBest

另一種降低維度的方法，是 sklearn 裡的 SelectKBest，它能幫忙選出影響力最大的幾個特徵值。與主成份分析不同的是，它並沒有創造出特徵值，而是從眾多的特徵值裡面選出最重要的幾個。

SelectKBest 是在 feature_selection 模組。SelectKBest 的第一個參數是用來判斷的函數，如果是迴歸就選 f_regression，如果是類別預測就選 f_classif。第二個參數是 k，表示你需要幾個特徵值。

範例 7-15 用 **SelectKBest** 選出最好的兩個特徵值，並指出是哪兩個欄位

▌ **程式碼**

```
from sklearn.feature_selection import SelectKBest, f_classif
selector = SelectKBest(f_classif, k=2)
selector.fit(X_train, y_train)
selector.get_support()
```

▌ **執行結果**

```
array([False, False,  True,  True])
```

觀察發現是最後兩個欄位。

範例 7-16 呈上例，將取出的欄位名稱列出

▌ **程式碼**

```
X_test.columns[selector.get_support()]
```

▌ **執行結果**

```
Index(['petal length (cm)', 'petal width (cm)'], dtype='object')
```

　　得知 SelectKBest 認為最佳的兩個特徵值為 petal length (cm) 和 petal width (cm)。

　　在本章的最後，將創建一個管道器，將標準化、SelectKBest 和 K 最近鄰預測連結起來。

範例 7-17　創建管道器，連結標準化、**SelectKBest** 和 **K** 最近鄰預測

▌程式碼

```
model_pl = make_pipeline(StandardScaler(),
                         SelectKBest(f_classif, k=2),
                         KNeighborsClassifier())
model_pl.fit(X_train, y_train)
y_pred = model_pl.predict(X_test)
print(confusion_matrix(y_test, y_pred))
print(' 整體正確率 :',accuracy_score(y_test, y_pred).round(2))
```

▌執行結果

```
[[19  0]
 [ 2 12]]
整體正確率： 0.94
```

　　預測的正確率為 0.94。但是請不要開心得太早，得出這麼漂亮的結果有兩種可能的原因：

- 第一種：只是運氣好。測試集的資料剛好用這兩個特徵值能得到最好的預測效果。
- 第二種：有時無用的欄位反而會增加機器學習的負擔，降低其預測能力。因此有時將欄位減少，反而會增加模型預測的準確率。

章 末 習 題

1. 請用鳶尾花資料集，並用全部的欄位和資料來做預測。

   (1) 請不要用管道器，自行將所有過程用程式做出來。資料要進行標準化、主成分分析（n_components=2）和 K 最近鄰預測。

   (2) 請用管道器再做一次，並比較結果。希望你有觀察到，用管道器來做實驗是非常方便的。

2. 承第 1 題的資料，我們要做的是鄰居數目 n_neighbors 選擇的實驗，其範圍為 1 到 101，間距為 10，用 (range(1,101,10))，請分別用訓練集和測試集資料，計算其整體正確率，並討論其結果。

3. 請使用下面程式碼產生實驗資料，並繪製圖形觀察。

   ```
   from sklearn.datasets import make_classification
   X, y = make_classification(n_samples=1000, n_informative=2,
                              n_redundant=0, n_features=2,
                              n_classes=2, random_state=0)
   plt.scatter(X[:,0], X[:,1], c=y)
   ```

   (1) 將資料切割後，用 K 最近鄰模型預測，輸出正確率、混亂矩陣和綜合報告。

   (2) 用課本提供的程式來繪製預測邊界。

   (3) 請繪製 ROC 圖及計算其曲線面積。

4. 請使用下面程式碼產生實驗資料，並繪製圖形觀察。

   ```
   from sklearn.datasets import make_gaussian_quantiles
   X, y = make_gaussian_quantiles(cov=3.,
                                  n_samples=1000, n_features=2,
                                  n_classes=2, random_state=1)

   plt.scatter(X[:,0], X[:,1], c=y)
   ```

   (1) 將資料切割後，用 K 最近鄰模型預測，輸出正確率、混亂矩陣和綜合報告。

   (2) 用課本提供的程式來繪製預測邊界。

   (3) 請繪製 ROC 圖及計算其曲線面積。

5. 在第 4 題的執行結果中，K 最近鄰的結果還不錯。我們給它一個更大的挑戰：把特徵值的數目增加為 100，然後看看能不能夠依然得到很好的結果。請使用下面程式碼產生實驗資料。

```
from sklearn.datasets import make_gaussian_quantiles
X, y = make_gaussian_quantiles(cov=3., n_samples=1000,
                               n_features=100, n_classes=2,
                               random_state=1)
```

(1) 將資料切割後，用 K 最近鄰模型預測，輸出正確率、混亂矩陣和綜合報告。

(2) 請繪製 ROC 圖及計算其曲線面積。

6. 承第 5 題資料，

(1) 加入主成分分析，其 n_components=10，並輸出正確率、混亂矩陣和綜合報告。

(2) 加入 SelectKBest，其 k=10，再輸出正確率、混亂矩陣和綜合報告。

第 8 章

支持向量機

一直以來，支持向量機（Support Vector Machine, SVM）都是科學中最受歡迎的分類演算法。更特別的是，台大林智仁老師所開發的支持向量機，是最被廣泛使用的軟體。其實在 Python 裡的支持向量機，用的就是林教授所開發的 LIBSVM 版本，LIBSVM 至今已被下載超過 115 萬次，是台灣之光。

支持向量機的專業數學公式就不在本書說明，只簡略地用白話說明其背後主要原理：

1. 找出一個線性的平面，試圖將不同類別之間的距離最大化（請注意，此為簡化說明，內容不見得足夠精確）。

2. 如果無法做線性分割，就將不同類別的資料投射至高維度空間再做分割。你可以想像，若二維的資料無法做線性分割成兩類，將資料投射至三度空間再分割，就能解決在二維空間無法分割的問題了。

Python 裡的支持向量機，透過 kernel（核心）參數的選擇，可分為線性（linear）和非線性（rbf）支持向量機，其主要有兩個參數：

1. C：C 值是錯誤分類的處罰。**當 C 值大時，表示不允許分類錯誤的發生，其模型複雜度會提升。通常會提升正確率，但 C 過大時也會造成過度擬合（overfitting）的問題。反之，當 C 值小時能允許錯誤分類，通常會降低一些正確率，但其一般化（generalization）的程度也會比較好。因此，C 的選擇不能太大，也不能太小。**

2. 另一個參數是 gamma，僅在 kernel 為 rbf（非線性）的情形使用。當 kernel 為 rbf 時，會將資料映射到高維度空間，gamma 值則影響資料投射的情況。以幾何的觀點來看，**當 gamma 值增加時，會讓 Radial Basis Function（RBF）裡面的 σ 變小，而 σ 很小的高斯分布會又高又瘦，只讓在附近的資料點有所作用，通常會提升正確率，但 gamma 過大時，同樣會造成過度擬合的問題。**反之，當 gamma 變小，資料點的影響力範圍比較遠，因此能勾勒出平滑、近似直線的超平面，預測結果的一般化程度會比較好。讀者可以先參考第 11 章的數據模擬結果。

本章用的資料是鐵達尼號的資料。如果說鳶尾花資料集是資料學習的入門資料，那鐵達尼號絕對是最常被研究的資料。各位如果上網去找，就可以發現有多少程式都是針對鐵達尼號的沉船在做預測。

8-1　載入資料

資料來源是從 kaggle 網站下載，我們僅用訓練集資料，因為只有訓練集資料有目標值。

範例 8-1　載入資料（資料請放在工作目錄）

▌程式碼

```
import pandas as pd
import numpy as np
import matplotlib.pyplot as plt
import seaborn as sns
%matplotlib inline
plt.rcParams['font.sans-serif'] = ['DFKai-sb']
plt.rcParams['axes.unicode_minus'] = False
%config InlineBackend.figure_format = 'retina'
import warnings
warnings.filterwarnings('ignore')

df = pd.read_csv('titanic_train.csv')
df.head(1)
```

▌執行結果

	PassengerId	Survived	Pclass	Name	Sex	Age	SibSp	Parch	Ticket	Fare	Cabin	Embarked
0	1	0	3	Braund, Mr. Owen Harris	male	22.0	1	0	A/5 21171	7.25	NaN	S

接下來進一步對資料和資料欄位進行檢查和說明。在範例 8-2 用 df.info() 指令來完成這項工作，可以看到，資料共 891 筆。

範例 8-2　資料檢查和資料欄位說明

▌ 程式碼

```
df.info()
```

▌ 執行結果

```
<class 'pandas.core.frame.DataFrame'>
RangeIndex: 891 entries, 0 to 890
Data columns (total 12 columns):
 #   Column       Non-Null Count  Dtype
---  ------       --------------  -----
 0   PassengerId  891 non-null    int64
 1   Survived     891 non-null    int64
 2   Pclass       891 non-null    int64
 3   Name         891 non-null    object
 4   Sex          891 non-null    object
 5   Age          714 non-null    float64
 6   SibSp        891 non-null    int64
 7   Parch        891 non-null    int64
 8   Ticket       891 non-null    object
 9   Fare         891 non-null    float64
 10  Cabin        204 non-null    object
 11  Embarked     889 non-null    object
dtypes: float64(2), int64(5), object(5)
memory usage: 83.7+ KB
```

各欄位說明如下：

- **PassengerID**：是無意義欄位，可移除。

- **Survived**：是存活與否（**1** 為獲救，**0** 為未獲救），是我們的目標預測值。

- **Pclass**：是船艙等級，有三個等級，其值分別是 **1**、**2**、**3**。

- **Name**：名字，可移除。

- **Sex**：性別，在資料裡屬類別型變數，有 **male** 和 **female**。

- **Age**：年齡，只有 **714** 筆，顯然有遺漏值。

- **SibSp**：即 **sibling and spouse**，兄弟姐妹和配偶人數，是數值型資料。

- **Parch**：**parents and children**，父母和小孩人數，亦是數值型資料。
- **Ticket**：船票資訊，不在本次分析，會刪除。
- **Fare**：船票價格，是數值型資料。
- **Cabin**：僅 **204** 筆資料，遺漏值過多，會刪除。
- **Embarked**：登船港口，爲類別型資料，共有三個上船點，分別爲 **C**：**Cherbourg**、**Q**：**Queenstown**、**S**：**Southampton**。

很顯然地，這個資料集比起鳶尾花來得複雜。我們面對的問題有遺漏值、連續型和類別型資料的分別處理等。因此可以預想，最少要兩個管道器來分別處理連續型和類別型資料。學完這個例子，你就已經具備分析一般真實數據的能力了。

繼續檢查資料。

範例 8-3 檢視目標值 **Survived** 的分布

程式碼

```
pd.concat([df['Survived'].value_counts(),
           df['Survived'].value_counts(normalize=True)],
          axis=1, keys=[' 個數 ',' 百分比 '])
```

執行結果

	個數	百分比
0	549	0.616162
1	342	0.383838

死亡其值爲 0，約佔 6 成。存活爲 1，約佔 4 成。資料的分布還算平均。

然後移除不必要的欄位。在這份資料中 PassengerId、Name（名字）看起來沒太大意義，因爲 PassengerId、名字應該不會影響到存活。Ticket 票券資訊的分析太過複雜，本章也會刪除。而 Cabin 則是遺漏值太多，也刪除。

範例 8-4 移除 PassengerId、Name、Ticket、Cabin 欄位

程式碼

```
df = df.drop(['PassengerId', 'Name', 'Ticket', 'Cabin'], axis=1)
df.head()
```

執行結果

	Survived	Pclass	Sex	Age	SibSp	Parch	Fare	Embarked
0	0	3	male	22.0	1	0	7.2500	S
1	1	1	female	38.0	1	0	71.2833	C
2	1	3	female	26.0	0	0	7.9250	S
3	1	1	female	35.0	1	0	53.1000	S
4	0	3	male	35.0	0	0	8.0500	S

範例 8-5 示範檢查遺漏值。

範例 8-5 遺漏值檢查

程式碼

```
df.isnull().sum()
```

執行結果

```
Survived      0
Pclass        0
Sex           0
Age         177
SibSp         0
Parch         0
Fare          0
Embarked      2
dtype: int64
```

從執行結果得知，Age 有 177 筆資料有缺漏，Embarked 有兩筆。

8-2 資料探索

範例 8-6 用 **seaborn** 的 **pairplot** 來快速檢視變數關係

▌ 程式碼

```
sns.pairplot(data=df, hue='Survived',
             size=2, diag_kws={'bw':0.1});
```

▌ 執行結果

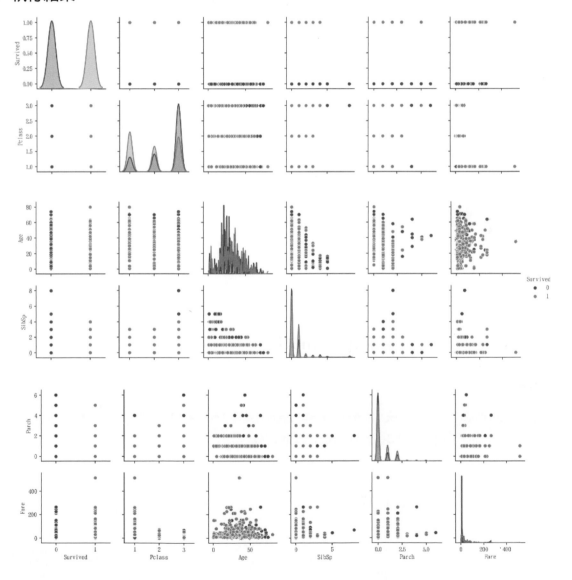

　　簡單觀察發現，Pclass 值為 3 的死亡人數最高。以年紀來看，則是 20-30 歲的死亡人數較高。兄弟和配偶數過低的死亡人數較高。船票費用低的死亡人數較高。由於 pairplot 只選用數值型變數，類別型變數的資料探索就要使用 pandas 來處理。接下來僅做簡單探索，詳細的資料探索，可參閱《一行指令學 Python：用 Pandas 掌握商務大數據分析》一書。

範例 8-7　檢視性別與存活的關係

▍程式碼

```
df.groupby('Sex')['Survived'].value_counts().\
unstack(1).plot(kind='bar', figsize=(5,3));
```

▍執行結果

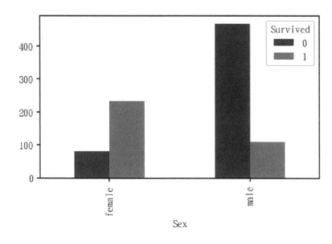

　　女性存活率較高。

範例 8-8　範例 8-7 也可以用 **seaborn** 來做

▍程式碼

```
sns.countplot(x='Sex', order=['female','male'],
              hue='Survived', data=df);
```

▌ 執行結果

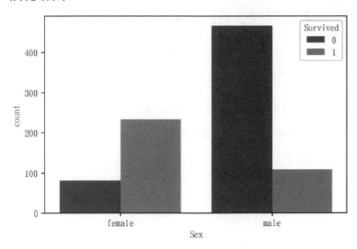

範例 8-9　檢視年齡與存活率的關係

▌ 程式碼

```
df.groupby('Survived')['Age'].plot(kind='hist', alpha=0.6,
                                    bins=30, legend=True);
```

▌ 執行結果

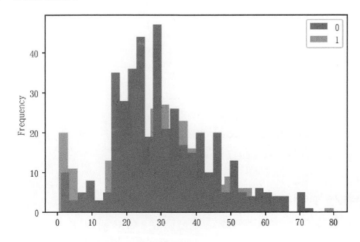

約莫 15-35 歲左右死亡人數較高。

8-3　資料預處理

在本章範例中，類別型變數包括船艙等級 Pclass、性別 Sex、出發地 Embarked，其餘變數皆為連續型變數。先將所有欄位變數和其對應的欄位設置好。

- **X_col_num**：為連續型資料的欄位變數 **['Age', 'SibSp', 'Parch', 'Fare']**。
- **X_col_cat**：為類別型的欄位變數 **['Pclass', 'Sex', 'Embarked']**。
- **X_cols**：為所有資料欄位的變數（除了目標值）。
- **y_col**：為目標值欄位變數。

範例 8-10 欄位處理

▌程式碼

```
X_col_num = ['Age', 'SibSp', 'Parch', 'Fare']
X_col_cat = ['Pclass', 'Sex', 'Embarked']
X_cols = X_col_num + X_col_cat
y_col = 'Survived'
```

再來處理數值型資料的遺漏值，我們這次用中位數取代遺漏值，再將資料做標準化。

檢視結果，四個欄位的資料都被做標準化了。

範例 8-11 數值型資料的管道器

▌程式碼

```
from sklearn.impute import SimpleImputer
from sklearn.preprocessing import StandardScaler
from sklearn.pipeline import make_pipeline
num_pl = make_pipeline(
    SimpleImputer(strategy='median'),
    StandardScaler()
)
# 檢查數值管道器的運作
print(f' 數值型資料的欄位有：{X_col_num}')
num_pl.fit_transform(df[X_col_num])[:3]
```

執行結果

數值型資料的欄位有：['Age', 'SibSp', 'Parch', 'Fare']
```
array([[-0.56573646,  0.43279337, -0.47367361, -0.50244517],
       [ 0.66386103,  0.43279337, -0.47367361,  0.78684529],
       [-0.25833709, -0.4745452 , -0.47367361, -0.48885426]])
```

接下來處理類別型資料的遺漏值，用眾數（most_frequent）取代遺漏值，再做獨熱編碼。

範例 8-12　類別型資料的管道器

程式碼

```
from sklearn.preprocessing import OneHotEncoder
cat_pl = make_pipeline(
    SimpleImputer(strategy='most_frequent'),
    OneHotEncoder(sparse=False)
)
# 檢查類別管道器的運作
cat_pl.fit_transform(df[X_col_cat])[:3]
```

執行結果

```
array([[0., 0., 1., 0., 1., 0., 0., 1.],
       [1., 0., 0., 1., 0., 1., 0., 0.],
       [0., 0., 1., 1., 0., 0., 0., 1.]])
```

範例 8-13　取得類別管道器裡的獨熱編碼欄位

程式碼

```
oh = cat_pl.named_steps['onehotencoder']
oh_cols = oh.get_feature_names(X_col_cat)
oh_cols
```

執行結果

```
array(['Pclass_1', 'Pclass_2', 'Pclass_3', 'Sex_female', 'Sex_
male',
       'Embarked_C', 'Embarked_Q', 'Embarked_S'], dtype=object)
```

如果想進一步檢視資料，可以將獨熱編碼資料和其欄位整合在一起來看。

範例 8-14 將獨熱編碼資料和其欄位整合在一起

▌程式碼

```
pd.DataFrame(cat_pl.fit_transform(df[X_col_cat]),
             columns=oh_cols).head()
```

▌執行結果

	Pclass_1	Pclass_2	Pclass_3	Sex_female	Sex_male	Embarked_C	Embarked_Q	Embarked_S
0	0.0	0.0	1.0	0.0	1.0	0.0	0.0	1.0
1	1.0	0.0	0.0	1.0	0.0	1.0	0.0	0.0
2	0.0	0.0	1.0	1.0	0.0	0.0	0.0	1.0
3	1.0	0.0	0.0	1.0	0.0	0.0	0.0	1.0
4	0.0	0.0	1.0	0.0	1.0	0.0	0.0	1.0

　　再來利用「水平合併器」整合數值和類別資料管道器，並檢視資料。data_pl 是水平整合器，只要用 fit_transform 就能將所有資料都處理好。最後的資料輸出就是經過遺漏值處理、標準化和獨熱編碼的結果。目前某些資料處理動作有點累贅，是為了讓各位更清楚整個過程。隨著各位更熟悉這些方法，後面章節會將這些流程都省略。

範例 8-15 用「水平合併器」整合數值和類別資料管道器，並檢視資料

▌程式碼

```
from sklearn.compose import ColumnTransformer
data_pl = ColumnTransformer([
    ('num_pl', num_pl, X_col_num),
    ('cat_pl', cat_pl, X_col_cat)
])
data_pl.fit_transform(df[X_cols])[:1].round(2)
```

▌執行結果

```
array([[-0.57,  0.43, -0.47, -0.5 ,  0. ,  0. ,  1. ,  0. ,
         1. ,  0. ,  0. ,  1. ]])
```

範例 8-16 將資料切成訓練集和測試集

▌ 程式碼

```
from sklearn.model_selection import train_test_split
X = df[X_cols]
y = df[y_col]
X_train, X_test, y_train, y_test = train_test_split(X, y,
                                                    test_size=0.33,
                                                    random_state=42)
```

8-4 將預測器加入管道器

　　支持向量機是在 svm 模組裡。如果要做的是分類預測，就選 SVC；如果要做數值預測，就選 SVR。我們用 make_pipeline 將原本的 data_pl 和 SVC() 預測器連結起來。這裡的 model_pl_svc 已經同時具備資料處理和支持向量機預測的功能。在本例我們暫用 SVC 的內定參數，不額外指定。

範例 8-17 將支持向量機也加入管道器裡

▌ 程式碼

```
from sklearn.svm import SVC
model_pl_svc = make_pipeline(data_pl, SVC())
model_pl_svc
```

▌ 執行結果

```
Pipeline(memory=None,
     steps=[('columntransformer', ColumnTransformer(n_jobs=None,
         remainder='drop', sparse_threshold=0.3,
         transformer_weights=None,
         transformers=[('num_pl', Pipeline(memory=None,
     steps=[('simpleimputer', SimpleImputer(copy=True, fill_
                                value=None, missing_values=nan,
     strategy='...f', max_iter=-1, probability=False, random_
                                                state=None,
    shrinking=True, tol=0.001, verbose=False))])
```

你可以想像，model_pl_svc 就像一般的預測器一樣，但它的 fit 則是完成了資料轉換學習和預測學習，功能是很強大的。能這麼簡單又強大的原因是因為：我們將管道器設置得很完整，才讓它同時具備資料處理和機器學習的能力。

範例 8-18　用 mode_pl_svc 來做機器學習和預測

▌程式碼

```
from sklearn.metrics import confusion_matrix, accuracy_score,
classification_report
model_pl_svc.fit(X_train, y_train)
y_pred = model_pl_svc.predict(X_test)
print('正確率：', accuracy_score(y_test, y_pred).round(2))
print('混亂矩陣')
print(confusion_matrix(y_test, y_pred))
print('綜合報告')
print(classification_report(y_test, y_pred))
```

▌執行結果

```
正確率： 0.83
混亂矩陣
[[158  17]
 [ 32  88]]
綜合報告
              precision    recall  f1-score   support

           0       0.83      0.90      0.87       175
           1       0.84      0.73      0.78       120

   micro avg       0.83      0.83      0.83       295
   macro avg       0.83      0.82      0.82       295
weighted avg       0.83      0.83      0.83       295
```

若要用羅吉斯迴歸來做預測，由於管道器都已設置好，只需將預測模型從支持向量機換成羅吉斯迴歸即可。

範例 8-19 用羅吉斯迴歸來做預測

程式碼

```
from sklearn.linear_model import LogisticRegression
model_pl_lr = make_pipeline(data_pl, LogisticRegression())
model_pl_lr.fit(X_train, y_train)
y_pred = model_pl_lr.predict(X_test)
print(' 正確率：', accuracy_score(y_test, y_pred).round(2))
print(' 混亂矩陣 ')
print(confusion_matrix(y_test, y_pred))
print(' 綜合報告 ')
print(classification_report(y_test, y_pred))
```

執行結果

```
正確率： 0.81
混亂矩陣
[[154  21]
 [ 35  85]]
綜合報告
              precision    recall  f1-score   support

           0       0.81      0.88      0.85       175
           1       0.80      0.71      0.75       120

   micro avg       0.81      0.81      0.81       295
   macro avg       0.81      0.79      0.80       295
weighted avg       0.81      0.81      0.81       295
```

正確率由原本的 0.83 稍降至 0.81。

8-5 綜合練習

本節希望透過這些練習，讓讀者更熟悉管道器的使用。

範例 8-20 是將 'p_class' 從類別型管道，移到數值型管道。雖然 p_class 是類別型資料，但經過獨熱編碼處理後，也失去了艙等 1 優於艙等 2 和艙等 3 的資訊。這個範例如果不用管道器來實作會相對麻煩。但如果你已設好所有管道器，則只需要在 ColumnTransformer 裡將相對應的欄位修改即可。有趣的是，正確率有稍微提升一些。換言之，p_class 經過獨熱編碼後，有可能會失去一些和資料順序性相關的資訊。

範例 8-20 將 'p_class' 從類別型管道，移到數值型管道

程式碼

```
data_pl = ColumnTransformer([
    ('num_pl', num_pl, ['Age', 'SibSp', 'Parch', 'Fare', 'Pclass']),
    ('cat_pl', cat_pl, ['Sex', 'Embarked'])
])
model_pl_svc = make_pipeline(data_pl, SVC())
model_pl_svc.fit(X_train, y_train)
y_pred = model_pl_svc.predict(X_test)
print(' 正確率 : ', accuracy_score(y_test, y_pred).round(2))
print(' 混亂矩陣 ')
print(confusion_matrix(y_test, y_pred))
```

執行結果

```
正確率 :  0.84
混亂矩陣
[[158  17]
 [ 30  90]]
```

範例 8-21 將 SelectKBest 加到資料管道器的後端，並選最重要的 3 個特徵值

程式碼

```
from sklearn.feature_selection import SelectKBest, f_classif
data_pl = ColumnTransformer([
    ('num_pl', num_pl, X_col_num),
```

```
      ('cat_pl', cat_pl, X_col_cat)
])
model_pl_svc = make_pipeline(data_pl,
                             SelectKBest(f_classif, k=3),
                             SVC())
model_pl_svc.fit(X_train, y_train)
y_pred = model_pl_svc.predict(X_test)
print(' 正確率：', accuracy_score(y_test, y_pred).round(2))
print(' 混亂矩陣 ')
print(confusion_matrix(y_test, y_pred))
```

▌**執行結果**

正確率： 0.77
混亂矩陣
[[170   5]
 [62   58]]

用 3 個特徵值，正確率約 7 成 7。

範例 8-22　找出範例 **8-21** 找到的特徵值是哪些

▌**程式碼**

```
# 先取到所有欄位名稱含獨熱編碼的欄位
cols = X_col_num + oh_cols.tolist()
selector = model_pl_svc.named_steps['selectkbest']
# 先將資料變成 array 的資料型態，再用布林值取出欄位名稱
np.array(cols)[selector.get_support()]
```

▌**執行結果**

```
array(['Pclass_3', 'Sex_female', 'Sex_male'], dtype='<U10')
```

結果發現**艙等（Pclass）、性別（Sex_female、Sex_male）**最有影響力。

範例 8-23 示範用 KBinsDiscretizer 做非線性的分割。有時候我們會想將連續型資料做非線性的資料切割到不同的區間，這時就可以用 KBinsDiscretizer 轉換器。在本例我們將 SibSp 和 Parch 分成五個區間，再來進行預測。其次對於類別型資料，我們的遺漏值處理方式是用常數方式 missing。

範例 8-23 用 **KBinsDiscretizer** 做非線性的分割

▌ 程式碼

```python
from sklearn.preprocessing import KBinsDiscretizer
# 欄位
X_col_num = ['Fare', 'Age']
X_col_bin = ['SibSp', 'Parch']
X_col_cat = ['Pclass', 'Sex', 'Embarked']
# 資料管道器
num_pl = make_pipeline(
    SimpleImputer(strategy='mean'),
    StandardScaler()
)
bin_pl = make_pipeline(
    SimpleImputer(strategy='mean'),
    KBinsDiscretizer(n_bins=5, encode='ordinal'),
)
cat_pl = make_pipeline(
    SimpleImputer(strategy='constant', fill_value='missing'),
    OneHotEncoder()
)
# 合併後的資料管道器
data_pl = ColumnTransformer([
    ('num', num_pl, X_col_num),
    ('bin', bin_pl, X_col_bin),
    ('cat', cat_pl, X_col_cat)
])
# 模型預測
model_pl = make_pipeline(data_pl, SVC())
model_pl.fit(X_train, y_train)
y_pred = model_pl.predict(X_test)
print(confusion_matrix(y_test, y_pred))
print(' 整體正確率 :',accuracy_score(y_test, y_pred).round(2))
```

▌ **執行結果**

```
[[156  19]
 [ 37  83]]
整體正確率: 0.81
```

8-6　小結

　　目前看來，最好的預測率都約 8 成，這結果是好還是壞呢？個人認為是好的。因為一個人的生與死，既使是船難，我們都很難準確預測。鐵達尼號的資料不像我們在預測鳶尾花，其難度和複雜度是截然不同的。不過只透過幾行程式，我們就能得到 8 成左右的準確率，你就知道，這本書所提供的學習方法是非常值得花時間深究的。

章 末 習 題

　　先用以下程式碼載入資料：

```
df = pd.read_csv('titanic_train.csv')
df = df.drop(['PassengerId', 'Name', 'Ticket', 'Cabin'], axis=1)
X = df.drop('Survived', axis=1)
y = df['Survived']
X_train, X_test, y_train, y_test = train_test_split(X, y, test_size=0.33)
```

1. 請做出三個資料管道器。
   (1) log_pl 包含遺漏值（平均值）、FunctionTransformer（np.log1p）、標準差。
   (2) num_pl 包含遺漏值（平均值）、標準差。
   (3) cat_pl 包含遺漏值（用常數 'missing'）、獨熱編碼。
   其中 ['Age','Fare'] 去 log_pl，['SibSp','Parch','Pclass'] 去 num_pl，['Sex','Embarked'] 去 cat_pl，請問最後的正確率是多少？

2. 承上，
   (1) 請在支持向量機裡將 C 設為 1000，並同時列出訓練集和測試集的混亂矩陣和整體正確率。請問你觀察到了什麼？
   (2) 請在支持向量機裡將 C 設為 0.01，並同時列出訓練集和測試集的混亂矩陣和整體正確率。請問你觀察到了什麼？

3. 承上，

   (1) 請在支持向量機裡將 gamma 設為 1000，並同時列出訓練集和測試集的混亂矩陣和整體正確率。請問你觀察到了什麼？

   (2) 請在支持向量機裡將 gamma 設為 0.001，並同時列出訓練集和測試集的混亂矩陣和整體正確率。請問你觀察到了什麼？

4. 承上，將支持向量機改為 K 最近鄰法來做預測。

5. 請使用下面程式碼產生實驗資料，並繪製圖形觀察。

```
from sklearn.datasets import make_classification
X, y = make_classification(n_samples=1000, n_informative=2, n_
redundant=0, n_features=2, n_classes=2, random_state=0)
plt.scatter(X[:,0], X[:,1], c=y)
```

   (1) 將資料切割後，用支持向量機預測（SVC(probability=True)），輸出正確率、混亂矩陣和綜合報告。

   (2) 用課本提供的程式來繪製預測邊界。

   (3) 請繪製 ROC 圖及計算其曲線面積。

6. 請使用下列程式碼產生實驗資料，並繪製圖形觀察。

```
from sklearn.datasets import make_gaussian_quantiles
X, y = make_gaussian_quantiles(cov=3.,
                               n_samples=1000, n_features=2,
                               n_classes=2, random_state=1)

plt.scatter(X[:,0], X[:,1], c=y)
```

   (1) 將資料切割後，用支持向量機，輸出正確率、混亂矩陣和綜合報告。

   (2) 用課本提供的程式來繪製預測邊界。

   (3) 請繪製 ROC 圖及計算其曲線面積。

7. 在上一章裡，K 最近鄰對於高維度（高特徵值）的資料分類結果並不是很好，我們來實驗看看支持向量機的結果如何。

```
from sklearn.datasets import make_gaussian_quantiles
X, y = make_gaussian_quantiles(cov=3.,
                               n_samples=1000, n_features=100,
                               n_classes=2, random_state=1)
```

   (1) 將資料切割後，用支持向量機預測，輸出正確率、混亂矩陣和綜合報告。

   (2) 請繪製 ROC 圖及計算其曲線面積。

第 9 章
決策樹

━━━━━━ 本章學習重點 ━━━━━━

■ 決策樹的優點
■ 決策樹預測模型易有過度擬合的問題
■ 如何解決決策樹過度擬合的問題
■ 用決策樹探索特徵值的重要性
■ 決策樹圖的繪製
■ 決策樹圖的解讀

到目前為止所學習到的機器演算法都能有相當不錯的預測結果，但始終可惜的是，我們並不曉得這些演算法是如何做預測的，它的判斷準則又是什麼？對人類而言，我們想知道的不僅是結果，更想知道判斷的準則是什麼。這種可以內化和推理的知識，可以幫助我們在未來解決類似的問題。機器學習裡能夠產生判斷準則的演算法叫做決策樹。在本章就要介紹這個神奇的演算法。

什麼是決策樹呢？它就像我們的思維過程。用鐵達尼號的資料來說明，我們想知道誰會存活下來，它的第一個判斷條件可能是性別，因為用性別來預測最可能知道誰會存活下來。當用性別將樣本分成兩個族群之後，再選出下一個判斷條件。整個判斷流程就構成所謂的決策樹（因為長得像樹），也就是決策的流程。因此在本章，不僅會有預測結果，更要繪製出所謂的決策樹。

9-1　載入資料

本章仍然使用鐵達尼號的數據。由於在上一章已做過資料檢視、資料探索和資料預處理，本章就會跳過這些部分。

範例 9-1 載入資料

▌程式碼

```python
import pandas as pd
import numpy as np
import matplotlib.pyplot as plt
import seaborn as sns
%matplotlib inline
plt.rcParams['font.sans-serif'] = ['DFKai-sb']
plt.rcParams['axes.unicode_minus'] = False
%config InlineBackend.figure_format = 'retina'
import warnings
warnings.filterwarnings('ignore')

# 資料載入
df = pd.read_csv('titanic_train.csv')
df = df.drop(['PassengerId', 'Name', 'Ticket', 'Cabin'], axis=1)
# 欄位設定
X_col_num = ['Age', 'SibSp', 'Parch', 'Fare']
```

```
X_col_cat = ['Pclass', 'Sex', 'Embarked']
X_cols = X_col_num + X_col_cat
y_col = 'Survived'
# 資料切割成訓練集和測試集
from sklearn.model_selection import train_test_split
X = df[X_cols]
y = df[y_col]
X_train, X_test, y_train, y_test = train_test_split(X, y,
                                      est_size=0.33, random_state=42)
df.head()
```

執行結果

	Survived	Pclass	Sex	Age	SibSp	Parch	Fare	Embarked
0	0	3	male	22.0	1	0	7.2500	S
1	1	1	female	38.0	1	0	71.2833	C
2	1	3	female	26.0	0	0	7.9250	S
3	1	1	female	35.0	1	0	53.1000	S
4	0	3	male	35.0	0	0	8.0500	S

　　先實作資料管道器，並檢視是可用的。**由於決策樹不受資料範圍的影響，因此 StandardScaler() 可以刪除**，並不影響結果。

範例 9-2　先實作資料管道器，並檢視是可用的

程式碼

```
from sklearn.pipeline import make_pipeline
from sklearn.impute import SimpleImputer
from sklearn.preprocessing import OneHotEncoder
from sklearn.compose import ColumnTransformer
num_pl = make_pipeline(
    SimpleImputer(strategy='median')
)
cat_pl = make_pipeline(
    SimpleImputer(strategy='most_frequent'),
    OneHotEncoder(sparse=False)
)
```

```
data_pl = ColumnTransformer([
    ('num_pl', num_pl, X_col_num),
    ('cat_pl', cat_pl, X_col_cat)
])
data_pl.fit_transform(X_train)[:1]
```

▌ 執行結果

```
array([[54.    , 0.    , 0.    , 51.8625, 1.    , 0.    , 0.    ,
         0.    , 1.    , 0.    , 0.    , 1.    ]])
```

9-2 決策樹預測模型

範例 9-3 將決策樹也加入資料管道器裡，製作決策樹預測模型，用「訓練集」來觀察結果。觀察發現，「訓練集」的預測結果高達 9 成 8，這是好事嗎？通常不是。**當訓練集的預測結果很高時，通常表示模型有過度擬合（overfitting）的情形發生。** 也就是說，它對於已知的樣本預測正確率會很高，但對於未知樣本的預測正確率會很低。

範例 9-3 製作決策樹預測模型，用「訓練集」來觀察結果

▌ 程式碼

```
from sklearn.tree import DecisionTreeClassifier
from sklearn.metrics import confusion_matrix, accuracy_score
model_pl_tree = make_pipeline(data_pl,
                              DecisionTreeClassifier(random_state=42))
model_pl_tree.fit(X_train, y_train)
y_pred = model_pl_tree.predict(X_train)
print(' 正確率：', accuracy_score(y_train, y_pred).round(2))
print(' 混亂矩陣 ')
print(confusion_matrix(y_train, y_pred))
```

▌ 執行結果

```
正確率： 0.98
混亂矩陣
[[373   1]
 [ 11 211]]
```

再用決策樹模型來預測「測試集」的結果，如範例 9-4。觀察結果果然會發現，正確率大幅下降至 0.74。換言之，決策樹的演算法能將任何的小細節都學習起來。但對於新的、不同的資料反而會有反效果。換言之，如果你確定訓練集與測試集的資料是完全相同的，決策樹的過度學習就不會是問題。但如果新資料會有些不同，你就要加些參數讓它能提早停止學習。這和人類學習的過程是相同的，我們希望學生能夠舉一反三，而不是死背。**過度擬合就是死背**。如何解決這個問題呢？第 1 種常用的方法是限制決策樹的「深度」來預防過度擬合的發生。我們會在範例 9-5 說明。

範例 9-4 用決策樹模型來預測「測試集」的結果

▍程式碼

```
y_pred = model_pl_tree.predict(X_test)
print('正確率：', accuracy_score(y_test, y_pred).round(2))
print('混亂矩陣')
print(confusion_matrix(y_test, y_pred))
```

▍執行結果

```
正確率： 0.74
混亂矩陣
[[133  42]
 [ 35  85]]
```

9-3 解決過度擬合的問題

範例 9-5 決策樹的「深度」設定為 4

▍程式碼

```
model_pl_tree = make_pipeline(
    data_pl,
    DecisionTreeClassifier(max_depth=4, random_state=42)
)
model_pl_tree.fit(X_train, y_train)
print('「訓練集」的正確率：', model_pl_tree.score(X_train, y_train).round(2))
print('「測試集」的正確率：', model_pl_tree.score(X_test, y_test).round(2))
```

▍執行結果

```
「訓練集」的正確率： 0.84
「測試集」的正確率： 0.81
```

　　當限制深度為 4 時，雖然因模型的複雜程度下降，而導致訓練集的正確率下降到 0.84，但其對測試集的預測結果，反而是從 0.74 上升到 0.81。這結果說明，**學習要學的是通則**，而不是細則。那麼要如何知道深度多少為最佳呢？在範例 9-6，我們來做個實驗。

範例 9-6 用不同的決策樹深度來觀察「訓練集」和「測試集」的結果變化

▌程式碼

```
acc_train = []
acc_test = []
n_depth = range(2,25)
for n in n_depth:
    model_pl_tree = make_pipeline(
        data_pl,
        DecisionTreeClassifier(max_depth=n, random_state=42)
    )
    model_pl_tree.fit(X_train, y_train)
    acc_train.append(model_pl_tree.score(X_train, y_train))
    acc_test.append(model_pl_tree.score(X_test, y_test))
# 繪圖開始

plt.plot(n_depth, acc_train, marker='o', label=' 訓練集 ')
plt.plot(n_depth, acc_test, c='green',
        marker='+', ls='--', label=' 測試集 ')
plt.xticks(n_depth, n_depth)
plt.legend();
```

▌執行結果

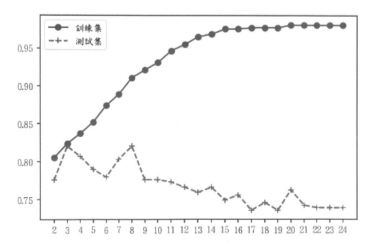

　　觀察發現，當深度增加時，訓練集的正確率會不斷提升，但測試集的正確率就比較有趣，是先上升後下降，再升上後，又下降。爲什麼會有上升又有下降？原因之一就是筆者前面所講的，因爲預測模型剛好瞎貓碰到死老鼠，猜對了測試集的結果，所以預測就突然上升。原因之二就是預測模型還沒有完全穩定下來，因此預測結果的正確率會上上下下。

　　從結果來觀察，當深度超過 8 時，過度擬合的情況就發生了。這個例子也再次說明，我們必須用一些方法，來限制機器學習因過度學習所造成的過度擬合問題。其次，**評斷機器學習的好壞，也必須用新的資料（如測試集）來做判斷**。

　　除了限制決策樹的深度外，另一種避免過度擬合發生的方法是「判斷節點的樣本數」。當節點的樣本數小於 min_samples_split（允許最小分割樣本數）就不再往下進行分割。換言之，當 min_samples_split 值愈小時，決策樹會學得愈深，訓練集正確率會較高，但也容易有過度擬合的情況。隨著 min_samples_split 增加，決策樹會較淺，訓練集預測結果會下降，但也比較不會有過度擬合的情況。這種方式的優點是，會依照節點樣本數來決定決策樹的深度，而非均一的限制，彈性較高。

範例 9-7　透過 **min_samples_split** 來避免過度擬合發生

▌ 程式碼

```
acc_train = []
acc_test = []
n_range = range(2,100,3)
for n in n_range:
    model_pl_tree = make_pipeline(data_pl,
                                  DecisionTreeClassifier(random_
                                  state=42, min_samples_split=n))
    model_pl_tree.fit(X_train, y_train)
    acc_train.append(model_pl_tree.score(X_train, y_train).round(2))
    acc_test.append(model_pl_tree.score(X_test, y_test).round(2))
plt.plot(n_range, acc_train, marker='o', label=' 訓練集 ')
plt.plot(n_range, acc_test, c='green', marker='+', ls='--', label=' 測試集 ')
plt.legend();
```

執行結果

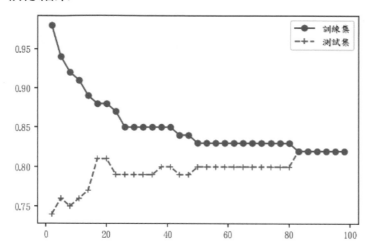

　　觀察結果發現，當 min_samples_split 為 2 時，因為決策樹深度是最深的，有過度擬合的情況發生。此時訓練集和測試集的預測結果差異是最大的。隨著 min_samples_split 的提升，訓練集和測試集的結果逐漸變成是一致的，這種方式看起來收斂比較溫和，也比較合理，但參數的選擇範圍就較大。。

9-4　探索特徵值

　　本章一開始就說過，決策樹是特別適合用來了解機器學習是如何預測的。其中的一種方式，就是將特徵值的影響由大到小排序。由於這個影響力的大小存放在管道器的決策樹結果裡，因此要先用 named_steps 選到決策樹，之後才能選到具影響力的值 feature_importances_。

範例 9-8　用決策樹了解哪些特徵值是重要的

程式碼

```
model_pl_tree = make_pipeline(
    data_pl,
    DecisionTreeClassifier(max_depth=4, random_state=42)
)
model_pl_tree.fit(X_train, y_train)
tree = model_pl_tree.named_steps['decisiontreeclassifier']
feature_importance = tree.feature_importances_.round(3)
feature_importance
```

▌ 執行結果

```
array([0.099, 0.043, 0.   , 0.093, 0.   , 0.   , 0.185, 0.561, 0.   ,
       0.   , 0.   , 0.019])
```

範例 9-8 雖然取到特徵值的係數，但我們並不知道係數對應到的特徵值是什麼，因此要手動把特徵值弄出來。範例 9-9 的特徵值有分成數值型欄位和類別型欄位；類別型欄位另外有經過獨熱編碼處理，所以記得要進一步取經過獨熱編碼後的特徵值。

【範例 9-9】 取出係數的對應欄位

▌ 程式碼

```
print(f' 數值型特徵值 {X_col_num}')
print(f' 類別型特徵值 {X_col_cat}')
cat_pl = data_pl.named_transformers_['cat_pl']
oh_cols = cat_pl.named_steps['onehotencoder'].\
get_feature_names(X_col_cat)
print(f' 獨熱編碼後的特徵值。{oh_cols}')
cols = X_col_num + oh_cols.tolist()
print(f' 所有欄位 {cols}')
```

▌ 執行結果

```
數值型特徵值 ['Age', 'SibSp', 'Parch', 'Fare']
類別型特徵值 ['Pclass', 'Sex', 'Embarked']
獨熱編碼後的特徵值。['Pclass_1' 'Pclass_2' 'Pclass_3' 'Sex_female'
                    'Sex_male' 'Embarked_C' 'Embarked_Q' 'Embarked_S']
```

所有欄位 ['Age', 'SibSp', 'Parch', 'Fare', 'Pclass_1', 'Pclass_2', 'Pclass_3', 'Sex_female', 'Sex_male', 'Embarked_C', 'Embarked_Q', 'Embarked_S']

範例 9-10 裡最重要的係數是性別女、艙等 3、年齡、費用。結果也發現親人的人數、出發地的影響都很小。

範例 9-10   將係數和特徵值名稱結合起來，並依係數大小排序

▎ 程式碼

```
pd.DataFrame(feature_importance, index=cols, columns=[' 係數 ']).\
sort_values(by=' 係數 ', ascending=False)
```

▎ 執行結果

	係數
Sex_female	0.561
Pclass_3	0.185
Age	0.099
Fare	0.093
SibSp	0.043
Embarked_S	0.019
Parch	0.000
Pclass_1	0.000
Pclass_2	0.000
Sex_male	0.000
Embarked_C	0.000
Embarked_Q	0.000

9-5   決策樹圖的繪製

接下來是本章最重要的單元：繪製決策樹圖。決策樹圖能幫助我們了解機器學習背後的判斷邏輯是什麼。要繪製決策樹圖需要額外的兩個套件，可以用以下的指令快速安裝。

```
! pip install graphviz
! pip install pyparsing
```

範例 9-11   將結果用決策樹圖來呈現

▎ 程式碼

```
from sklearn.tree import export_graphviz
import pydot
from IPython.display import Image
```

```
# features 變數存放所有欄位名稱
features = cols
# class_names 變數存放目標值表呈現的文字意義
class_names = ['死', '活']
# export_graphviz 的第一個參數是決策樹模型的預測結果
# max_depth=3 可設定決策樹呈現的深度，其餘參數讀者可自己測試
dot_data = export_graphviz(
    model_pl_tree.named_steps['decisiontreeclassifier'],
    out_file=None,
    feature_names=features,
    class_names = class_names,
    proportion = False,
    max_depth=3,
    filled=True,
    rounded=True
)
graph = pydot.graph_from_dot_data(dot_data)
# 也將結果存到 tree.png 檔案裡
graph[0].write_png('tree.png')
Image(graph[0].create_png())
```

▌執行結果

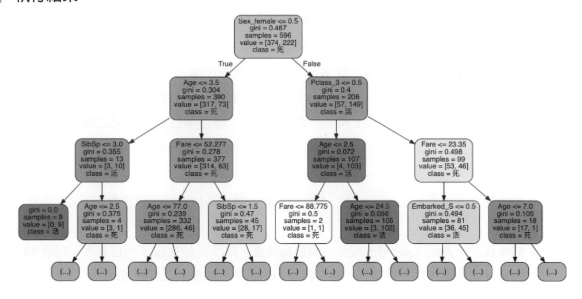

　程式的解說，我們已在程式裡用註解來做說明。

決策樹圖的結果解讀：

- 首先是第一個節點的解讀，這個節點一共有 **596** 個樣本，其中 **374** 個是死亡，**222** 個是活著。因為死亡大於活著，其最下方的 **class** 標記為「死」，表示在這個節點上死亡比較多人。當死亡人數大於存活時用橘色呈現。這個節點往下的判斷標準是 **Sex_female<=0.5**。

- 第一個節點往左下走為 **Sex_female<=0.5** 為 **True**，即 **Sex_female** 等於 **0**（因為只有 **0** 和 **1** 兩個值），其值為 **0** 表示為男性。當「男性」的條件判斷為真時，死亡為 **317** 人，存活只有 **73** 人。由於死亡人數大於存活時，圖形的顏色用橘色呈現。

- 第一個節點往右下走，即 **Sex_female** 為 **1**，為女性。因此當「女性」條件為真時，死亡為 **57** 人，而存活為 **149** 人。由於存活人數大於死亡時，圖形的顏色用藍色呈現。

這種邏輯判斷有點麻煩，教大家一個快速方法：

- 在判斷節點裡，往右下都是 **<=** 為 **False** 的情況。反過來想，往右下就是 **>=** 為 **True** 的情況，即女性類別為 **1**。

- 對應的左下即為 **>=** 為 **False** 的情況，即女性類別為 **0**。為什麼這樣子的判斷方式會比較容易呢？因為大腦看到 **Sex_female** 會直覺認為這是針對女性判斷為 **True** 的條件（獨熱編碼），因此下一個動作會去尋找為「真」的情況，所以我們先將它換成為真的情況（即 **>=**），然後再把 **True** 和 **False** 左右對調。這樣子判讀會比較容易。

以第二層的右邊節點 Pcalss_3<=0.5 的節點來看：

- 如果往右下表示 **Pclass** 為 3 是 **True**，圖形顏色為淡橘色，死亡多於存活。死亡為 **53** 人，存活 **46** 人。這表示，儘管是女生，但如果住在船艙等級 **3**，其死亡率仍比較高。

- 如果往左下表示 **Pcalss** 為 **1** 和 **2**，顏色為深藍，存活多於死亡。死亡僅 **4** 人，存活為 **103** 人。這表示如果是女性，且為艙等 **1** 和 **2**，其存活率相當高。

以第二層的左邊節點 Age<=3.5 來看：

- 如果往右下表示 **Age>=3.5** 成立，顏色為橘色，死亡多於存活。死亡為 **314** 人，存活為 **63** 人。

- 如果往左下表示 **Age<=3.5** 成立，顏色為淡藍，存活多於死亡。死亡 **3** 人，存活 **10** 人。這表示儘管是男性，但如果年紀是非常小的話，存活率還是相當地高。

其餘判讀請各位讀者自行研究。從決策樹圖的判斷，我們就可以得到更多有關鐵達尼號船客存活的資訊。

章 末 習 題

1. 請用鳶尾花的資料，並用決策樹來做預測，深度設為 4。

    (1) 請分別算出訓練集和測試集的預測結果。

    (2) 請繪出決策樹的判斷圖形。

2. 請使用下列程式碼產生實驗資料，並繪製圖形觀察。

    ```
    from sklearn.datasets import make_classification
    X, y = make_classification(n_samples=1000, n_informative=2,
                               n_redundant=0, n_features=2,
                               n_classes=2, random_state=0)
    plt.scatter(X[:,0], X[:,1], c=y)
    ```

    (1) 將資料切割後，用決策樹預測（深度設為 4），輸出正確率、混亂矩陣和綜合報告。

    (2) 用課本提供的程式來繪製預測邊界。

    (3) 請繪製 ROC 圖及計算其曲線面積。

    (4) 請自行實驗不同的深度，並觀察預測邊界的變化。你應該會看到，當深度越大時，模型的預測邊界變得越來越複雜。

3. 請使用下列程式碼產生實驗資料，並繪製圖形觀察。

    ```
    from sklearn.datasets import make_gaussian_quantiles
    X, y = make_gaussian_quantiles(cov=3.,
                                   n_samples=1000, n_features=2,
                                   n_classes=2, random_state=1)


    plt.scatter(X[:,0], X[:,1], c=y)
    ```

    (1) 將資料切割後，用決策樹預測（深度設為 4），輸出正確率、混亂矩陣和綜合報告。

    (2) 用課本提供的程式來繪製預測邊界。

    (3) 請繪製 ROC 圖及計算其曲線面積。

4. 在上一章裡，支持向量機對於高維度（高特徵值）的資料分類結果並不是很好，我們來實驗看看決策樹的結果是如何。

    ```
    from sklearn.datasets import make_gaussian_quantiles
    X, y = make_gaussian_quantiles(cov=3., n_samples=1000,
                                   n_features=100, n_classes=2,
                                   random_state=1)
    ```

    (1) 將資料切割後，用決策樹輸出正確率、混亂矩陣和綜合報告。

    (2) 請繪製 ROC 圖及計算其曲線面積。

    (3) 請自行實驗不同深度的結果。

第 10 章

分類預測模板

───── **本章學習重點** ─────

- 分類預測的模板
- 藥品分類的預測
- 糖尿病患者的預測

在這一章中，我們希望能建立一個快速解決分類預測的模板。什麼情況下會用到這個模板呢？就是當我們拿到資料的時候，只想用最快速的方法來看看結果好不好，就可以參考這個模板。結果不見得是最好，但是具有一定的參考性。

這個模板的另一個優點，就是將我們之前所教的內容做一個整理。提供的模板可幫助我們處理遺漏值，並將資料分成數值和類別的管道器，然後銜接機器學習的預測模型。簡單來講，就是讓我們把程式碼複製貼上，就可以完成分類預測。

在這一章我們將用兩個例子來說明，怎麼使用這個模板。第一個例子是來自於藥品使用的預測，資料是來自 Kaggle。資料裡唯一需要知道的，就是目標變數是 Drug，其餘變數我們就來盲做。

資料網址：https://www.kaggle.com/datasets/prathamtripathi/drug-classification

10-1 藥品分類的預測

範例 10-1 載入資料

程式碼

```
import pandas as pd

df = pd.read_csv('drug200.csv')
df.head()
```

執行結果

	Age	Sex	BP	Cholesterol	Na_to_K	Drug
0	23	F	HIGH	HIGH	25.355	DrugY
1	47	M	LOW	HIGH	13.093	drugC
2	47	M	LOW	HIGH	10.114	drugC
3	28	F	NORMAL	HIGH	7.798	drugX
4	61	F	LOW	HIGH	18.043	DrugY

範例 10-2 檢視資料屬性

程式碼

```
df.info()
```

執行結果

```
<class 'pandas.core.frame.DataFrame'>
RangeIndex: 200 entries, 0 to 199
Data columns (total 6 columns):
 #   Column       Non-Null Count   Dtype
---  ------       --------------   -----
 0   Age            200 non-null   int64
 1   Sex            200 non-null   object
 2   BP             200 non-null   object
 3   Cholesterol  200 non-null    object
 4   Na_to_K        200 non-null   float64
 5   Drug           200 non-null   object
dtypes: float64(1), int64(1), object(4)
memory usage: 9.5+ KB
```

資料中的 Sex、BP、Cholesteral 為類別資料，其餘資料為數值資料。

範例 10-3 取出 X 和 y 並完成資料切割

程式碼

```
X = df.drop('Drug', axis=1)
y = df['Drug']
from sklearn.model_selection import train_test_split
X_train, X_test, y_train, y_test = train_test_split(X, y,
                        test_size=0.3, random_state=42)
```

在這個步驟我們取出 X 和 y，並且將資料切割成訓練集和測試集。因此使用這個模板，讀者必須知道你的 y 是什麼。

範例 10-4　用程式自動取出類別和數值的欄位名稱

程式碼

```
X_col_cat = X.select_dtypes(include = 'object').columns
X_col_num = X.select_dtypes(exclude = 'object').columns
print(f'類別型資料欄位：{X_col_cat}')
print(f'數值型資料欄位：{X_col_num}')
```

執行結果

類別型資料欄位：Index(['Sex', 'BP', 'Cholesterol'], dtype='object')
數值型資料欄位：Index(['Age', 'Na_to_K'], dtype='object')

　　既然我們希望能夠產生自動完成所有事情的模板，我們當然希望程式能夠自動幫我們挑選出類別和數值的欄位。檢視結果發現，程式能夠順利挑出類別和數值型資料欄位，並與範例 10-2 的觀察結果相同。

範例 10-5　完成資料預處理的管道器

程式碼

```
from sklearn.pipeline import make_pipeline
from sklearn.impute import SimpleImputer
from sklearn.preprocessing import StandardScaler, OneHotEncoder
from sklearn.compose import ColumnTransformer
num_pl = make_pipeline(
    SimpleImputer(strategy='median'),
    StandardScaler()
)
cat_pl = make_pipeline(
    SimpleImputer(strategy='most_frequent'),
    OneHotEncoder(handle_unknown='ignore')
)
data_pl = ColumnTransformer([
    ('num', num_pl, X_col_num),
    ('cat', cat_pl, X_col_cat)
])
```

　　在這個範例裡，我們做了兩個管道器，分別是類別管道器，能進行遺漏值處理和獨熱編碼。另一個是數值管道器，能進行遺漏值處理和標準化資料。最後再做水平合併。這個步驟就是自動化的主要關鍵，因為它可以處理絕大部分的資料情況。在獨熱編碼裡，我加了一個參數 handle_unknown='ignore' 來避免當資料切割後，在訓練集裡出現新的類別。

範例 10-6　檢視所有機器學習的預測結果

▌程式碼

```python
# 載入所有模型
from sklearn.linear_model import LogisticRegression
from sklearn.svm import SVC
from sklearn.neighbors import KNeighborsClassifier
from sklearn.ensemble import RandomForestClassifier
from sklearn.metrics import classification_report, accuracy_score,
confusion_matrix

models = [LogisticRegression(), SVC(), KNeighborsClassifier(),
RandomForestClassifier()]
model_results = {}
for model in models:
    model_pl = make_pipeline(data_pl, model)
    model_pl.fit(X_train, y_train)
    y_pred = model_pl.predict(X_test)
    score = accuracy_score(y_test, y_pred)
    model_results[model.__class__.__name__] = [score]
    print(f' 模型名稱 {model.__class__.__name__:-^50}')
    print(' 混亂矩陣 \n',confusion_matrix(y_test, y_pred))
    print(f' 正確率 : {score:.3f}')
```

▌執行結果

```
模型名稱 ----------------LogisticRegression----------------
混亂矩陣
 [[25  0  1  0  0]
 [ 0  7  0  0  0]
 [ 0  0  3  0  0]
 [ 0  0  0  6  0]
 [ 0  0  0  0 18]]
正確率：0.983
模型名稱 -----------------------SVC-----------------------
混亂矩陣
 [[24  0  2  0  0]
 [ 0  5  2  0  0]
 [ 0  0  3  0  0]
 [ 1  0  0  5  0]
 [ 0  0  0  0 18]]
正確率：0.917
模型名稱 ---------------KNeighborsClassifier---------------
混亂矩陣
 [[22  0  2  0  2]
 [ 0  7  0  0  0]
 [ 0  0  3  0  0]
 [ 3  0  0  3  0]
 [ 2  0  0  0 16]]
正確率：0.850
模型名稱 --------------RandomForestClassifier--------------
混亂矩陣
 [[26  0  0  0  0]
 [ 0  7  0  0  0]
 [ 0  0  3  0  0]
 [ 0  0  0  6  0]
 [ 0  0  0  0 18]]
正確率：1.000
```

在這個範例裡面，我們挑了幾個主要做分類的預測模型。從結果觀察就可以知道，整個預測的結果相當不錯。由於我們主要的目的是建立這個模板，就不再進一步微調參數得到更好的結果。

10-2 糖尿病患者的預測

接下來介紹第二個例子，主要是用來預測糖尿病患者。一樣是個分類預測問題，資料是來自 Kaggle。目標變數是 Outcome，其餘變數我們就來盲做。

資料網址：https://www.kaggle.com/datasets/prathamtripathi/drug-classification

範例 10-7 載入資料

程式碼

```
df = pd.read_csv('diabetes.csv')
df.head()
```

執行結果

	Pregnancies	Glucose	BloodPressure	SkinThickness	Inculin	BMI	DiabetesPedigreeFunction	Age	Outcome
0	6	148	72	35	0	33.6	0.627	50	1
1	1	85	66	29	0	26.6	0.351	31	0
2	8	183	64	0	0	23.3	0.672	32	1
3	1	89	66	23	94	28.1	0.167	21	0
4	0	137	40	35	168	43.1	2.288	33	1

範例 10-8 資料的基本屬性

程式碼

```
df.info()
```

執行結果

```
<class 'pandas.core.frame.DataFrame'>
RangeIndex: 768 entries, 0 to 767
```

```
Data columns (total 9 columns):
 #   Column                    Non-Null Count  Dtype
---  ------                    --------------  -----
 0   Pregnancies               768 non-null    int64
 1   Glucose                   768 non-null    int64
 2   BloodPressure             768 non-null    int64
 3   SkinThickness             768 non-null    int64
 4   Insulin                   768 non-null    int64
 5   BMI                       768 non-null    float64
 6   DiabetesPedigreeFunction  768 non-null    float64
 7   Age                       768 non-null    int64
 8   Outcome                   768 non-null    int64
dtypes: float64(2), int64(7)
memory usage: 54.1 KB
```

　　觀察發現，所有資料都是數值型資料，但為了展示如何使用模板，我們就不去修改原本的資料預處理管道器。

範例 10-9　取出 X 和 y 並完成資料切割

▌ 程式碼

```
X = df.drop('Outcome', axis=1)
y = df['Outcome']
from sklearn.model_selection import train_test_split
X_train, X_test, y_train, y_test = train_test_split(X, y,
                                    test_size=0.3, random_state=42)
```

範例 10-10　用程式自動取出類別和數值的欄位名稱

▌ 程式碼

```
X_col_cat = X.select_dtypes(include = 'object').columns
X_col_num = X.select_dtypes(exclude = 'object').columns
print(f'類別型資料欄位：{X_col_cat}')
print(f'數值型資料欄位：{X_col_num}')
```

執行結果

類別型資料欄位：Index([], dtype='object')

數值型資料欄位：Index(['Pregnancies', 'Glucose', 'BloodPressure', 'SkinThickness', 'Insulin',
　　　　'BMI', 'DiabetesPedigreeFunction', 'Age'],
　　　dtype='object')

　　檢視結果發現，所有欄位均為數值型資料，與範例 10-8 的觀察結果相同。

範例 10-11 完成資料預處理的管道器

程式碼

```
num_pl = make_pipeline(
    SimpleImputer(strategy='median'),
    StandardScaler()
)
cat_pl = make_pipeline(
    SimpleImputer(strategy='most_frequent'),
    OneHotEncoder(handle_unknown='ignore')
)
data_pl = ColumnTransformer([
    ('num', num_pl, X_col_num),
    ('cat', cat_pl, X_col_cat)
])
```

　　雖然我們僅需要數值型的管道器，但在這裡就是想要快速得到結果，因此在管道器上我們進行複製貼上，不做修改。

範例 10-12 檢視所有機器學習的預測結果

程式碼

```
models = [LogisticRegression(), SVC(), KNeighborsClassifier(),
RandomForestClassifier()]
model_results = {}
for model in models:
    model_pl = make_pipeline(data_pl, model)
    model_pl.fit(X_train, y_train)
```

```
    y_pred = model_pl.predict(X_test)
    score = accuracy_score(y_test, y_pred)
    model_results[model.__class__.__name__] = [score]
    print(f' 模型名稱 {model.__class__.__name__:-^50}')
    print(' 混亂矩陣 \n',confusion_matrix(y_test, y_pred))
    print(f' 正確率：{score:.3f}')
```

執行結果

```
模型名稱 ----------------LogisticRegression----------------
混亂矩陣
 [[120  31]
 [ 30  50]]
正確率：0.736
模型名稱 ----------------------SVC-----------------------
混亂矩陣
 [[125  26]
 [ 33  47]]
正確率：0.745
模型名稱 ---------------KNeighborsClassifier--------------
混亂矩陣
 [[119  32]
 [ 37  43]]
正確率：0.701
模型名稱 --------------RandomForestClassifier-------------
混亂矩陣
 [[124  27]
 [ 29  51]]
正確率：0.758
```

果然程式能夠快速完成，並預測出不錯的結果。

最後我把程式的主要精華放在這個範例裡，方便各位讀者進行複製貼上。這樣子下次你進行分析的時候，就只要把第一行和第二行的目標變數換掉，就可以直接執行了。

範例 10-13 完整的模板

程式碼

```
X = df.drop('Outcome', axis=1)
y = df['Outcome']
from sklearn.model_selection import train_test_split
```

```python
X_train, X_test, y_train, y_test = train_test_split(X, y,
                                    test_size=0.3, random_state=42)


X_col_cat = X.select_dtypes(include = 'object').columns
X_col_num = X.select_dtypes(exclude = 'object').columns
print(f' 類別型資料欄位：{X_col_cat}')
print(f' 數值型資料欄位：{X_col_num}')


from sklearn.pipeline import make_pipeline
from sklearn.impute import SimpleImputer
from sklearn.preprocessing import StandardScaler, OneHotEncoder
from sklearn.compose import ColumnTransformer
num_pl = make_pipeline(
    SimpleImputer(strategy='median'),
    StandardScaler()
)
cat_pl = make_pipeline(
    SimpleImputer(strategy='most_frequent'),
    OneHotEncoder(handle_unknown='ignore')
)
data_pl = ColumnTransformer([
    ('num', num_pl, X_col_num),
    ('cat', cat_pl, X_col_cat)
])


from sklearn.linear_model import LogisticRegression
from sklearn.svm import SVC
from sklearn.neighbors import KNeighborsClassifier
from sklearn.ensemble import RandomForestClassifier
from sklearn.metrics import classification_report, accuracy_score,
confusion_matrix
models = [LogisticRegression(), SVC(), KNeighborsClassifier(),
RandomForestClassifier()]
model_results = {}
for model in models:
    model_pl = make_pipeline(data_pl, model)
    model_pl.fit(X_train, y_train)
    y_pred = model_pl.predict(X_test)
    score = accuracy_score(y_test, y_pred)
    model_results[model.__class__.__name__] = [score]
```

```
print(f' 模型名稱 {model.__class__.__name__:-^50}')
print(' 混亂矩陣 \n',confusion_matrix(y_test, y_pred))
print(f' 正確率：{score:.3f}')
```

▌執行結果

類別型資料欄位：Index([], dtype='object')

數值型資料欄位：Index(['Pregnancies', 'Glucose', 'BloodPressure', 'SkinThickness', 'Insulin',

　　　'BMI', 'DiabetesPedigreeFunction', 'Age'],

　　dtype='object')

模型名稱 ----------------LogisticRegression----------------

混亂矩陣

　[[120　31]

　[30　50]]

正確率：0.736

模型名稱 -----------------------SVC------------------------

混亂矩陣

　[[125　26]

　[33　47]]

正確率：0.745

模型名稱 ---------------KNeighborsClassifier---------------

混亂矩陣

　[[119　32]

　[37　43]]

正確率：0.701

模型名稱 --------------RandomForestClassifier--------------

混亂矩陣

　[[122　29]

　[30　50]]

正確率：0.745

章 末 習 題

1. 請用本章所提供的模板，來快速分析鐵達尼號存亡的預測。

第 11 章

交叉驗證

本章學習重點

- 介紹交叉驗證
- 介紹威斯康辛大學的乳癌腫瘤資料
- 資料探索和切割
- 機器學習模型大亂鬥——不完美版
- 交叉驗證說明
- 機器學習模型大亂鬥——正確版
- 用決策樹找出重要變數

到目前為止，我們已經介紹好幾種最常用的機器學習演算法。接下來我們想介紹的是，如何比較每一種演算法的好壞。

先請教各位一個問題：如果想要證明 A 同學的成績比 B 同學好，需要用一次考試的成績，還是觀察三次考試的成績會比較客觀？答案當然是——次數越多愈客觀。這就是交叉驗證（cross validation）的主要精神：透過讓機器進行多次的學習和預測取其平均，來判斷哪一個比較好。

11-1　載入資料

本章所使用的資料，是來自於 sklearn 內建的資料。其內容是從美國威斯康辛（Wisconsin）大學附設醫院所收集之乳癌腫瘤之病患資料。乳癌是目前十大癌症死因之一，如果能透過機器自動學習，來判斷患者是否為乳癌病患，將會是科技運用在醫學的一項推進。資料的創立者是 Dr. William H. Wolberg, W. Nick Street 和 Olvi L. Mangasarian。資料創建日期是 1995 年。資料內容是透過探針去收集腫瘤的資訊。資料內有 212 筆惡性腫瘤，357 筆是良性腫瘤，共 569 筆資料。

範例 11-1　用 DESCR 來了解資料的來龍去脈

程式碼

```
import pandas as pd
import numpy as np
import matplotlib.pyplot as plt
import seaborn as sns
%matplotlib inline
plt.rcParams['font.sans-serif'] = ['DFKai-sb']
plt.rcParams['axes.unicode_minus'] = False
%config InlineBackend.figure_format = 'retina'
import warnings
warnings.filterwarnings('ignore')

from sklearn.datasets import load_breast_cancer
breast_cancer = load_breast_cancer()

print('\n'.join(breast_cancer['DESCR'].split('\n')[:15]))
```

▌ 執行結果

```
.. _breast_cancer_dataset:

Breast cancer wisconsin (diagnostic) dataset
--------------------------------------------

**Data Set Characteristics:**

    :Number of Instances: 569

    :Number of Attributes: 30 numeric, predictive attributes and the class

    :Attribute Information:
        - radius (mean of distances from center to points on the perimeter)
        - texture (standard deviation of gray-scale values)
        - perimeter
```

共計有 569 筆樣本，含 30 個數值型的特徵值。

範例 11-2　**檢視資料的特徵值**

▌ 程式碼

```
print(breast_cancer['feature_names'])
```

▌ 執行結果

```
['mean radius' 'mean texture' 'mean perimeter' 'mean area'
 'mean smoothness' 'mean compactness' 'mean concavity'
 'mean concave points' 'mean symmetry' 'mean fractal dimension'
 'radius error' 'texture error' 'perimeter error' 'area error'
 'smoothness error' 'compactness error' 'concavity error'
 'concave points error' 'symmetry error' 'fractal dimension error'
 'worst radius' 'worst texture' 'worst perimeter' 'worst area'
 'worst smoothness' 'worst compactness' 'worst concavity'
 'worst concave points' 'worst symmetry' 'worst fractal dimension']
```

資料裡一共有 30 個特徵值，相當多。不過，筆者不是醫療背景，對這些專有名詞的了解就無法太深入。

範例 11-3　將資料和預測的目標值都整合到 DataFrame 裡

▍程式碼

```
df = pd.DataFrame(data = breast_cancer['data'], columns = breast_
                  cancer['feature_names'])
df['target'] = breast_cancer['target']
df.head()
```

▍執行結果

	mean radius	mean texture	mean perimeter	mean area	mean smoothness	mean compactness	mean concavity	mean concave points	mean symmetry	mean fractal dimension	...
0	17.99	10.38	122.80	1001.0	0.11840	0.27760	0.3001	0.14710	0.2419	0.07871	...
1	20.57	17.77	132.90	1326.0	0.08474	0.07864	0.0869	0.07017	0.1812	0.05667	...
2	19.69	21.25	130.00	1203.0	0.10960	0.15990	0.1974	0.12790	0.2069	0.05999	...
3	11.42	20.38	77.58	386.1	0.14250	0.28390	0.2414	0.10520	0.2597	0.09744	...
4	20.29	14.34	135.10	1297.0	0.10030	0.13280	0.1980	0.10430	0.1809	0.05883	...

5 rows × 31 columns

worst texture	worst perimeter	worst area	worst smoothness	worst compactness	worst concavity	worst concave points	worst symmetry	worst fractal dimension	target
17.33	184.60	2019.0	0.1622	0.6656	0.7119	0.2654	0.4601	0.11890	0
23.41	158.80	1956.0	0.1238	0.1866	0.2416	0.1860	0.2750	0.08902	0
25.53	152.50	1709.0	0.1444	0.4245	0.4504	0.2430	0.3613	0.08758	0
26.50	98.87	567.7	0.2098	0.8663	0.6869	0.2575	0.6638	0.17300	0
16.67	152.20	1575.0	0.1374	0.2050	0.4000	0.1625	0.2364	0.07678	0

範例 11-4　檢視資料是否有遺漏值

▍程式碼

```
df.info()
```

▍執行結果

```
<class 'pandas.core.frame.DataFrame'>
RangeIndex: 569 entries, 0 to 568
Data columns (total 31 columns):
```

#	Column	Non-Null Count	Dtype
0	mean radius	569 non-null	float64
1	mean texture	569 non-null	float64
2	mean perimeter	569 non-null	float64
3	mean area	569 non-null	float64
4	mean smoothness	569 non-null	float64
5	mean compactness	569 non-null	float64
6	mean concavity	569 non-null	float64
7	mean concave points	569 non-null	float64
8	mean symmetry	569 non-null	float64
9	mean fractal dimension	569 non-null	float64
10	radius error	569 non-null	float64
11	texture error	569 non-null	float64
12	perimeter error	569 non-null	float64
13	area error	569 non-null	float64
14	smoothness error	569 non-null	float64
15	compactness error	569 non-null	float64
16	concavity error	569 non-null	float64
17	concave points error	569 non-null	float64
18	symmetry error	569 non-null	float64
19	fractal dimension error	569 non-null	float64
20	worst radius	569 non-null	float64
21	worst texture	569 non-null	float64
22	worst perimeter	569 non-null	float64
23	worst area	569 non-null	float64
24	worst smoothness	569 non-null	float64
25	worst compactness	569 non-null	float64
26	worst concavity	569 non-null	float64
27	worst concave points	569 non-null	float64
28	worst symmetry	569 non-null	float64
29	worst fractal dimension	569 non-null	float64
30	target	569 non-null	int64

```
dtypes: float64(30), int64(1)
memory usage: 137.9 KB
```

　　利用 df.info() 指令觀察到，所有的欄位都有 569 筆資料，說明資料沒有遺漏值。除此之外，也觀察到所有的資料欄位都是浮點數，因此只需一個數值管道器。

範例 11-5　觀察目標值

■ 程式碼

```
print(f' 標籤 0 爲 {breast_cancer["target_names"][0]}，是惡性腫瘤的意思 ')
print(df['target'].value_counts(normalize=True))
```

■ 執行結果

標籤 0 爲 malignant，是惡性腫瘤的意思
1   0.627417
0   0.372583
Name: target, dtype: float64

　　0 是惡性腫瘤，1 是良性腫瘤。觀察的執行結果可以看到，約 3 成 7 是惡性腫瘤，約 6 成 2 是良性腫瘤。如果是盲猜（都猜是良性）的話，正確率可以有 6 成。這裡要注意一下，習慣上，通常編碼 0 是良性腫瘤、1 是惡性腫瘤，但**在本例中，0 反而是惡性腫瘤**。

範例 11-6　pairplot 的資料探索

■ 程式碼

```
sns.pairplot(df, vars=['mean radius','mean texture','mean perimeter',
                       'mean area'], hue='target', size=2);
```

■ 執行結果

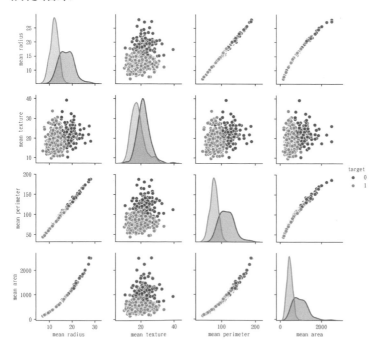

資料的總欄位有 30 個，這裡僅選四個欄位做代表。在圖形裡的藍色為 0 是惡性腫瘤；橘色是 1 為良性腫瘤。觀察執行結果發現一個有趣的現象：以這四個欄位而言，惡性腫瘤的值普遍都較大。

範例 11-7　用 **seaborn** 繪製 **mean radius** 和 **mean texture** 的散布圖

▌ 程式碼

```
sns.scatterplot(x='mean radius', y='mean texture', data=df, hue='target');
```

▌ 執行結果

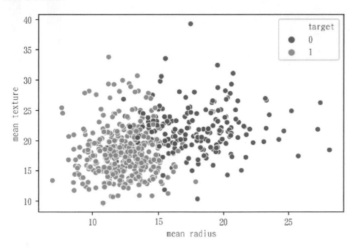

本例主要目的是在示範，如何用 seaborn 繪製散布圖。

範例 11-8　繪製所有變數的相關係數

▌ 程式碼

```
plt.figure(figsize=(20,10))
sns.heatmap(df.corr(), annot=True);
```

執行結果

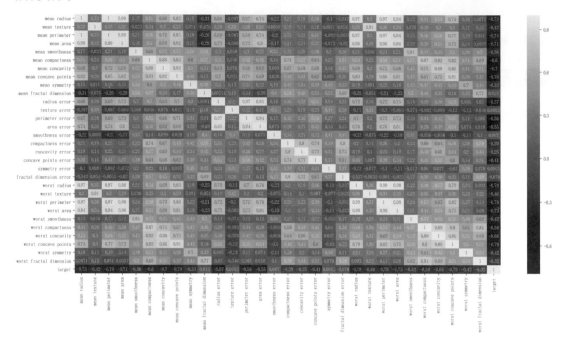

執行結果中，顏色愈亮，相關係數愈高，其中有些變數的相關性高達 0.9 以上。

範例 11-9　各變數與目標值的相關性

程式碼

```
df.corr()['target']
```

執行結果

```
mean radius              -0.730029
mean texture             -0.415185
mean perimeter           -0.742636
mean area                -0.708984
mean smoothness          -0.358560
mean compactness         -0.596534
mean concavity           -0.696360
mean concave points      -0.776614
mean symmetry            -0.330499
mean fractal dimension    0.012838
radius error             -0.567134
texture error             0.008303
```

```
perimeter error           -0.556141
area error                -0.548236
smoothness error           0.067016
compactness error         -0.292999
concavity error           -0.253730
concave points error      -0.408042
symmetry error             0.006522
fractal dimension error   -0.077972
worst radius              -0.776454
worst texture             -0.456903
worst perimeter           -0.782914
worst area                -0.733825
worst smoothness          -0.421465
worst compactness         -0.590998
worst concavity           -0.659610
worst concave points      -0.793566
worst symmetry            -0.416294
worst fractal dimension   -0.323872
target                     1.000000
Name: target, dtype: float64
```

　　變數與目標係數的值普遍是負相關，即數值愈高，預測為零的機率也越高。即腫瘤的機率增加。

11-2 資料整理：包括 X、y 和資料切割

範例 11-10　欄位處理和將資料切割成訓練集和測試集

▋程式碼

```
X_cols = df.columns.drop('target')
X = df[X_cols]
y = df['target']
from sklearn.model_selection import train_test_split
X_train, X_test, y_train, y_test = train_test_split(X, y,
                            test_size=0.33, random_state=42)
```

11-3　機器學習模型大亂鬥──不完美版

　　到目前為止，已介紹四種用於分類的機器學習演算法：LogisticRegression、SVC、KNeighborsClassifier 和 DecisionTreeClassifier。我們想了解，哪一種演算法對「乳癌腫瘤」資料預測能有最佳的結果。

範例 11-11　載入所有模組，並進行模型學習和預測

▋ 程式碼

```
from sklearn.linear_model import LogisticRegression
from sklearn.svm import SVC
from sklearn.neighbors import KNeighborsClassifier
from sklearn.tree import DecisionTreeClassifier
from sklearn.pipeline import make_pipeline
from sklearn.preprocessing import StandardScaler

models = [LogisticRegression(), SVC(),
         KNeighborsClassifier(),
         DecisionTreeClassifier(max_depth=5)]
scores = {}
for model in models:
    model_pl = make_pipeline(StandardScaler(), model)
    model_pl.fit(X_train, y_train)
    score = model_pl.score(X_test, y_test)
    scores[model.__class__.__name__] = score
scores
```

▋ 執行結果

```
{'LogisticRegression': 0.9787234042553191,
 'SVC': 0.9680851063829787,
 'KNeighborsClassifier': 0.9574468085106383,
 'DecisionTreeClassifier': 0.9468085106382979}
```

　　本例中一共用了四種機器學習演算法，筆者用串列 models 將它們事先存起來。然後用 for 迴圈一個一個取出，進行學習和預測，再將預測結果放到字典裡，變數名稱為 scores。scores 的索引鍵是用 model.__*class*__.__*name*__，這是演算法的名字。請注意，這裡的底線是兩個底線。

範例 11-12 　將範例 11-11 的執行結果整理到 DataFrame，並加以排序

程式碼

```
pd.Series(scores).sort_values(ascending=False)
```

執行結果

```
LogisticRegression        0.978723
SVC                       0.968085
KNeighborsClassifier      0.957447
DecisionTreeClassifier    0.946809
dtype: float64
```

結果令人意外，線性的羅吉斯迴歸得到最好的結果。但是稍等一等，在我們急著下結論之前，先暫停想一下，你覺得這個結果具有足夠的說服力嗎？有沒有什麼條件被疏忽的呢？設想一個情況：如果這次分割的訓練集和測試集資料，正好對某種機器學習演算法有利，那結果就有問題。**要怎麼解決這種因為資料切割所造成的問題呢？**

我們可以先將資料隨機切割成五等份，取其中四份當做訓練集，一份當做測試集。然後，這五等份再輪流取四份當訓練集，一份當測試集。最後再將預測結果平均，如此結果就會比較公平。這個方法就叫做交叉驗證，我們在範例 11-13 進一步說明。

11-4　交叉驗證

要解決範例 11-12 所發現的問題，可以利用 sklearn，在 model_selection 模組裡選 KFold 函數，來幫我們做資料切割。參數 n_splits 先選 4，表示要將資料切割出 4 份。我們先做個實驗，觀察它是如何運作的。

首先創造一筆 array 的資料，從 10 到 17（8 筆資料），然後觀察資料是否隨機切成四份。

範例 11-13 資料切割

程式碼

```
from sklearn.model_selection import KFold
data = np.arange(10,18)
kfold = KFold(n_splits=4)
for train_idx, test_idx in kfold.split(data):
    print(f' 訓練集資料：{data[train_idx]}， 測試集資料:{data[test_idx]}')
```

執行結果

訓練集資料：[12 13 14 15 16 17]， 測試集資料:[10 11]
訓練集資料：[10 11 14 15 16 17]， 測試集資料:[12 13]
訓練集資料：[10 11 12 13 16 17]， 測試集資料:[14 15]
訓練集資料：[10 11 12 13 14 15]， 測試集資料:[16 17]

　　觀察執行結果發現，**資料從 10 到 17 進行了 4 次不同切割**。每一次切割都能創造新的「訓練集」和「測試集」。接下來我們就能用這個方法來進行交叉驗證。

範例 11-14 羅吉斯迴歸的 5 折交叉驗證

程式碼

```
kfold = KFold(n_splits=5)
model_pl_lr = make_pipeline(StandardScaler(), LogisticRegression())
scores = []
for train_idx, test_idx in kfold.split(X_train, y_train):
    model_pl_lr.fit(X_train.iloc[train_idx], y_train.iloc[train_idx])
    scores.append(model_pl_lr.score(X_train.iloc[test_idx],
                                    y_train.iloc[test_idx]))
print(f'5 折交叉驗證的結果 {np.mean(scores)}')
```

執行結果

5 折交叉驗證的結果 0.97634996582365

　　這裡要提醒的是，Kfold 回傳的結果是資料的位置而非資料索引鍵。在變數命名上，我們用 train_idx，要取到資料的話就用 iloc[]。因為我們將資料切成 5 折，因此一般又稱為 5 折交叉驗證。這個方法看起來是不是很複雜又困難？沒關係，在接下來的範例 11-15，會看到更簡單的方法。

　　範例 11-14 的方法有點複雜，還好，在 model_selection 模組裡，已有現成的 cross_val_score 函數，不僅能做資料分割（其內建就是 KFold 的函數），還能計算每一次分割後的模型預測結果。換言之，它同時處理了資料和模型預測。

範例 11-15　5 折交叉驗證的簡單方式

▌程式碼

```
from sklearn.model_selection import cross_val_score
model_pl_lr = make_pipeline(StandardScaler(), LogisticRegression())
scores = cross_val_score(model_pl_lr, X_train, y_train,
                        scoring='accuracy', cv=5)
print(f'5 折交叉驗證的每次結果 {scores}')
print(f'5 折交叉驗證的平均結果 {np.mean(scores)}')
```

▌執行結果

```
5 折交叉驗證的每次結果  [0.98701299 0.96052632 1.         0.96052632 0.97368421]
5 折交叉驗證的平均結果 0.9763499658236501
```

　　cross_val_score 的第一個參數是預測模型（在本例為預測管道器），其次依序為訓練集的 X、訓練集 y，再來評分選擇（本例選擇正確率 accuracy），最後 cv=5 就表示 5 折。大家可以發現，我們用的資料是訓練集的資料，這是因為通常交叉驗證是用來給網格搜尋挑選模型的最佳參數，因此只使用訓練集的資料。最後 cross_val_score 會將每一折的交叉驗證結果回傳出來。

　　觀察結果發現，交叉驗證裡的最小值是 0.96，最大值是 1。這也說明，如果只用某一次的資料分割就來說明結果好壞並不準確，因為結果會在 0.96 到 1 之間，運氣不好就 0.96，運氣好就 1。因此，用平均值來代表會比較客觀。本例的平均值是 0.976，預測正確率相當高。

　　如果我們希望交叉驗證的回傳結果為召回率，就在 scoring 參數裡改設 recall 即可。以乳癌診斷的例子來講，我們更在乎的是召回率。

範例 11-16　5 折交叉驗證，輸出為召回率

▋ 程式碼

```
scores = cross_val_score(model_pl_lr, X_train, y_train,
                         scoring='recall', cv=5)
print(f'5 折交叉驗證的每次結果 {scores}')
print(f'5 折交叉驗證的平均結果 {np.mean(scores)}')
```

▋ 執行結果

```
5 折交叉驗證的每次結果 [1.        0.9787234 1.        1.        0.95744681]
5 折交叉驗證的平均結果 0.9872340425531915
```

11-5 機器學習模型大亂鬥——正確版

如果我們要評估哪一個機器學習演算法比較好，就必須用交叉驗證的方式來檢視每個機器學習演算法的預測結果。作法如下：

把做好的管道器丟入 cross_val_score 當作第一個參數，並將 cv 設為 10。在範例 11-17 中，雖然預測結果依然是羅吉斯迴歸為最佳，但用交叉驗證的結果才具有說服力。

跑完交叉驗證分析之後，難道就能說羅吉斯迴歸是最好的嗎？很抱歉，還是不行。原因就在於，目前所用的機器學習演算法的參數都是預設值，還沒進行參數挑選。下一章我們再來解決這個問題。進行到這裡得到一個重要的結論：**要比較預測結果的好壞，用交叉驗證的結果會比較精確**。

範例 11-17　機器學習模型大亂鬥——正確版

▋ 程式碼

```
models = [LogisticRegression(), SVC(),
         KNeighborsClassifier(), DecisionTreeClassifier(max_depth=10)]
scores = {}
for model in models:
    model_pl = make_pipeline(StandardScaler(), model)
    score = cross_val_score(model_pl, X_train, y_train,
                            scoring='accuracy', cv=10)
    scores[model.__class__.__name__] = score.mean()
pd.Series(scores).sort_values(ascending=False)
```

▌ 執行結果

```
LogisticRegression      0.978794
SVC                     0.970963
KNeighborsClassifier    0.965696
DecisionTreeClassifier  0.926343
dtype: float64
```

範例 11-18　檢視羅吉斯迴歸的各項數據報表

▌ 程式碼

```python
from sklearn.metrics import accuracy_score, confusion_matrix,
    classification_report

model_pl_lr = make_pipeline(StandardScaler(), LogisticRegression())
model_pl_lr.fit(X_train, y_train)
y_pred = model_pl_lr.predict(X_test)
print(' 正確率：', accuracy_score(y_test, y_pred).round(3))
print(' 混亂矩陣 ')
print(confusion_matrix(y_test, y_pred))
print(' 綜合報告 ')
print(classification_report(y_test, y_pred))
```

▌ 執行結果

```
正確率： 0.979
混亂矩陣
[[ 66   1]
 [  3 118]]
綜合報告
              precision    recall  f1-score   support

           0       0.96      0.99      0.97        67
           1       0.99      0.98      0.98       121

   micro avg       0.98      0.98      0.98       188
   macro avg       0.97      0.98      0.98       188
weighted avg       0.98      0.98      0.98       188
```

　　整體正確率有 9 成 8。檢視混亂矩陣，在 188 筆資料裡，只有 4 筆預測錯誤。再檢視綜合報告，惡性腫瘤（標記爲 0）召回率有 9 成 9，其中只有一筆惡性腫瘤的資料沒被召回。精確率也有 9 成 6。整體結果相當不錯。

11-6　決策樹檢視重要變數

範例 11-19　用決策樹檢視前五重要的變數和係數

程式碼

```
model_tree = DecisionTreeClassifier(max_depth=10)
model_tree.fit(X_train, y_train)
pd.Series(model_tree.feature_importances_,
          index=X.columns).sort_values(ascending=False).head()
```

執行結果

```
mean concave points    0.723194
worst perimeter        0.077242
worst concavity        0.039281
worst radius           0.033358
worst texture          0.022524
dtype: float64
```

　　觀察結果，最重要的變數是 mean concave points。

範例 11-20　將決策樹結果繪圖

程式碼

```
from sklearn.tree import export_graphviz
import pydot
from IPython.display import Image


features = X.columns
class_names = ['惡性', '良性']
dot_data = export_graphviz(model_tree, out_file=None,
                           feature_names=features,
```

```
                                class_names = class_names,
                                proportion = False,
                                max_depth=3,
                                filled=True,
                                rounded=True)

graph = pydot.graph_from_dot_data(dot_data)
graph[0].write_png('tumor.png')
Image(graph[0].create_png(), width=800)
```

▌執行結果

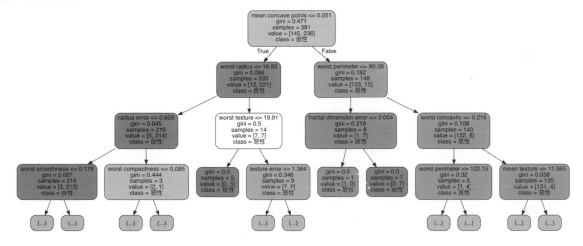

　　觀察結果清楚發現，當變數值的值越大時，是惡性腫瘤的機會愈高。從圖形上可看見，往右走都是偏橘色，往左走是偏藍色。

章末習題

1.　由於本章所使用的腫瘤資料裡的特徵值較多，請將主成份分析 PCA(15) 加入管道器，並用羅吉斯迴歸預測（觀察結果發現，對正確率並沒有太大影響。這也回應一開始的分析，有些變數的相關性太高，對於新訊息的提供並沒什麼太大幫助）。

2.　承第 1 題，請算出 10 折交叉驗證的結果。

第 12 章

模型參數挑選和
網格搜尋

=== 本章學習重點 ===

■ 介紹網格搜尋
■ 了解模型參數對預測結果的影響
■ 如何設定網格搜尋參數
■ 整理網格搜尋的過程分析
■ 所有模型和其最佳參數一起比較
■ 如何將不同模型放入網格搜尋裡
■ 如何將資料預處理也放到網格搜尋裡

在上一章我們做了各種機器學習的大亂鬥，但事實上，我們都還沒有談到如何去修改機器的預設參數。因此，如果要比較各種機器學習的結果優劣，我們還必須考量不同參數的影響。你可以預想，這個過程會變得相當複雜，因為針對每一個參數的組合，我們都必須進行所謂的交叉驗證。如此一來，程式會有多個迴圈，會耗費許多時間在執行，也容易出錯。還好，sklearn 提供了網格搜尋的方式幫助我們解決這個問題。

到目前為止，讀者應該可以發現，即使我們沒有刻意去調整參數，機器學習的預測參數都能提供相當不錯的預測結果。只不過透過參數的挑選，我們還有機會更進一步提升預測的正確率。

本章先用鳶尾花資料來做解釋，主要是因為它能繪出預測邊界，便於我們了解這些參數如何作用在機器學習演算法上。

12-1 了解模型參數對預測結果的影響

這次的邊界繪製函數有略加修改，主要是為了能在不同的子圖呈現，加了 ax 的參數。

範例 12-1　定義邊界繪製函數

▌程式碼

```
import pandas as pd
import numpy as np
import matplotlib.pyplot as plt
import seaborn as sns
%matplotlib inline
plt.rcParams['font.sans-serif'] = ['DFKai-sb']
plt.rcParams['axes.unicode_minus'] = False
%config InlineBackend.figure_format = 'retina'
import warnings
warnings.filterwarnings('ignore')

def plot_decision_boundary(X_test, y_test, model, ax):
    points = 500
    x1_max, x2_max = X_test.max()
    x1_min, x2_min = X_test.min()
    X1, X2 = np.meshgrid(np.linspace(x1_min-0.1, x1_max+0.1, points),
```

```
                          np.linspace(x2_min-0.1, x2_max+0.1, points))
    x1_label, x2_label = X_test.columns
    X_test.plot(kind='scatter', x=x1_label, y=x2_label, c=y_test,
                cmap='coolwarm', colorbar=False, s=20, ax=ax)
    grids = np.array(list(zip(X1.ravel(), X2.ravel())))
    ax.contourf(X1, X2, model.predict(grids).reshape(X1.shape),
                alpha=0.3, cmap='coolwarm')
```

範例 12-2　載入鳶尾花的資料和完成資料預處理

▌ 程式碼

```
from sklearn.datasets import load_iris
iris = load_iris()
df = pd.DataFrame(iris['data'], columns=iris['feature_names'])
df = df[['sepal width (cm)', 'petal length (cm)']]
df['target'] = iris['target']
df = df.iloc[50:]
X_cols = df.columns.drop('target')
y_col = 'target'
X = df[X_cols]
y = df[y_col]
from sklearn.model_selection import train_test_split
X_train, X_test, y_train, y_test = train_test_split(X, y,
                                    test_size=0.33, random_state=42)
```

　　本章僅實驗支持向量機,其餘機器學習模型留待讀者自行學習。我們在支持向量機那一章有提到,其演算法有一個參數 C 可以調整選擇。C 參數可以想像是對「錯誤分類」的懲罰參數,當 C 愈大時,支持向量機愈不允許錯誤,因此模型複雜度會提升,容易有過度擬合的情況發生。觀察範例 12-3,你會發現,C 愈大時,邊界的彎曲程度也愈大。而當 C 愈小時,對犯錯的懲罰就愈小,即犯錯允許程度。當小到一定程度時,任何的犯錯都是被許可的。因此就沒有任何的預測邊界,如下圖的 C=0.001 的情況。

範例 12-3 用預測邊界方式了解不同參數 C 對支持向量機的影響

▌ **程式碼**

```python
from sklearn.preprocessing import StandardScaler
from sklearn.pipeline import make_pipeline
from sklearn.svm import SVC
fig, axes = plt.subplots(2,3, figsize=(8,5), sharex=True, sharey=True)
scores = []
Cs = [0.001, 0.01, 0.1, 1, 10, 100]
for ax, c in zip(axes.ravel(), Cs):
    model_pl = make_pipeline(StandardScaler(), SVC(C=c))
    model_pl.fit(X_train, y_train)
    plot_decision_boundary(X_train, y_train, model_pl, ax)
    ax.set_title(f' 參數 C={c}')
plt.tight_layout()
```

▌ **執行結果**

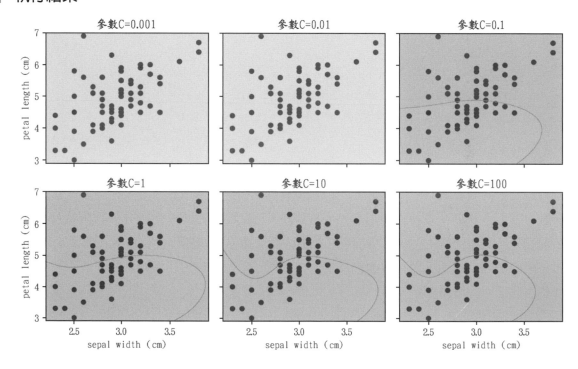

　　小結：C 大時，模型預測能力變複雜，但容易過度擬合。C 小時，模型預測能力變弱，但預測的一般性會較高。

　　支持向量機的預設 kernel 是 rbf，它能將無法線性分割的資料投射到高的維度來進行分割。它有一個參數是 gamma，當 gamma 愈大時，模型複雜程度會上升，容易有過度擬合的問題產生。觀察發現，gamma 為 0.001 時，模型沒有預測能力。當 gamma 為 0.01 時，相當於一條直線的分割。當 gamma 等於 100 時已產生過度擬合的情形。

範例 12-4　用邊界繪圖方式了解 gamma 參數對支持向量機的影響

▌程式碼

```
fig, axes = plt.subplots(2,3, figsize=(8,5), sharex=True, sharey=True)
scores = []
gammas = [0.001, 0.01, 0.1, 1, 10, 100]
for ax, gamma in zip(axes.ravel(), gammas):
    model_pl = make_pipeline(StandardScaler(), SVC(gamma=gamma))
    model_pl.fit(X_train, y_train)
    plot_decision_boundary(X_train, y_train, model_pl, ax)
    ax.set_title(f' 參數 gamma={gamma}')
plt.tight_layout()
```

▌執行結果

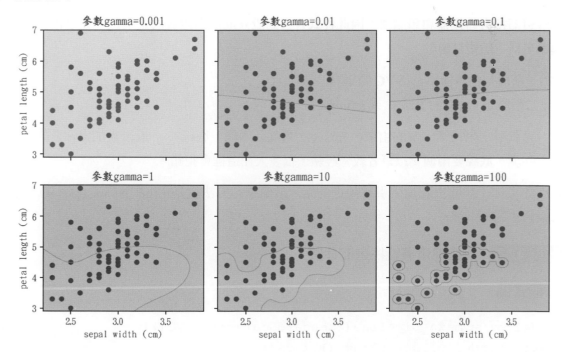

12-2 網格搜尋參數設定

以支持向量機而言，我們要考量的參數有 kernel 的選擇、C 的選擇和 gamma 的選擇。即使我們對這些值的意義有些了解，但如何挑選參數，仍要靠撰寫程式來挑出較佳的組合。這個自動化挑選參數的程式要做以下幾件事：

- 要用多個 **for** 迴圈進行所有參數組合
- 比較參數的好壞要用交叉驗證分析
- 最後要記錄不同參數的所有結果，再將最好的參數組合輸出

這一切光寫就「非常」麻煩，還好在 model_selection 模組裡的 GridSearchCV 能幫助我們達成上述的所有功能。這裡唯一要手動設定的是我們要實驗的參數組合。那要怎麼設定呢？關鍵就在於如何讓網格搜尋能夠去存取到管道器裡面的機器學習參數。

我們可以用 get_params().keys() 看到管道器裡所有參數的索引鍵。網格搜尋就可以透過這個索引鍵去修改管道器裡面的值。

觀察發現，索引鍵以 svc 開頭的就是用來設定支持向量機參數的索引鍵。換言之，如果要設定支持向量機的 kernel，就要用 'svc__kernel'，要設定 C 的話，就要用 'svc__C'，要設定 gamma 的話，就用 'svc__gamma'。那字典索引鍵命名規則是什麼呢？以範例 12-5 而言，**由於管道器裡有轉換器和預測器，因此程式會自動設立成兩階段式的索引鍵，先是預測器或轉換器名稱，然後是參數：**

- 第一階段是預測器 **svc**（**SVC** 的小寫）
- 第二階段是 **svc** 裡的參數 **C** 或 **gamma**

這就是二階段索引鍵的由來，先 'svc'，再加「兩個」底線 '__' 最後再加上你要的參數。再次強調，**底線要兩個**。以筆者教學經驗，很多人在這裡會犯錯。

如果你不想要去記憶索引鍵規則的話，最簡單的方法就是用 get_params().keys() 來觀察可以修改的索引鍵。

範例 12-5 支持向量機能挑選的參數

▍ 程式碼

```
model_pl = make_pipeline(StandardScaler(), SVC())
keys = model_pl.get_params().keys()
keys
```

執行結果

```
dict_keys(['memory', 'steps', 'standardscaler', 'svc',
'standardscaler__copy', 'standardscaler__with_mean',
'standardscaler__with_std', 'svc__C', 'svc__cache_size', 'svc__
class_weight', 'svc__coef0', 'svc__decision_function_shape',
'svc__degree', 'svc__gamma', 'svc__kernel', 'svc__max_iter',
'svc__probability', 'svc__random_state', 'svc__shrinking',
'svc__tol', 'svc__verbose'])
```

　　要使用網格搜尋前，要先知道如何將機器學習的參數包裝到字典格式。如支持向量機，就要將參數 kernel、C 和 gamma 包在字典裡。不過，支持向量機的 kernel 只有是 rbf 時，才會同時需要 C 和 gamma 參數。如果 kernel 只是 linear 時，只要參數 C。範例 12-6 的寫法會讓程式做每種組合的嘗試，其中包括 kernel 是 linear，也會試不同 gamma。雖然還是可以執行，但會比較浪費時間。

範例 12-6 支持向量機的參數組合偷懶版

程式碼

```
param_grid = {
    'svc__kernel': ['linear', 'rbf'],
    'svc__C':[0.1, 0.5, 0.8, 1, 5],
    'svc__gamma':np.arange(0.2, 1, 0.2)
}
print(param_grid)
```

執行結果

```
{'svc__kernel': ['linear', 'rbf'], 'svc__C': [0.1, 0.5, 0.8, 1,
5], 'svc__gamma': array([0.2, 0.4, 0.6, 0.8])}
```

　　精確的作法是用串列，將兩個不同 kernel 的參數用字典分別載入。格式上會比較複雜，因為最外層是串列，裡面才是參數的字典。不過，這樣子就很清楚，當 kernel 是 linear 時，只測試參數 C 的值。至於每個參數範圍的設定，通常需要一些實驗。在 numpy 裡的 np.logspace() 能幫助我們進行較大範圍的設定，有興趣讀者請自行研究。

範例 12-7　支持向量機的參數組合精確版

▌ **程式碼**

```
from sklearn.model_selection import GridSearchCV
param_grid = [
    {
        'svc__kernel': ['linear'],
        'svc__C':[0.1, 0.5, 0.8, 1, 5],
    },
    {
        'svc__kernel': ['rbf'],
        'svc__C':[0.1, 0.5, 0.8, 1, 5],
        'svc__gamma':np.arange(0.2, 1, 0.2)
    }
]
print(param_grid)
```

▌ **執行結果**

```
[{'svc__kernel': ['linear'], 'svc__C': [0.1, 0.5, 0.8, 1, 5]},
{'svc__kernel': ['rbf'], 'svc__C': [0.1, 0.5, 0.8, 1, 5], 'svc__
gamma': array([0.2, 0.4, 0.6, 0.8])}]
```

　　當預測管道器設定好，參數的實驗範圍也設定好後，就能拿出我們的終極武器──GridSearchCV「網格搜尋」來幫我們找出最好的參數。

　　網格，顧名思義就是網子上所有的格點，因此網格搜尋就是幫你將所有的參數組合都試過一遍，然後告訴你哪一個參數組合能得到最佳的預測結果。更甚者，就算是不同模型，不同資料預處理的方式，都能一起放進網格進行搜尋。

　　網格搜尋的使用說明：

- 初始化網格搜尋物件：**網格搜尋物件初始完後，就像是一般的「預測器」一樣。只不過初始化時有幾個重要參數，**

　　1. 你**要搜尋的預測器，**

　　2. **網格的搜尋參數範圍，**

　　3. **交叉驗證的折數。**

　　至於 return_train_score=True，是爲將整個搜尋結果的歷程都記錄下來。

- 初始化後，就像一般的預測器可用 **fit** 進行學習。觀察發現，你所設定的參數學習範圍會在 **param_grid** 變數裡

　　網格搜尋如何判斷哪一個參數是最好的呢？它的作法是在訓練集裡用不同參數組合做交叉驗證，最後將交叉驗證結果最好的參數和結果儲存起來。

範例 12-8 進行網格搜尋

▌程式碼

```
model_pl = make_pipeline(StandardScaler(), SVC())
gs = GridSearchCV(model_pl, param_grid=param_grid,
                  cv=10, return_train_score=True)
# 進行網格搜尋學習
gs.fit(X_train, y_train)
```

▌執行結果

```
GridSearchCV(cv=10, error_score='raise-deprecating',
      estimator=Pipeline(memory=None,
    steps=[('standardscaler', StandardScaler(copy=True,
            with_mean=True, with_std=True)), ('svc', SVC(C=1.0,
            cache_size=200, class_weight=None, coef0=0.0,
  decision_function_shape='ovr', degree=3, gamma='auto_deprecated',
  kernel='rbf', max_iter=-1, probability=False, random_state=None,
  shrinking=True, tol=0.001, verbose=False))]),
      fit_params=None, iid='warn', n_jobs=None,
      param_grid=[{'svc__kernel': ['linear'], 'svc__C': [0.1,
            0.5, 0.8, 1, 5]}, {'svc__kernel': ['rbf'],
            'svc__C': [0.1, 0.5, 0.8, 1, 5], 'svc__gamma':
            array([0.2, 0.4, 0.6, 0.8])}],
      pre_dispatch='2*n_jobs', refit=True, return_train_score=True,
      scoring=None, verbose=0)
```

網格搜尋的**最佳參數存放在 best_params_ 屬性裡**。用範例 12-9 來觀察執行結果。

範例 12-9　取得網格搜尋的最佳參數

▌ 程式碼

```
gs.best_params_
```

▌ 執行結果

```
{'svc__C': 0.5, 'svc__kernel': 'linear'}
```

在範例 12-9 的執行結果中看到，當 kernel 為線性，C 為 0.5，為交叉驗證結果裡的最佳
參數。

best_score_ 屬性裡可得到網格搜尋裡的最佳預測結果。

範例 12-10　取得網格搜尋裡最佳預測的結果

▌ 程式碼

```
gs.best_score_
```

▌ 執行結果

```
0.9701492537313433
```

範例 12-10 得到，在 'svc__C': 0.5, 'svc__kernel': 'linear' 的情況下，**針對訓練集 10 折交
叉驗證的最佳預測平均為 0.97**。

範例 12-11　用交叉驗證來檢查上例結果的正確性

▌ 程式碼

```
from sklearn.model_selection import cross_val_score
model_pl_svc = make_pipeline(StandardScaler(), SVC(C=0.5, kernel='linear'))
scores = cross_val_score(model_pl_svc, X_train, y_train, cv=10)
print(f' 十折交叉驗證的預測結果：{scores.round(3)}')
print(f' 十折交叉驗證結果的平均值 {scores.mean().round(3)}')
```

▌ 執行結果

```
十折交叉驗證的預測結果：[1.    1.    0.714 1.    1.    1.    1.    1.    1.    1.    ]
十折交叉驗證結果的平均值 0.971
```

訓練集 10 折交叉驗證的平均為 0.971。與上例有些許誤差，應該是資料切割的亂數值所造成。

目前得到的最佳參數和最佳預測結果，都是針對訓練集的資料；那針對測試集的預測結果又是如何呢？以範例 12-12 來說明。

範例 12-12　最佳參數運用在測試集的預測結果

程式碼

```
model_pl_svc = make_pipeline(StandardScaler(), SVC(C=0.5, kernel='linear'))
model_pl_svc.fit(X_train, y_train)
model_pl_svc.score(X_test, y_test)
```

執行結果

```
0.8787878787878788
```

觀察發現，結果僅有 0.88，下降還蠻多的。探究原因，應該是鳶尾花的樣本數太少，導致結果的差異。以範例 12-11 的結果來看，**雖然整體的正確率高達 0.97，但其中的某一折正確率也只有 0.71**。

事實上，網格搜尋裡就有儲存最佳參數的預測模型在 best_estimator_ 的屬性裡，它已經是依照最佳參數訓練好的預測器。

範例 12-13　取出網格搜尋裡，最佳參數的預測模型

程式碼

```
from sklearn.metrics import confusion_matrix
score = gs.best_estimator_.score(X_test, y_test)
y_pred = gs.best_estimator_.predict(X_test)
print(f'正確率為 {score.round(3)}')
print(f'混亂矩陣結果為 \n{confusion_matrix(y_test, y_pred)}')
```

執行結果

```
正確率為 0.879
混亂矩陣結果為
[[17  2]
 [ 2 12]]
```

觀察發現，best_estimator_ 為最佳參數的預測模型。預測器不用再重新學習可以直接使用。

範例 12-14 跟預設參數的支持向量機比較

┃ 程式碼

```
model_pl_svc = make_pipeline(StandardScaler(), SVC())
model_pl_svc.fit(X_train, y_train)
print(f' 支持向量機的正確率：{model_pl_svc.score(X_test, y_test).round(3)}')
```

┃ 執行結果

支持向量機的正確率：0.848

預設參數的正確率是 0.848，網格搜尋的預測結果為 0.878，正確率確實是有往上提升。

12-3 網格搜尋的過程分析

有時候我們會想更進一步了解，究竟參數是如何影響預測結果好壞，這時就要在 GridSearchCV 裡，**將參數 return_train_score 設為 True**。在 cv_results_ 屬性裡存放著交叉驗證的所有分析結果，其中 'mean_test_score' 索引鍵提供了網格搜尋裡的交叉驗證的平均結果，而其對應的參數值則存放在 'params' 欄位。

因此我們先將 gs.cv_results_ 轉換成 DataFrame 的格式，再進一步取出 ['params','mean_test_score'] 欄位，最後用 sort_values 依 'mean_test_score' 的值由大到小排序。我們列出前五筆最佳的參數值。觀察發現一個有趣的事實：原來同時有數筆資料在網格搜尋裡的交叉驗證結果是相同的，都是 0.97。換言之，除了原本的最佳參數外，這些參數組合都是值得進一步探索的。

範例 12-15 網格搜尋的過程分析

┃ 程式碼

```
# 第一行是為了能看欄位裡所有的值
pd.set_option('display.max_colwidth', -1)
df_cv = pd.DataFrame(gs.cv_results_)[['params','mean_test_score']].\
sort_values(by = 'mean_test_score', ascending=False).head(12)
df_cv
```

執行結果

	params	mean_test_score
12	{'svc__C': 0.5, 'svc__gamma': 0.8, 'svc__kernel': 'rbf'}	0.971429
14	{'svc__C': 0.8, 'svc__gamma': 0.4, 'svc__kernel': 'rbf'}	0.971429
2	{'svc__C': 0.8, 'svc__kernel': 'linear'}	0.971429
3	{'svc__C': 1, 'svc__kernel': 'linear'}	0.971429
22	{'svc__C': 5, 'svc__gamma': 0.4, 'svc__kernel': 'rbf'}	0.971429
21	{'svc__C': 5, 'svc__gamma': 0.2, 'svc__kernel': 'rbf'}	0.971429
20	{'svc__C': 1, 'svc__gamma': 0.8, 'svc__kernel': 'rbf'}	0.971429
19	{'svc__C': 1, 'svc__gamma': 0.6000000000000001, 'svc__kernel': 'rbf'}	0.971429
18	{'svc__C': 1, 'svc__gamma': 0.4, 'svc__kernel': 'rbf'}	0.971429
16	{'svc__C': 0.8, 'svc__gamma': 0.8, 'svc__kernel': 'rbf'}	0.971429
10	{'svc__C': 0.5, 'svc__gamma': 0.4, 'svc__kernel': 'rbf'}	0.971429
11	{'svc__C': 0.5, 'svc__gamma': 0.6000000000000001, 'svc__kernel': 'rbf'}	0.971429

　　觀察範例 12-15 知道，第一筆參數 {'svc__C': 0.5, 'sv__gamma': 0.8, 'svc__kernel': 'rbf'} 能得到一樣好的結果。那要如何將這組參數值放入管道器裡呢？可以用 set_params 的方法將參數值輸入。其中最簡單將參數送入的方法是用 ** 將字典的值直接送入函數。

範例 12-16　如何將範例 12-15 的參數值送入管道器

程式碼

```
model_pl_svc = make_pipeline(StandardScaler(), SVC())
param = {'svc__C': 0.5, 'svc__gamma': 0.8, 'svc__kernel': 'rbf'}
model_pl_svc.set_params(**param)
print(f"觀察模型的參數設定：{model_pl_svc.get_params()['svc']}")
model_pl_svc.fit(X_train, y_train)
print('正確率爲：',model_pl_svc.score(X_test, y_test).round(3))
```

執行結果

觀察模型的參數設定：SVC(C=0.5, break_ties=False, cache_size=200, class_weight=None, coef0=0.0,
　　decision_function_shape='ovr', degree=3, gamma=0.8, kernel='rbf',
　　max_iter=-1, probability=False, random_state=None, shrinking=True,
　　tol=0.001, verbose=False)
正確率爲： 0.848

觀察模型的參數設定，C 值已改成 0.5，gamma 是 0.8。而在這組參數下，預測結果是 0.85。

範例 12-16 只是一筆資料的練習，要如何將整個 DataFrame 裡的 'params' 一起用測試集算出預測結果呢？我們先寫一個函數，讓它能依不同參數算出測試集的預測結果。再用 apply 的方法將整個欄位算出。

範例 12-17 利用 **DataFrame** 的 **params** 欄位來進行測試集預測

▌程式碼

```
def predict(param):
    model_pl_svc = make_pipeline(StandardScaler(), SVC())
    model_pl_svc.set_params(**param)
    model_pl_svc.fit(X_train, y_train)
    return model_pl_svc.score(X_test, y_test)
df_cv['accuracy'] = df_cv['params'].apply(predict)
df_cv
```

▌執行結果

	params	mean_test_score	accuracy
12	{'svc__C': 0.5, 'svc__gamma': 0.8, 'svc__kernel': 'rbf'}	0.971429	0.848485
14	{'svc__C': 0.8, 'svc__gamma': 0.4, 'svc__kernel': 'rbf'}	0.971429	0.848485
2	{'svc__C': 0.8, 'svc__kernel': 'linear'}	0.971429	0.848485
3	{'svc__C': 1, 'svc__kernel': 'linear'}	0.971429	0.848485
22	{'svc__C': 5, 'svc__gamma': 0.4, 'svc__kernel': 'rbf'}	0.971429	0.818182
21	{'svc__C': 5, 'svc__gamma': 0.2, 'svc__kernel': 'rbf'}	0.971429	0.848485
20	{'svc__C': 1, 'svc__gamma': 0.8, 'svc__kernel': 'rbf'}	0.971429	0.848485
19	{'svc__C': 1, 'svc__gamma': 0.6000000000000001, 'svc__kernel': 'rbf'}	0.971429	0.848485
18	{'svc__C': 1, 'svc__gamma': 0.4, 'svc__kernel': 'rbf'}	0.971429	0.848485
16	{'svc__C': 0.8, 'svc__gamma': 0.8, 'svc__kernel': 'rbf'}	0.971429	0.848485
10	{'svc__C': 0.5, 'svc__gamma': 0.4, 'svc__kernel': 'rbf'}	0.971429	0.848485
11	{'svc__C': 0.5, 'svc__gamma': 0.6000000000000001, 'svc__kernel': 'rbf'}	0.971429	0.848485

觀察發現，所有的參數預測結果都大同小異。

12-4　所有模型和其最佳參數一起比較

　　到目前為止，我們完成了支持向量機的最佳參數挑選。接下來我們野心更大，想將所有的預測模型和其最佳參數都挑選出來。簡單的想法是寫一個大的 for 迴圈來執行不同的機器學習模型，並用網格搜尋得到最佳的預測模型和參數。接下來為了增加正確率的差異，我們用鳶尾花的全部欄位來學習，但仍是用 50 筆之後資料。

範例 12-18　鳶尾花的全部欄位載入

▎程式碼

```
df = pd.DataFrame(iris['data'], columns=iris['feature_names'])
df['target'] = iris['target']
df = df.iloc[50:]
X = df.drop('target', axis=1)
y = df['target']
X_train, X_test, y_train, y_test = train_test_split(X, y,
                                      test_size=0.33, random_state=42)
```

　　接下來要來看看不同模型的最佳參數比較，執行步驟如下：

第一步：將不同的機器學習模型，用串列存放到 models 的串列變數裡。

第二步：將不同機器學習的搜尋參數各自存放到不同的變數，再用串列整合到 params 變數裡。

第三步：**用 zip() 將 models 和 params 結合在一起，進入 for 迴圈做網格搜尋。**

　　變數命名：train_score 為訓練集的交叉驗證結果，test_score 為測試集的預測結果。

範例 12-19　不同模型的最佳參數比較

▎程式碼

```
from sklearn.linear_model import LogisticRegression
from sklearn.neighbors import KNeighborsClassifier
from sklearn.tree import DecisionTreeClassifier


models = [LogisticRegression(), SVC(),
         KNeighborsClassifier(), DecisionTreeClassifier()]
param_lr = {'logisticregression__penalty': ['l1', 'l2'],
```

```
                'logisticregression__C':[0.001,0.01,1,5,10]}
param_svc = {
    'svc__kernel':['linear','rbf'],
    'svc__C': [0.1, 0.5, 0.8, 1, 5],
    'svc__gamma': np.arange(0.2, 1, 0.2)
}
param_knn = {'kneighborsclassifier__n_neighbors':[5,10,15,20,25]}
param_tree = {'decisiontreeclassifier__min_samples_split':[5, 10,
                                        15, 20, 30]}
params = [param_lr, param_svc, param_knn, param_tree]
scores = {}
for model, param in list(zip(models, params)):
    print(f'Model {model.__class__.__name__} 正在進行學習和預測...')
    model_pl = make_pipeline(StandardScaler(), model)
    gs = GridSearchCV(model_pl, param_grid=param, cv=5)
    gs.fit(X_train, y_train)
    score = gs.best_estimator_.score(X_test, y_test)
    data = {
        'train_score': gs.best_score_,
        'param': gs.best_params_,
        'test_score': score
    }
    scores[model.__class__.__name__] = data
df_gs_results = pd.DataFrame(scores, index=['train_score',
'test_score']).T
df_gs_results
```

執行結果

```
Model LogisticRegression 正在進行學習和預測...
Model SVC 正在進行學習和預測...
Model KNeighborsClassifier 正在進行學習和預測...
Model DecisionTreeClassifier 正在進行學習和預測...
```

	train_score	test_score
LogisticRegression	0.970149	0.909091
SVC	1.000000	0.939394
KNeighborsClassifier	0.985075	0.909091
DecisionTreeClassifier	0.940299	0.818182

　　觀察發現，在網格搜尋裡，結果最好的模型是支持向量機，其次是 K 最近鄰和羅吉斯迴歸。測試集預測的結果 (test_score)，最好的仍是支持向量機 0.94。

　　在這裡必須補充說明，這個結果仍然不是最客觀的。讀者如果還有印象的話，最客觀的方式應該要用交叉驗證的多折平均運算。換言之，在我們挑選到最佳參數之後，要再進行一次交叉驗證的運算，再取平均會比較客觀。但這麼一來，運算的量又會更大，就請讀者自行實驗。

範例 12-20　承上例，將結果依照 train_score 高低來排序

▌程式碼

```
df_gs_results.sort_values(by='train_score', ascending=False)
```

▌執行結果

	train_score	test_score
SVC	1.000000	0.939394
KNeighborsClassifier	0.985075	0.909091
LogisticRegression	0.970149	0.909091
DecisionTreeClassifier	0.940299	0.818182

　　排序過後的結果能更清楚看見哪個結果是最佳。

　　範例 12-19 的寫法很清楚，但接下來要教大家的方法可是很少人知道的。我們要將模型也放入網格搜尋，如此一來，連 for 迴圈都可以不用寫。

　　首先，我們改用 Pipeline 來製作管道器，與 make_pipeline 唯一的差異是，make_pipeline 會自動幫我們加索引鍵，Pipeline 則要自己設定索引鍵。由於我要將管道器裡的預測器置換，我想用一個一般性的名字如 model，而不是像 svc，因此選用 Pipeline。

　　Pipeline 的使用也很簡單，參數裡的第一個參數是用**串列傳入，串列裡面用 tuple 將索引鍵和轉換器或預測器連結起來**。以範例 12-21 而言，我將資料預處理的索引鍵設為 preprocess，而將模型的索引鍵設為 model。這樣子的命名比較一般化，你仍然可以用 make_pipeline 來完成這些工作。

　　再來我們就將模型和其參數一筆一筆用字典的格式描述清楚，再放入串列變數 param_grid 裡。你會發現，所有的模型都用 model 索引鍵，這樣子比較一般化。接下來的步驟就跟原本是一樣的，通通交給網格搜尋來處理。

範例 12-21　將不同模型放入網格搜尋裡

▌ 程式碼

```python
from sklearn.pipeline import Pipeline
model_pl = Pipeline([
    ('preprocess', StandardScaler()),
    ('model', LogisticRegression())
])


param_grid = [
    {'model':[LogisticRegression()], 'model__penalty': ['l1', 'l2'],
     'model__C':[0.001,0.01,1,5,10]},
    {'model':[SVC()], 'model__kernel':['linear','rbf'],
     'model__C': [0.1, 0.5, 0.8, 1, 5],'model__gamma':
                                    np.arange(0.2, 1, 0.2)},
    {'model':[KNeighborsClassifier()], 'model__n_neighbors':[5,10,15,20,25]},
    {'model':[DecisionTreeClassifier()], 'model__min_samples_
            split':[5, 10, 15, 20, 30]}
]


gs = GridSearchCV(model_pl, param_grid=param_grid,
                cv=5, return_train_score=True)
gs.fit(X_train, y_train)
score = gs.best_estimator_.score(X_test, y_test)
print('最佳預測模型和參數', gs.best_params_['model'])
print('訓練集的最佳結果', gs.best_score_)
print('測試集的預測結果', score)
```

▌ 執行結果

最佳預測模型和參數 SVC(C=0.5, cache_size=200, class_weight=None,
　coef0=0.0, decision_function_shape='ovr', degree=3, gamma=0.2,
　kernel='linear', max_iter=-1, probability=False, random_state=None,
　shrinking=True, tol=0.001, verbose=False)
訓練集的最佳結果 1.0
測試集的預測結果 0.9393939393939394

　　觀察範例 12-21 發現，執行的結果與範例 12-20 是相同的，svc 仍是最佳的，參數也是相同的。不過相較於範例 12-20 的結果，這個方法顯然比較簡單。

　　接下來將資料預處理也放到網格搜尋裡。為了執行速度考量，我們就選用三個資料預處理方式：StandardScaler、MinMaxScaler 和不做任何處理。而預測器僅用支持向量機來做說明。

範例 12-22　將資料預處理也放到網格搜尋裡

▌**程式碼**

```
from sklearn.preprocessing import MinMaxScaler
model_pl = Pipeline([
    ('preprocess', StandardScaler()),
    ('model', LogisticRegression())
])
preprocess = [StandardScaler(), MinMaxScaler(), None]
param_grid = [
    {'preprocess': preprocess,
     'model':[SVC()], 'model__kernel':['linear','rbf'],
     'model__C': [0.1, 0.5, 0.8, 1, 5],'model__gamma':
                                        np.arange(0.2, 1, 0.2)},
]
gs = GridSearchCV(model_pl, param_grid=param_grid,
                  cv=5, return_train_score=True)
gs.fit(X_train, y_train)
score = gs.best_estimator_.score(X_test, y_test)
print(' 最佳預處理方式 ', gs.best_params_['preprocess'])
print(' 訓練集交叉驗證的最佳結果 ', gs.best_score_)
print(' 測試集的預測結果 ', score)
```

▌**執行結果**

最佳預處理方式 StandardScaler(copy=True, with_mean=True, with_std=True)
訓練集交叉驗證的最佳結果 1.0
測試集的預測結果 0.9393939393939394

　　觀察發現，最好的資料預處理是 StandardScaler。

12-5 威斯康辛大學的乳癌腫瘤資料

接下來我們用之前的乳癌腫瘤資料進行預測和比較。

範例 12-23 模型綜合比較，採 10 折交叉驗證

▎程式碼

```python
# 載入資料和資料預處理
from sklearn.datasets import load_breast_cancer
breast_cancer = load_breast_cancer()
X, y = breast_cancer['data'], breast_cancer['target']
X_train, X_test, y_train, y_test = train_test_split(X, y,
                                    test_size=0.33, random_state=2)

model_pl = Pipeline([
    ('preprocess', StandardScaler()),
    ('model', LogisticRegression())
])
param_grid = [
    {'model':[LogisticRegression()], 'model__penalty': ['l1', 'l2'],
     'model__C':[0.001,0.01,1,5,10]},
    {'model':[SVC()], 'model__kernel':['linear','rbf'],
     'model__C': [0.1, 1, 10, 100, 1000],
     'model__gamma': [1, 0.1, 0.01, 0.001, 0.0001]},
    {'model':[KNeighborsClassifier()],
     'model__n_neighbors':[5,10,15,20,25]},
    {'model':[DecisionTreeClassifier()],
     'model__min_samples_split':[5, 10, 15, 20, 30]}
]
gs = GridSearchCV(model_pl, param_grid=param_grid,
                cv=10, return_train_score=True)
gs.fit(X_train, y_train)
score = gs.best_estimator_.score(X_test, y_test)
print('最佳模型', gs.best_params_['model'])
print('最佳交叉驗證的結果', gs.best_score_)
print('最後測試集的結果', score)
```

執行結果

最佳模型 SVC(C=1000, cache_size=200, class_weight=None, coef0=0.0,
　decision_function_shape='ovr', degree=3, gamma=0.001,
　kernel='rbf', max_iter=-1, probability=False, random_state=None,
　shrinking=True, tol=0.001, verbose=False)
最佳交叉驗證的結果 0.984251968503937
最後測試集的結果 0.9680851063829787

　　最佳的模型是支持向量機，kernel 為 rbf，C 是 1000，gamma=0.001。測試集預測結果為 0.968。

範例 12-24　網格搜尋最佳的前十筆，並計算測試集結果

程式碼

```
def predict(param):
    model_pl = Pipeline([
        ('preprocess', StandardScaler()),
        ('model', LogisticRegression())
    ])
    model_pl.set_params(**param)
    model_pl.fit(X_train, y_train)
    return model_pl.score(X_test, y_test)


df_cv = pd.DataFrame(gs.cv_results_)[['params','mean_test_score']].\
sort_values(by = 'mean_test_score', ascending=False)
df_cv_top10 = df_cv.iloc[:10]
# 模型名稱
df_cv_top10['model_name'] = df_cv_top10['params'].\
apply(lambda x: x['model'].__class__.__name__)
# 測試集正確率
df_cv_top10['accuracy'] = df_cv_top10['params'].\
apply(predict)
df_cv_top10 = df_cv_top10.set_index('model_name')[['mean_test_score',
                                                    'accuracy']]

df_cv_top10
```

執行結果

model_name	mean_test_score	accuracy
SVC	0.984252	0.968085
SVC	0.981627	0.968085
LogisticRegression	0.981627	0.973404
SVC	0.981627	0.968085
SVC	0.981627	0.968085
SVC	0.981627	0.968085
SVC	0.981627	0.968085
LogisticRegression	0.979003	0.973404
SVC	0.976378	0.984043
SVC	0.976378	0.984043

　　用這個方法，我們能夠輸出的不僅是最佳的一筆網格搜尋資料，而是網格搜尋最佳的前 10 筆資料。這 10 筆資料都是值得我們進一步探索的。

　　接下來的範例要將範例 12-24 的執行結果以圖顯示。

範例 12-25 承上做圖

程式碼

```
df_cv_top10.plot(kind='bar',ylim=(0.9, 1), alpha=0.6, rot=60)
```

執行結果

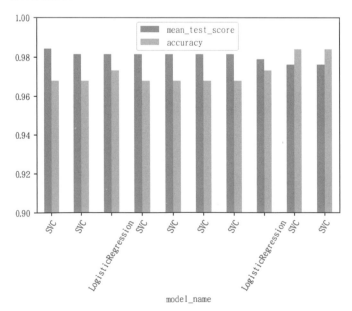

　　藍色長條圖是網格搜尋裡交叉驗證的結果，其值是逐漸遞減。但有趣的是，橘色測試集的最好預測結果反而是落在最後一個預測模型。爲什麼會這樣呢？這是因爲在訓練集裡最佳的參數，未必是測試集裡最佳的參數。

　　接下來介紹隨機網格搜尋。

　　當參數很多時，網格搜尋會耗費很多時間，在 model_selection 裡有隨機網格搜尋的函數，可以解決這個問題。但要特別注意的是，其網格參數只能是字典格式，不能再用串列包字典。因此，一次只能用一個機器學習方法來尋找最佳參數。以範例 12-26 而言，原本要搜尋的網格點有 2(kernel)*10(C)*6(gamma)=120 次，再加 5 折交叉驗證，要花很長的時間。這時你可以設定 n_iter 爲 20 次，表示隨機抽出 20 個網格點來實驗，如此可以大幅縮短時間。通常我們可以先用隨機網格搜尋進行大範圍的探索，等範圍確定之後，再用一般的網格搜尋進行細部的參數探索。

範例 12-26　隨機網格搜尋

▍程式碼

```
from sklearn.model_selection import RandomizedSearchCV
model_pl = Pipeline([
    ('preprocess', StandardScaler()),
    ('model', LogisticRegression())
])
param_grid = {'model':[SVC()], 'model__kernel':['linear','rbf'],
             'model__C': [0.1, 1, 2, 3, 4, 5, 6, 7, 10, 100],
             'model__gamma': [1, 0.1, 0.01, 0.001, 0.002, 0.0001]}
n_iter = 20
random_gs = RandomizedSearchCV(model_pl, param_distributions=param_grid,
                               n_iter=n_iter, cv=5)
random_gs.fit(X_train, y_train)
score = random_gs.best_estimator_.score(X_test, y_test)
print('最佳模型 ', random_gs.best_params_['model'])
print('最佳交叉驗證的結果 ', random_gs.best_score_)
print('最後測試集的結果 ', score)
```

█ 執行結果

```
最佳模型 SVC(C=2, cache_size=200, class_weight=None, coef0=0.0,
  decision_function_shape='ovr', degree=3, gamma=0.001,
kernel='linear',
  max_iter=-1, probability=False, random_state=None,
shrinking=True,
  tol=0.001, verbose=False)
最佳交叉驗證的結果 0.9817156527682844
最後測試集的結果 0.9680851063829787
```

　　最佳預測參數是 kernel 為 linear，C 是 2。測試集預測結果為 0.968。

章 末 習 題

1. 載入鳶尾花的資料，並只用 ['sepal width (cm)', 'petal length (cm)'] 和第 50 筆之後資料，繪製 K 最近鄰的鄰居個數（從 1 到 6），並討論鄰居個數與模型預測的關係。

2. 用鐵達尼號的數據，來進行支持向量機的網格搜尋最佳參數。實驗參數：

```
param_grid = {'svc__kernel':['rbf'], 'svc__C': [0.1, 1, 10,
100], 'svc__gamma': [1, 0.1, 0.01]}
```

3. 接續第 2 題，請算出前十筆最佳參數的訓練集預測結果。

4. 在第 2 題中，我們得到了測試集的可能最佳結果，但是在課本裡面也提到，這樣的方法還不是很完整，原因就在於，我們的訓練集只是某一次的資料切割，有可能因為切割的好壞，而影響到結果的品質。所以如果要得到更精確的結果，必須用多折交叉驗證的平均值。請利用第 2 題所做的最佳參數，再用 20 折交叉驗證來算出較客觀的平均值。

第 13 章

組合預測器

====== 本章學習重點 ======

- 組合演算法（Ensemble method）
- 投票組合器（Voting）
- 投票組合器（Voting）——軟投票法
- Bagging 裝袋演算法
- 隨機森林演算法
- 強化組合器（Boosting）
- 梯度強化組合器，XGB 組合器
- 各種組合器的網格搜尋

整體的英文是 ensemble；Ensemble method 就是組合演算法。

三個臭皮匠勝過一個諸葛亮，就是「組合演算法」的精神寫照，以下簡稱為「組合器」，它的想法很簡單：既然每個演算法都有其特長，能照顧資料的不同面向，如果將它們組合在一起，會不會得到一個更好的結果？

請問：如果要挑選演算法來組合時，要挑性質相近的？還是有點不相近的呢？答案是：不要太相近。因為太相近的話，那這三個人的意見還是等於一個人的意見。因此組合器的基本條件是：每個預測器之間要有一定程度的差異。

13-1　載入資料

本章繼續使用上一章的威斯康辛大學乳癌腫瘤資料。在上一章的網格搜尋裡，我們透過調整機器學習參數來提升預測結果，其最佳的結果為 0.968。在本章，我們繼續用組合器來試著提升預測結果。

範例 13-1　載入資料並完成預處理

程式碼

```python
import pandas as pd
import numpy as np
import matplotlib.pyplot as plt
import seaborn as sns
%matplotlib inline
plt.rcParams['font.sans-serif'] = ['DFKai-sb']
plt.rcParams['axes.unicode_minus'] = False
%config InlineBackend.figure_format = 'retina'
import warnings
warnings.filterwarnings('ignore')


from sklearn.datasets import load_breast_cancer
from sklearn.model_selection import train_test_split
breast_cancer = load_breast_cancer()
df = pd.DataFrame(data = breast_cancer['data'],
                  columns = breast_cancer['feature_names'])
df['target'] = breast_cancer['target']
```

```
X = df.drop('target', axis=1)
y = df['target']
X_train, X_test, y_train, y_test = train_test_split(X, y,
                                    test_size=0.33, random_state=2)
```

13-2　投票組合器

投票組合器就是用投票的方式來決定最後的預測結果。最基本投票的做法是採取「多數決」。當多數演算法說 1 時，輸出結果就是 1。在 sklearn 裡，所有的組合器都放在 ensemble 模組裡，本例用的是 VotingClassifier 函數。

VotingClassifier 投票組合器裡的第一個參數，是用串列的方式將所有的管道器或預測器放入，而 voting 的參數表示你要用哪種表決方式，選 hard 就表示投票意見用 0 和 1 的硬表決方式。譬如：有三個預測器對某一個預測結果為 [1,2,1]，經過硬投票表決後的結果會是 1。這就是 hard voting 的原理。

我們用了四個機器學習來進行投票，包括羅吉斯迴歸、支持向量機、決策樹和 K 最近鄰。組合器的訓練集預測結果高達 0.99，測試集的預測準確率是 0.973，相較前一章支持向量機的最佳結果 0.968 已略有提升。

範例 13-2　投票組合器──硬投票

▌程式碼

```
from sklearn.linear_model import LogisticRegression
from sklearn.svm import SVC
from sklearn.neighbors import KNeighborsClassifier
from sklearn.tree import DecisionTreeClassifier
from sklearn.pipeline import make_pipeline
from sklearn.preprocessing import StandardScaler
# 載入 VotingClassfier 投票組合器
from sklearn.ensemble import VotingClassifier
model_pl_lr = make_pipeline(StandardScaler(), LogisticRegression())
model_pl_svc = make_pipeline(StandardScaler(), SVC())
model_pl_knn = make_pipeline(StandardScaler(), KNeighborsClassifier())
model_pl_tree = make_pipeline(DecisionTreeClassifier(max_depth=10))
vc = VotingClassifier([
    ('lr', model_pl_lr),
```

```
    ('svc', model_pl_svc),
    ('tree', model_pl_tree),
    ('knn', model_pl_knn)],
    voting='hard')
vc.fit(X_train, y_train)
train_score = vc.score(X_train, y_train)
test_score = vc.score(X_test, y_test)
print(' 訓練集的預測結果 ', train_score)
print(' 測試集的預測結果 ', test_score)
```

執行結果

訓練集的預測結果 0.9921259842519685
測試集的預測結果 0.973404255319149

　　軟投票和硬投票的不同處，在於它利用的是預測器的預測機率值，透過將機率值做平均或加權平均，再來做預測結果的決定。一般來講，軟投票的結果會比較好。因為硬投票使用的預測值為單純 0 或 1，而軟投票則考量到出現機率值，因此在資訊上較為豐富。

　　要注意的是，SVC() 的預設是不會有機率值的輸出，因此要多加一個參數 probability=True。使用時只要將投票組合器的 voting 改設為 soft 即可。以範例 13-3 來說，雖然訓練集的預測結果略為提升，但測試集仍是相同（請注意，因為會有亂數起點的問題，因此你的結果不見得跟我完全相同）。

範例 13-3　投票組合器──軟投票

程式碼

```
model_pl_svc = make_pipeline(StandardScaler(), SVC(probability=True))
vc = VotingClassifier([
    ('lr', model_pl_lr),
    ('svc', model_pl_svc),
    ('tree', model_pl_tree),
    ('knn', model_pl_knn)],
    voting='soft')
vc.fit(X_train, y_train)
train_score = vc.score(X_train, y_train)
test_score = vc.score(X_test, y_test)
print(' 訓練集的預測結果 ', train_score)
print(' 測試集的預測結果 ', test_score)
```

執行結果

訓練集的預測結果 `0.994750656167979`
測試集的預測結果 `0.9680851063829787`

範例 13-3 的軟投票方式，是讓每個演算法的重要性都相同，但如果你有先備知識，也可以讓每個預測器的重要性不同，即權重不同。因此，權重設定的想法是，每個人的意見可以有不同的重要性，有些人比較重要，有些人比較次要。

使用方式是在投票組合器裡加一個參數 weights，範例 13-4 給它 [2, 2, 1, 2]，其測試集的預測結果為 0.978。為什麼是 [2, 2, 1, 2]？這是我亂給的。不過這裡就出現一個可實驗的參數 weight，那是否可用網格搜尋來尋找最佳參數呢？之後再用範例 13-5 說明。

範例 13-4 軟投票的權重設定

程式碼

```
vc = VotingClassifier([
    ('lr', model_pl_lr),
    ('svc', model_pl_svc),
    ('tree', model_pl_tree),
    ('knn', model_pl_knn)],
    voting='soft', weights=[2, 2, 1, 2])
vc.fit(X_train, y_train)
train_score = vc.score(X_train, y_train)
test_score = vc.score(X_test, y_test)
print('訓練集的預測結果 ', train_score)
print('測試集的預測結果 ', test_score)
```

執行結果

訓練集的預測結果 `0.994750656167979`
測試集的預測結果 `0.9787234042553191`

接下來將權重參數放入網格搜尋來學習。第一步，我們要創造 4 維度的網格串列，主要用的是 np.meshgrid() 函數。

範例 13-5 將權重參數放入網格搜尋來學習

程式碼

```
A, B, C, D = np.meshgrid(range(1,4), range(1,4), range(1,4), range(1,4))
mesh = list(zip(A.flatten(), B.flatten(), C.flatten(), D.flatten()))
print(f' 共 {len(mesh)} 個網格點，即 3*3*3*3')
```

執行結果

共 81 個網格點，即 3*3*3*3

由於進行時間較長，範例 13-6 使用隨機網格搜尋。其最終預測結果只有 0.968。

範例 13-6 隨機網格搜尋

程式碼

```
from sklearn.model_selection import RandomizedSearchCV
vc = VotingClassifier([
    ('lr', model_pl_lr),
    ('svc', model_pl_svc),
    ('tree', model_pl_tree),
    ('knn', model_pl_knn)],
    voting='soft', weights=[2, 2, 1, 1])
weights = {'weights':mesh}
np.random.seed(42)
rgs = RandomizedSearchCV(vc, param_distributions=weights,
                         n_iter=30, cv=10, random_state=42)
rgs.fit(X_train, y_train)
print(' 訓練集的預測結果 ', rgs.best_score_)
print(' 測試集預測結果 ',rgs.score(X_test, y_test))
print(' 最佳權重選擇 ',rgs.best_params_)
```

執行結果

訓練集的預測結果 0.9790148448043186
測試集預測結果 0.9680851063829787
最佳權重選擇 {'weights': (1, 1, 1, 1)}

13-3 Bagging 裝袋演算法

Bagging 稱為裝袋演算法。本章開始時曾介紹,在組合器裡的預測器要有一定的差異,不然大家意見都一致,就失去組合的意義了。

為了讓意見差異再多些,我們可以讓每個預測器所訓練的樣本都不相同。換言之,每個預測器的樣本都是從訓練集裡隨機抽取的一部分。裝袋演算法就是讓每個預測器從訓練集裡隨機抽取固定數目的樣本,而每採集一個樣本後都將樣本放回,屬於放回的隨機抽樣。

裝袋演算法的優點有二:一是能增加模型預測的變異性,二是因為抽樣,裝袋演算法能有機會「不抽到」有問題的資料(如果只是少數幾筆)。

使用方式:裝袋演算法在 emsemble 模組裡,函數名稱是 BaggingClassifier。因為裝袋演算法可透過樣本抽樣來製造模型預測的差異性,因此你也可以只選擇一種預測模型。在 BaggingClassifier 的預設是決策樹,n_estimators 為 50,表示用 50 棵決策樹來進行學習和表決。

觀察發現訓練集的預測結果為 1,但測試集為 0.957,可能有過度擬合的情況發生。

範例 13-7 裝袋演算法

程式碼

```
from sklearn.ensemble import BaggingClassifier
bagc = BaggingClassifier(random_state=42, n_estimators=50)
bagc.fit(X_train, y_train)
print('訓練集的預測結果 ', bagc.score(X_train, y_train))
print('測試集的預測結果 ', bagc.score(X_test, y_test))
```

執行結果

訓練集的預測結果 1.0
測試集的預測結果 0.9574468085106383

13-4　隨機森林演算法

　　裝袋演算法的其中一個變異是「隨機森林演算法」，它除了將對訓練樣本做抽樣外，它連特徵值也都會做抽樣，如此一來，預測模型的變異性會更大。隨機森林曾實際應用於 XBOX 的姿勢識別器裡。

　　隨機森林演算法在 emsemble 模組裡，函數名稱是 RandomForestClassifier。我們用其預設參數預測。以本例而言，訓練集的預測結果為 1，但測試集為 0.952。

範例 13-8　隨機森林演算法

程式碼

```
from sklearn.ensemble import RandomForestClassifier
rfc = RandomForestClassifier(random_state=42, n_estimators=50)
rfc.fit(X_train, y_train)
rfc.score(X_test, y_test)
print('訓練集的預測結果 ', rfc.score(X_train, y_train))
print('測試集的預測結果 ', rfc.score(X_test, y_test))
```

執行結果

```
訓練集的預測結果 1.0
測試集的預測結果 0.9521276595744681
```

範例 13-9　用網格搜尋的方式探索隨機森林的最佳預測參數

程式碼

```
from sklearn.model_selection import GridSearchCV
param_grid = {
    'max_depth': [1,2,3,4],
    'n_estimators': [100, 300, 500]
}
rfc = RandomForestClassifier(random_state=42)
gs = GridSearchCV(rfc, param_grid=param_grid, cv=10)
gs.fit(X_train, y_train)
print('最佳參數 ', gs.best_params_)
print('訓練集的預測結果 ', gs.best_score_)
print('測試集的預測結果 ', gs.best_estimator_.score(X_test, y_test))
```

執行結果

```
最佳參數 {'max_depth': 4, 'n_estimators': 300}
訓練集的預測結果 0.9607962213225372
測試集的預測結果 0.9521276595744681
```

max_depth 限制了每棵樹的深度，而 n_estimators 決定了隨機森林的決策樹數量。範例 13-9 最佳參數為 {'max_depth': 4, 'n_estimators': 300}。訓練集的預測結果為 0.96，測試集為 0.952。

13-5　強化組合器

強化組合器（Boosting）的想法是，每一次機器學習完都會有些錯誤分類的資料，下一輪再學習時就針對這些錯誤樣本來強化學習。

這和人類在學習的道理是相同的，已經學會的就不用理會它，只要針對還沒學會的部分多下功夫就好。從執行速度來看，Boosting 會比 Bagging 慢，因為 Bagging 裡的預測器是能同時運行的，而 Boosting 是循序的，因為每一次的訓練資料都是依賴上一次的學習結果。Boosting 演算法的特色是能將很多個弱的預測器進行組合，成為變成一個強預測器。範例 13-10 中，訓練集的預測結果為 1，測試集為 0.962。

範例 13-10　強化組合器

程式碼

```
from sklearn.ensemble import AdaBoostClassifier
ada_clf = AdaBoostClassifier()
ada_clf.fit(X_train, y_train)
print(' 訓練集的預測結果 ', ada_clf.score(X_train, y_train))
print(' 測試集的預測結果 ', ada_clf.score(X_test, y_test))
```

執行結果

```
訓練集的預測結果 1.0
測試集的預測結果 0.9627659574468085
```

強化組合器的預設演算法是決策樹，我們可以選擇隨機森林為基礎演算法。因為強化組合器要求的是弱預測器，因此在範例 13-11 中，將深度僅設為 1，並將隨機森林的個數設為 500。訓練集的預測結果為 1，測試集為 0.968。

範例 13-11　強化組合器用隨機森林為基礎演算法

程式碼

```
ada_clf = AdaBoostClassifier(RandomForestClassifier(max_depth=1,
                              random_state=42),
                              n_estimators=500, random_state=42)
ada_clf.fit(X_train, y_train)
print('訓練集的預測結果', ada_clf.score(X_train, y_train))
print('測試集的預測結果', ada_clf.score(X_test, y_test))
```

執行結果

訓練集的預測結果 0.994750656167979
測試集的預測結果 0.9627659574468085

範例 13-12 介紹另一種強化組合器——梯度強化組合器。它的訓練集的預測結果為 1，測試集為 0.952。

範例 13-12　梯度強化組合器

程式碼

```
from sklearn.ensemble import GradientBoostingClassifier
gbc_clf = GradientBoostingClassifier(n_estimators=500)
gbc_clf.fit(X_train, y_train)
print('訓練集的預測結果', gbc_clf.score(X_train, y_train))
print('測試集的預測結果', gbc_clf.score(X_test, y_test))
```

執行結果

訓練集的預測結果 1.0
測試集的預測結果 0.9521276595744681

範例 13-13 示範 XGB 組合器，它和梯度強化組合器類似，其運算速度較快。訓練集的預測結果為 1，測試集為 0.963。

範例 **13-13**　XGB 組合器

程式碼

```
from xgboost import XGBClassifier
xgb = XGBClassifier(n_estimators=500, max_depth=1, learning_rate=0.05)
xgb.fit(X_train, y_train)
print(' 訓練集的預測結果 ', xgb.score(X_train, y_train))
print(' 測試集的預測結果 ', xgb.score(X_test, y_test))
```

執行結果

訓練集的預測結果 0.9973753280839895
測試集的預測結果 0.9627659574468085

　　範例 13-14 是各種組合器的網格搜尋，這個例子會跑比較久。如果系統不能執行，請用以下指令安裝：!pip install xgboost。

範例 **13-14**　各種組合器的網格搜尋

程式碼

```
from sklearn.pipeline import Pipeline
model_pl = Pipeline([
    ('preprocess', StandardScaler()),
    ('model', LogisticRegression())
])
param_grid = [
    {'model':[RandomForestClassifier()],
     'model__n_estimators': [100, 500]},
    {'model':[AdaBoostClassifier()],
     'model__n_estimators': [100, 500],
     'model__base_estimator':[None, RandomForestClassifier(max_depth=1)]},
    {'model':[XGBClassifier()],
     'model__n_estimators': [100, 500]},
]
gs = GridSearchCV(model_pl, param_grid=param_grid,
                  cv=5, return_train_score=True)
gs.fit(X_train, y_train)
score = gs.best_estimator_.score(X_test, y_test)
print(' 最佳模型 ', gs.best_params_['model'])
print(' 訓練集的最佳結果 ', gs.best_score_)
print(' 測試集的結果 ', score)
```

執行結果

```
最佳模型 AdaBoostClassifier(algorithm='SAMME.R', base_
                            estimator=None, learning_rate=1.0,
                    n_estimators=500, random_state=None)
訓練集的最佳結果 0.9737867395762132
測試集的結果 0.9680851063829787
```

從範例 13-14 的執行結果得知下列資訊：

- 最佳模型：**AdaBoostClassifier，n_estimators=500**
- 訓練集交叉驗證的最佳結果：**0.974**
- 測試集的結果：**0.968**

範例 13-15　最好結果的前五筆

程式碼

```python
def predict(param):
    model_pl = Pipeline([
        ('preprocess', StandardScaler()),
        ('model', LogisticRegression())
    ])
    model_pl.set_params(**param)
    model_pl.fit(X_train, y_train)
    return model_pl.score(X_test, y_test)
df_cv = pd.DataFrame(gs.cv_results_, columns=['params','mean_test_score'])
df_cv['model_name'] = df_cv['params'].\
apply(lambda x: x['model'].__class__.__name__)
df_cv['accuracy'] = df_cv['params'].apply(predict)
df_cv = df_cv.set_index('model_name')[['mean_test_score','accuracy']].\
sort_values('mean_test_score', ascending=False)
df_cv.head(5)
```

執行結果

model_name	mean_test_score	accuracy
AdaBoostClassifier	0.973787	0.968085
AdaBoostClassifier	0.971189	0.962766
AdaBoostClassifier	0.971155	0.962766
XGBClassifier	0.968558	0.957447
AdaBoostClassifier	0.963329	0.968085

章 末 習 題

1. 請用鳶尾花全部資料來做分析，並用以下參數進行網格搜尋。

```
param_grid = [
{'model':[RandomForestClassifier()], 'model__n_estimators': [100, 500]},
{'model':[AdaBoostClassifier()], 'model__n_estimators': [100, 500],
'model__base_estimator':[None, RandomForestClassifier(max_depth=1)]},
{'model':[XGBClassifier()], 'model__n_estimators': [100, 500]},
]
```

2. 請用鐵達尼號資料來做分析，並用以下參數進行網格搜尋。

```
param_grid = [
{'model':[RandomForestClassifier()], 'model__n_estimators': [100, 500]},
{'model':[AdaBoostClassifier()], 'model__n_estimators': [100, 500],
'model__base_estimator':[None, RandomForestClassifier(max_depth=1)]},
{'model':[XGBClassifier()], 'model__n_estimators': [100, 500]},
]
```

3. 請用軟投票組合器來進行鐵達尼號存活預測。

模型參數設定如下：

```
vc = VotingClassifier([
    ('lr', LogisticRegression()),
    ('svc', SVC(probability=True)),
    ('tree', DecisionTreeClassifier(max_depth=10)),
    ('knn', KNeighborsClassifier())],
    voting='soft', weights=[2, 3, 1, 1])
```

第 14 章

員工流失率預測

———— 本章學習重點 ————

■ 員工流失率的案例示範

■ 資料載入與檢查

■ 資料探索

■ 資料切割與資料預處理

■ 用網格搜尋探索各種模型的最佳結果

■ PRC 和 ROC 圖

進行到這裡，我們已經介紹完重要的機器學習模型，也介紹了網格搜尋和組合器。因此，接下來的數章我們要做的，就是教導各位如何用**實際的資料**來做機器學習的預測。

14-1　資料載入與檢查

員工是公司最重要的資產，好的員工能為公司帶來獲利和成長。我們能不能用機器學習的方法，來預測哪個員工即將要離職？本章將透過機器學習方式來進行員工流失的預測。數據來源為 Kaggle 的 Human Resources Analytics。

本章需先載入的資料和欄位說明：

- **satisfaction_level**：對公司的滿意程度
- **last_evaluation**：上一次的公司考評
- **number_projects**：負責專案的數量
- **average_monthly_hours**：平均每月工時
- **time_spend_company**：在公司待了幾年
- **Work_accident**：是否曾有工作事故
- **left**：是否離職（目標值）
- **promotion_last_5years**：最近 5 年是否有晉升
- **sales**：在哪個部門
- **salary**：薪資水平

範例 14-1　載入資料和欄位

▌程式碼

```python
import pandas as pd
import numpy as np
import matplotlib.pyplot as plt
import seaborn as sns
%matplotlib inline
%config InlineBackend.figure_format = 'retina'
import warnings
warnings.filterwarnings('ignore')


df = pd.read_csv('HR_comma_sep.csv')
df.head()
```

執行結果

	satisfaction_level	last_evaluation	number_project	average_montly_hours	time_spend_company	Work_accident	left	promotion_last_5years	sales	salary
0	0.38	0.53	2	157	3	0	1	0	sales	low
1	0.80	0.86	5	262	6	0	1	0	sales	medium
2	0.11	0.88	7	272	4	0	1	0	sales	medium
3	0.72	0.87	5	223	5	0	1	0	sales	low
4	0.37	0.52	2	159	3	0	1	0	sales	low

範例 14-2　檢視資料的個數和基本形態

程式碼

```
df.info()
```

執行結果

```
<class 'pandas.core.frame.DataFrame'>
RangeIndex: 14999 entries, 0 to 14998
Data columns (total 10 columns):
 #   Column                 Non-Null Count  Dtype
---  ------                 --------------  -----
 0   satisfaction_level     14999 non-null  float64
 1   last_evaluation        14999 non-null  float64
 2   number_project         14999 non-null  int64
 3   average_montly_hours   14999 non-null  int64
 4   time_spend_company     14999 non-null  int64
 5   Work_accident          14999 non-null  int64
 6   left                   14999 non-null  int64
 7   promotion_last_5years  14999 non-null  int64
 8   sales                  14999 non-null  object
 9   salary                 14999 non-null  object
dtypes: float64(2), int64(6), object(2)
memory usage: 1.1+ MB
```

　　觀察發現，除了 sales 和 salary 為類別型資料，其餘皆為數值型資料，目標欄位為 left，沒有遺漏值。資料共 14999 筆。

範例 14-3　進一步檢視 **sales** 欄位

▌ 程式碼

```
df['sales'].value_counts()
```

▌ 執行結果

```
sales          4140
technical      2720
support        2229
IT             1227
product_mng     902
marketing       858
RandD           787
accounting      767
hr              739
management      630
Name: sales, dtype: int64
```

　　原來 Sales 指的是員工在哪個部門，因此為類別型資料是合理的。

範例 14-4　檢視 **salary** 欄位

▌ 程式碼

```
df['salary'].value_counts()
```

▌ 執行結果

```
low       7316
medium    6446
high      1237
Name: salary, dtype: int64
```

　　欄位值分別為低（low）、中（medium）、高（high），因此為類別型資料是合理的。

範例 14-5 檢視 **Work_accident** 欄位

▌ 程式碼

```
df['Work_accident'].value_counts()
```

▌ 執行結果

```
0    12830
1     2169
Name: Work_accident, dtype: int64
```

其值為 0 和 1，0 為沒有工作事故，1 為有工作事故經驗。

範例 14-6 檢視目標欄位 **left**

▌ 程式碼

```
size = df['left'].value_counts()
pct = df['left'].value_counts(normalize=True).round(2)
pd.DataFrame(zip(size, pct), columns=['次數', '百分比'])
```

▌ 執行結果

	次數	百分比
0	11428	0.76
1	3571	0.24

left 是我們的目標欄位，1 是已經離開的員工，0 是沒有離開。在 14999 筆資料中，11428 名員工是留，3571 名是離開的。留下的百分比約 7 成 6，離職約 2 成 4。要留意的是，0 與 1 的資料不均衡會不會對後續分析造成影響？現在我們先放在心裡就好。

14-2　資料探索和說明

我們直接用範例 14-7 來檢視各變數間的關係。

範例 14-7　用 **pairplot** 來快速檢視變數關係

▌程式碼

```
sns.pairplot(df, hue='left', diag_kws={'bw':0.1});
```

▌執行結果

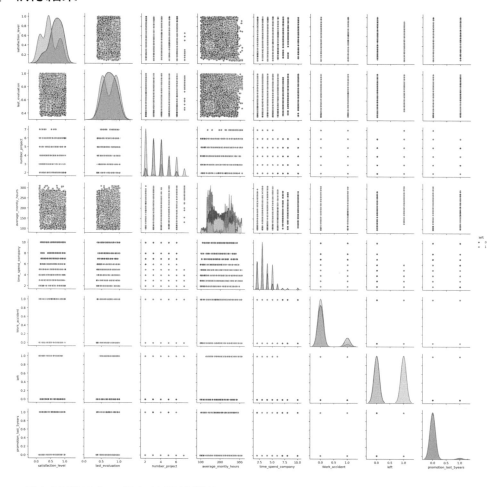

藍色是留下來，橘色的是離開的員工。從 satisfaction_level 來看，留下來的滿意度較高。從上次評估表現（last_evaluation）來看，評估結果「特好」和評估結果「特差」的離開機會較高。從 number_project 來看，專案特少和特多的離開者較高，特少離開原因可能是工作沒有挑戰性。從 average_montly_hours 來看，每月工作過低或過高時間的會想離開。從 time_spend_company 來看，無明顯說明關係。從 Work_accident 來看亦無明顯關係。

範例 14-8 用相關係數檢視所有變數關係

▌ 程式碼

```
sns.heatmap(df.corr().round(2), annot=True, cmap='coolwarm');
```

▌ 執行結果

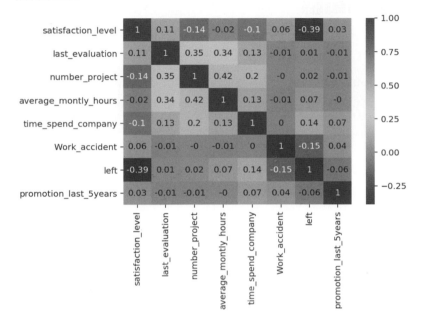

用 heatmap 來看會更清楚，變數間最高的相關是每月工作時數和專案數（0.42），次高為專案數和最近一次評估（0.35）。

範例 14-9 用相關係數檢視所有變數和目標變數 **left** 的關係

▌ 程式碼

```
df.drop('left', axis=1).corrwith(df['left']).round(2)
```

▌ 執行結果

```
satisfaction_level      -0.39
last_evaluation          0.01
number_project           0.02
average_montly_hours     0.07
time_spend_company       0.14
Work_accident           -0.15
promotion_last_5years   -0.06
dtype: float64
```

- 滿意度和離職為負相關 **−0.39**，意思是滿意度高的員工愈不會離開。
- 每個月工作時間與離職為正相關 **0.07**，意指月工作時間愈長，離職率愈高。
- 花在工作上的時間與離職為正相關 **0.14**，意指工時愈長，離職率愈高。
- 工作意外與離職為負相關 **−0.15**，意指有事故過的員工反而離職率較低。原因可能是公司對於意外的處理是良好的。也可能是因為意外發生之後需要公司的照顧。

範例 14-10　檢視薪水高低和離職關係

▍程式碼

```
df_left_salary = df.groupby(['left','salary']).size().unstack(1)
df_left_salary = df_left_salary[['low', 'medium', 'high']]
df_left_salary
```

▍執行結果

salary	low	medium	high
left			
0	5144	5129	1155
1	2172	1317	82

　　由於薪水是類別變數，因此無法用相關係數檢視。用 groupby 製作樞紐分析表。觀察發現，薪水高的很少離職，薪水低的離職率較高。

　　用百分比呈現更清楚，範例 14-11 為百分比。

範例 14-11　將範例 14-10 所得結果用百分比呈現

▍程式碼

```
df_left_salary/df_left_salary.sum()
```

▍執行結果

salary	low	medium	high
left			
0	0.703116	0.795687	0.933711
1	0.296884	0.204313	0.066289

　　觀察發現，薪資愈高，留下來的機率愈高。

範例 14-12 探討員工在公司待了幾年

▌ 程式碼

```
df['time_spend_company'].value_counts().sort_index().\
plot(kind='bar', grid=True);
```

▌ 執行結果

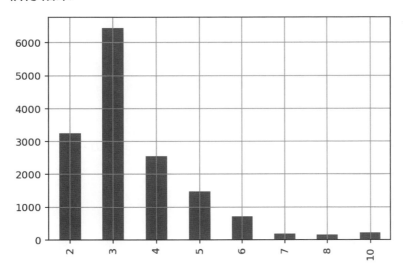

員工在公司的年資範圍為 2 到 10 年之間，而年資約為 2 到 4 年為最多人。

範例 14-13 探討員工離職和工作年資關係

▌ 程式碼

```
df_left_time = df.groupby(['left','time_spend_company']).size().unstack(0)
df_left_time.plot(kind='bar');
```

執行結果

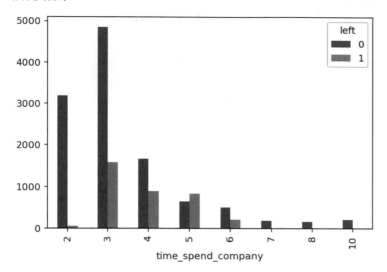

　　觀察發現，工作時間約 3 到 5 年的離職人數是最多的，而且工作到第五年時，離職人數會大於留下的人數。工作到第七年後，就沒有人再離開了。

範例 14-14　部門和離職的關係

程式碼

```
df.groupby(['left','sales']).size().unstack(0).plot(kind='bar');
```

執行結果

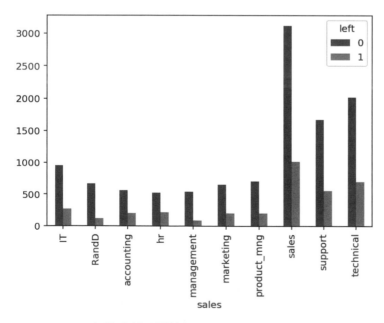

　　這張圖看不出什麼特別關係。

範例 14-15 承上，將長條圖堆疊起來

程式碼

```
df.groupby(['left','sales']).size().unstack(0).plot(kind='bar',
                                                  stacked=True);
```

執行結果

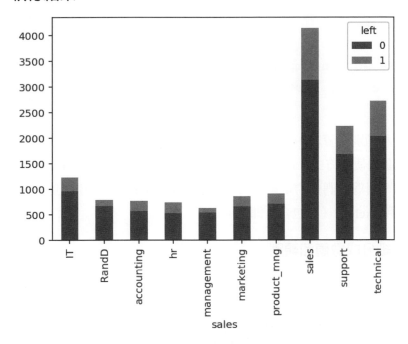

銷售人員 sales 累積人數最多，離職也蠻多人的。

14-3　資料切割與資料預處理

接下來我們開始機器學習預測。

範例 14-16　資料切割

程式碼

```
X = df.drop('left', axis=1)
y = df['left']
from sklearn.model_selection import train_test_split
X_train, X_test, y_train, y_test = train_test_split(X, y,
                                       test_size=0.3, random_state=42)
```

　　由於本章範例有數值型和類別型資料，需要兩個資料管道器。我們雖然能手動將不同類別放到不同變數，但教各位更簡便的方式。用 select_dtypes 將參數 include 設為 'object'，就可選到所有「類別型」的資料。因為我們要的是欄位，因此要再加 .columns 取出欄位。如果要取「非」某種資料類型，就用 exclude（不包含）即可。

範例 14-17　將 X 欄位再細分成數值和類別

程式碼

```
X_col_cat = X.select_dtypes(include = 'object').columns
X_col_num = X.select_dtypes(exclude = 'object').columns
print(f' 類別型資料欄位：{X_col_cat}')
print(f' 數值型資料欄位：{X_col_num}')
```

執行結果

```
類別型資料欄位：Index(['sales', 'salary'], dtype='object')
數值型資料欄位：Index(['satisfaction_level', 'last_evaluation',
'number_project',
       'average_montly_hours', 'time_spend_company', 'Work_accident',
       'promotion_last_5years'],
      dtype='object')
```

　　由於本例沒有遺漏值，因此不需再刻意弄管道器，直接將轉換器放入合併器即可。

範例 14-18　建構數值和類別兩個管道器，並整合到合併器

程式碼

```
from sklearn.pipeline import make_pipeline
from sklearn.preprocessing import StandardScaler, OneHotEncoder
from sklearn.compose import ColumnTransformer
data_pl = ColumnTransformer([
    ('num', StandardScaler(), X_col_num),
    ('cat', OneHotEncoder(), X_col_cat)
])
```

　　然後我們要求出「基礎」的預測結果。要評估一個機器學習的基礎預測正確率，並非是 0.5，而是以出現最多的那個類別當成是預測基準。

　　以本章例子來說，因為 0 比較多，如果全部預測為 0，正確率會有 0.76。換言之，只要有人問我，這個人會不會離職，我都回答「不會」，我的正確率會有 0.76。這就是偽預測器（dummy）的名字由來，它的預測方式就是以出現最多次的類別當預測規則。因此，預測正確率 0.76 雖然不低，但也沒有任何意義。從混亂矩陣來看，就會知道這個預測結果很不好。類別 1 的召回率是 0。因此各位在判讀結果好壞時（特別是目標變數分配不均衡時），千萬別只依賴正確率，也要稍微看一下混亂矩陣和綜合報告。

範例 14-19　求出「基礎」的預測結果

程式碼

```
from sklearn.dummy import DummyClassifier
from sklearn.metrics import confusion_matrix, classification_report,
                                                accuracy_score
dmy = DummyClassifier(strategy='most_frequent')
dmy.fit(X_train, y_train)
dmy.score(X_train, y_train)
y_pred = dmy.predict(X_test)
print(' 正確率：', accuracy_score(y_test, y_pred).round(2))
print(' 混亂矩陣 ')
print(confusion_matrix(y_test, y_pred))
print(' 綜合報告 ')
print(classification_report(y_test, y_pred))
```

▌執行結果

正確率：0.76

混亂矩陣

```
[[3428      0]
 [1072      0]]
```

綜合報告

	precision	recall	f1-score	support
0	0.76	1.00	0.86	3428
1	0.00	0.00	0.00	1072
micro avg	0.76	0.76	0.76	4500
macro avg	0.38	0.50	0.43	4500
weighted avg	0.58	0.76	0.66	4500

範例 14-20　用 GridSearchCV 來挑選最佳結果 (I)

▌程式碼

```python
# 載入所有模型
from sklearn.linear_model import LogisticRegression
from sklearn.svm import SVC
from sklearn.neighbors import KNeighborsClassifier
from sklearn.tree import DecisionTreeClassifier
from sklearn.ensemble import RandomForestClassifier,
                              BaggingClassifier, AdaBoostClassifier
from xgboost import XGBClassifier
# 載入 Pipeline，PCA 和 GridSearchCV
from sklearn.pipeline import Pipeline
from sklearn.model_selection import GridSearchCV

model_pl = Pipeline([
    ('preprocess', data_pl),
    ('model', LogisticRegression())
])
param_grid = {'model':[LogisticRegression(), SVC(),
             KNeighborsClassifier(),
             DecisionTreeClassifier(max_depth=10)]}
```

```
gs = GridSearchCV(model_pl, param_grid=param_grid,
                  cv=5, return_train_score=True)
gs.fit(X_train, y_train)
score = gs.best_estimator_.score(X_test, y_test)
print(' 最佳預測參數 ', gs.best_params_)
print(' 訓練集交叉驗證的最佳結果 ', gs.best_score_.round(3))
print(' 測試集的結果 ', score.round(3))
y_pred = gs.best_estimator_.predict(X_test)
print(' 混亂矩陣 \n',confusion_matrix(y_test, y_pred))
```

▌執行結果

```
最佳預測參數 {'model': DecisionTreeClassifier(class_weight=None,
criterion='gini', max_depth=10,
        max_features=None, max_leaf_nodes=None,
        min_impurity_decrease=0.0, min_impurity_split=None,
        min_samples_leaf=1, min_samples_split=2,
        min_weight_fraction_leaf=0.0, presort=False, random_
state=None,
        splitter='best')}
訓練集交叉驗證的最佳結果 0.978
測試集的結果 0.977
混亂矩陣
 [[3394   34]
 [  69 1003]]
```

　　為節省時間，我們先用一般預測器來做實驗。最佳結果是決策樹，測試集結果是 0.977。從混亂矩陣觀察，並沒有預測偏向類別 0 的情形。因此，本章也就不用再特別處理目標類別分配不均的問題了。

　　接下來我們用組合演算法來進行實驗。

範例 14-21   用 **GridSearchCV** 來挑選最佳結果 (II)

程式碼

```
model_pl = Pipeline([
    ('preprocess', data_pl),
    ('model', LogisticRegression())
])
np.random.seed(42)
param_grid = {'model':[RandomForestClassifier(), AdaBoostClassifier(),
                        BaggingClassifier(), XGBClassifier()]}
gs = GridSearchCV(model_pl, param_grid=param_grid,
                  cv=5, return_train_score=True)
gs.fit(X_train, y_train)
score = gs.best_estimator_.score(X_test, y_test)
print('最佳預測參數', gs.best_params_)
print('訓練集交叉驗證的最佳結果', gs.best_score_.round(3))
print('測試集的結果', score.round(3))
y_pred = gs.best_estimator_.predict(X_test)
print('混亂矩陣 \n',confusion_matrix(y_test, y_pred))
```

執行結果

```
最佳預測參數 {'model': BaggingClassifier(base_estimator=None,
bootstrap=True,
        bootstrap_features=False, max_features=1.0, max_
samples=1.0,
        n_estimators=10, n_jobs=None, oob_score=False, random_
state=None,
        verbose=0, warm_start=False)}
訓練集交叉驗證的最佳結果 0.986
測試集的結果 0.984
混亂矩陣
 [[3407   21]
 [  50 1022]]
```

　　觀察發現，最佳結果是裝袋演算法，測試集結果是 0.984。加入 np.random.seed 是為了讓讀者與我的結果相同，因為組合演算法會用到亂數的功能。以結果來說，裝袋演算法不僅正確率較高，它對離職類別的召回率也比較高。請注意，隨著 sklearn 的更新，讀者的結果與筆者未必完全相同。

接下來我們用隨機森林找出特徵值的重要性。用隨機森林的好處是可以了解哪個特徵值比較重要。

範例 14-22　用隨機森林找出特徵值的重要性

程式碼

```
model_pl_rf = Pipeline([
    ('preprocess', data_pl),
    ('model', RandomForestClassifier(random_state=42))
])
model_pl_rf.fit(X_train, y_train)
imp = model_pl_rf.named_steps['model'].feature_importances_
feature_names = model_pl_rf.named_steps['preprocess'].\
named_transformers_['cat'].get_feature_names(['sales','salary'])
cols = X_col_num.tolist() + feature_names.tolist()
pd.DataFrame(zip(cols, imp), columns=['欄位', '係數']).\
sort_values(by='係數', ascending=False).head()
```

執行結果

	欄位	係數
0	satisfaction_level	0.299288
4	time_spend_company	0.186643
3	average_montly_hours	0.166355
2	number_project	0.151955
1	last_evaluation	0.144213

　　觀察發現，滿意度、花在公司的時間、每月工作時數、專案個數、最後一次的評等，是前五重要的特徵值。

範例 14-23　繪製 ROC 圖

▌ 程式碼

```
from sklearn.metrics import roc_curve, roc_auc_score
y_pred_proba = model_pl_rf.predict_proba(X_test)[:,1]
fpr, tpr, thresholds = roc_curve(y_test,
                                 y_pred_proba)
plt.plot(fpr, tpr)
plt.xlim(-0.01,1)
plt.ylim(0,1.01)
plt.plot([0,1],[0,1], ls='--')
roc_auc_score(y_test, model_pl_rf.predict_proba(X_test)[:,1])
```

▌ 執行結果

0.9862118266601647

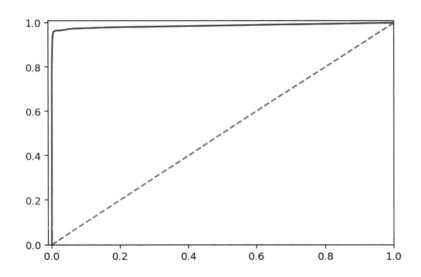

　　從 ROC 圖可以看見預測結果相當良好，ROC 曲線圖以下的面積為 0.986。

範例 14-24　繪製 PRC 圖

程式碼

```
from sklearn.metrics import precision_recall_curve
fpr, tpr, thresholds = precision_recall_curve(y_test, y_pred_proba)
plt.plot(fpr, tpr);
```

執行結果

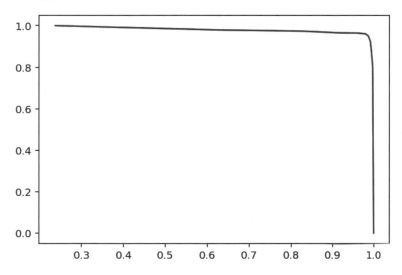

章 末 習 題

1. 用本例的資料，透過網格搜尋找出隨機森林的最佳參數。

    • 參數：**'model__n_estimators':[50,100,150,200,300,400,500]**

2　請將 salary 欄位裡的資料重新編碼，再用支持向量機來做預測，最後輸出預測結果和混亂矩陣。編碼方式：{'low':1,'medium':2,'high':3}。我們會想這麼做實驗的原因是因為原本的獨熱編碼會喪失資料的順序性。

3. 承上題，請加入主成分分析（PCA(n_components=5)）來做實驗，最後輸出預測結果和混亂矩陣。

第 15 章

客戶流失率預測

本章學習重點

- 客戶流失率的案例示範
- 資料載入與檢查
- 要如何處理有問題的資料
- 資料探索
- 處理目標樣本不均衡的問題，包括權重、
  向下取樣和向上取樣
- 向上取樣容易犯的錯誤說明
- PRC 和 ROC 圖

　　經營企業時，能有效預測顧客是否會流失是很重要的。研究發現，企業吸引一位新客戶所花的成本，是維繫現有客戶的五倍，Kotler (1994) 指出，若能有效的保留現有的顧客，其獲利率是吸引新顧客的十六倍。因此，對公司而言，除了開發新客戶外，如何降低舊客戶的流失更是重要。但顯然地，目前業界似乎在這一塊並沒有做得很好。因此本章將教各位如何透過機器學習建立客戶流失的預警機制，如此企業才能及早進行挽留措施。

　　本章使用的是一家電信公司的資料，資料共有 7043 筆和 21 個特徵值，本章想了解，根據這 21 個特徵值，能不能找出哪些客戶即將流失。除此之外，本章也會教大家處理類別不平衡問題，即數據集中存在某一類的樣本，其數量遠多於或遠少於其他類樣本，從而導致一些機器學習模型失效的問題。

15-1　資料載入和檢視資料

　　先將本章所需要使用到的資料載入。

範例 15-1　資料載入

程式碼

```
import pandas as pd
import numpy as np
import matplotlib.pyplot as plt
import seaborn as sns
%matplotlib inline
%config InlineBackend.figure_format = 'retina'
import warnings
warnings.filterwarnings('ignore')

df = pd.read_csv('IBM_Churn.csv')
df.head()
```

執行結果

	customerID	gender	SeniorCitizen	Partner	Dependents	tenure	PhoneService	MultipleLines	InternetService	OnlineSecurity	...
0	7590-VHVEG	Female	0	Yes	No	1	No	No phone service	DSL	No	...
1	5575-GNVDE	Male	0	No	No	34	Yes	No	DSL	Yes	...
2	3668-QPYBK	Male	0	No	No	2	Yes	No	DSL	Yes	...
3	7795-CFOCW	Male	0	No	No	45	No	No phone service	DSL	Yes	...
4	9237-HQITU	Female	0	No	No	2	Yes	No	Fiber optic	No	...

5 rows × 21 columns

...	DeviceProtection	TechSupport	StreamingTV	StreamingMovies	Contract	PaperlessBilling	PaymentMethod	MonthlyCharges	TotalCharges	Churn
...	No	No	No	No	Month-to-month	Yes	Electronic check	29.85	29.85	No
...	Yes	No	No	No	One year	No	Mailed check	56.95	1889.5	No
...	No	No	No	No	Month-to-month	Yes	Mailed check	53.85	108.15	Yes
...	Yes	Yes	No	No	One year	No	Bank transfer (automatic)	42.30	1840.75	No
...	No	No	No	No	Month-to-month	Yes	Electronic check	70.70	151.65	Yes

接下來要檢查是否有遺漏值。

範例 15-2 檢查遺漏值

程式碼

```
df.info()
```

執行結果

```
<class 'pandas.core.frame.DataFrame'>
RangeIndex: 7043 entries, 0 to 7042
Data columns (total 21 columns):
 #   Column          Non-Null Count   Dtype
---  ------          --------------   -----
 0   customerID      7043 non-null    object
 1   gender          7043 non-null    object
 2   SeniorCitizen   7043 non-null    int64
 3   Partner         7043 non-null    object
 4   Dependents      7043 non-null    object
 5   tenure          7043 non-null    int64
```

```
6    PhoneService      7043 non-null    object
7    MultipleLines     7043 non-null    object
8    InternetService   7043 non-null    object
9    OnlineSecurity    7043 non-null    object
10   OnlineBackup      7043 non-null    object
11   DeviceProtection  7043 non-null    object
12   TechSupport       7043 non-null    object
13   StreamingTV       7043 non-null    object
14   StreamingMovies   7043 non-null    object
15   Contract          7043 non-null    object
16   PaperlessBilling  7043 non-null    object
17   PaymentMethod     7043 non-null    object
18   MonthlyCharges    7043 non-null    float64
19   TotalCharges      7043 non-null    object
20   Churn             7043 non-null    object
dtypes: float64(1), int64(2), object(18)
memory usage: 1.1+ MB
```

資料共 7043 筆，觀察看似無遺漏值，但其實並非如此。我們來檢視資料和其類別。

本章使用的是一家電信公司的資料，其欄位包括 customerID，這個欄位可以刪除，因為是無意義 ID，gender 是性別，SeniorCitizen 是老年人，Partner 是夥伴（可能指有沒有別人一起來辦門號），Dependents 是有沒有依靠別人付費，tenure 用了多久，……，PaymentMethod 是付款方式，MonthlyCharges 是每月收費，TotalCharges 是目前為止總收費。Churn 是已經離開公司，為目標值。

逐一檢視資料屬性，TotalCharges 是類別資料（object）不合理，因為總收費應該為浮點數，通常會有這種情況就表示資料有些狀況。

範例 15-3 將 **TotalCharges** 轉換成浮點數

▌程式碼

```
pd.to_numeric(df['TotalCharges'])
```

▌執行結果

```
---------------------------------------------------------------------------
ValueError                                Traceback (most recent call last)
pandas/_libs/lib.pyx in pandas._libs.lib.maybe_convert_numeric()


ValueError: Unable to parse string " "

During handling of the above exception, another exception
occurred:

ValueError                                Traceback (most recent call last)
<ipython-input-37-7a21bf9a4184> in <module>
----> 1 pd.to_numeric(df['TotalCharges'])

~/anaconda3/lib/python3.6/site-packages/pandas/core/tools/
numeric.py in to_numeric(arg, errors, downcast)
    148          try:
    149              values = lib.maybe_convert_numeric(
--> 150                  values, set(), coerce_numeric=coerce_numeric
    151              )
    152          except (ValueError, TypeError):

pandas/_libs/lib.pyx in pandas._libs.lib.maybe_convert_numeric()

ValueError: Unable to parse string " " at position 488
```

用 pd.to_numeric 將資料轉為數值會出現錯誤訊息：Unable to parse string " " at position
488。從訊息來看，在 488 位置有 " "，表示是空白資料，導致無法進行格式轉換。

然後，我們要看看資料裡的問題資料，教大家一個技巧，既然有問題的資料會讓程式中
斷，我們就善用這個性質。用 for 迴圈將資料一筆一筆透過 float() 來轉換成浮點數，如果出
現資料無法轉換的錯誤，就用 except 攔截，並將資料列印出來。

範例 15-4　如何檢視有問題的資料

▌程式碼

```
for idx, d in enumerate(df['TotalCharges']):
    try:
        float(d)
    except:
        print(f'problem data {d} at index {idx}')
```

▌執行結果

```
problem data   at index 488
problem data   at index 753
problem data   at index 936
problem data   at index 1082
problem data   at index 1340
problem data   at index 3331
problem data   at index 3826
problem data   at index 4380
problem data   at index 5218
problem data   at index 6670
problem data   at index 6754
```

　　觀察發現，是欄位空白而造成無法將資料轉換成數值。換言之，在這筆資料裡面，遺漏值是用空白表示。

　　在將這些有問題的資料刪除或用平均值取代前，我們先了解一下為什麼 TotalCharges 會是空白值。

範例 15-5　了解 TotalCharges 的空白資料

▌程式碼

```
df.query('TotalCharges == " "').head(2)
```

執行結果

	customerID	gender	SeniorCitizen	Partner	Dependents	tenure	PhoneService	MultipleLines	InternetService	OnlineSecurity	...
488	4472-LVYGI	Female	0	Yes	Yes	0	No	No phone service	DSL	Yes	...
753	3115-CZMZD	Male	0	No	Yes	0	Yes	No	No	No internet service	...

2 rows × 21 columns

...	DeviceProtection	TechSupport	StreamingTV	StreamingMovies	Contract	PaperlessBilling	PaymentMethod	MonthlyCharges	TotalCharges	Churn
...	Yes	Yes	Yes	No	Two year	Yes	Bank transfer (automatic)	52.55		No
...	No internet service	No internet service	No internet service	No internet service	Two year	No	Mailed check	20.25		No

　　觀察發現，這些有問題的資料，其 tenure（年資）都爲 0，表示使用者根本沒有開通使用，難怪 TotalCharges 沒有資料。由於根本沒有使用，我們將 TotalCharges 的遺漏值設爲 0 才是合理的。

範例 15-6　將 **TotalCharges** 為空白的資料設為 **0**，並轉換成浮點數

程式碼

```
df['TotalCharges'] = df['TotalCharges'].replace(' ',0)
df['TotalCharges'] = pd.to_numeric(df['TotalCharges'])
```

　　至此，我們解決了 TotalCharges 的問題，也學會了去了解錯誤，而不是盲目的去處理遺漏值。接著開始觀察目標欄位「Churn」的分布。

範例 15-7　觀察目標欄位 **Churn** 分布

程式碼

```
size = df['Churn'].value_counts()
pct = df['Churn'].value_counts(normalize=True).round(2)
pd.DataFrame(zip(size, pct), columns=[' 次數 ', ' 百分比 '],
                                    index=['No','Yes'])
```

執行結果

	次數	百分比
No	5174	0.73
Yes	1869	0.27

　　觀察發現，目標樣本是不平均的，樣本裡的 No，即沒有流失顧客佔大多數，約 7 成 3。這個問題要小心，之後可能需要處理。

接著我們把 Churn 欄位的 No 設為 0、Yes 設為 1。將資料改為數值的原因，是要讓它和其他欄位進行相關係數分析，更利於觀察結果。最後再將 customerID 欄位刪除。

範例 15-8　將 Churn 欄位的 No 設為 0，Yes 設為 1

程式碼

```
df['Churn'] = df['Churn'].replace({'No':0, 'Yes':1})
df.drop('customerID', axis=1, inplace=True)
```

15-2　資料探索

檢視過並調整過資料後，開始進行資料探索。

範例 15-9　用 pairplot 來做圖，並將 hue 設為目標變數 Churn

程式碼

```
sns.pairplot(df, hue='Churn', size=2, diag_kws=dict(bw=0.1));
```

執行結果

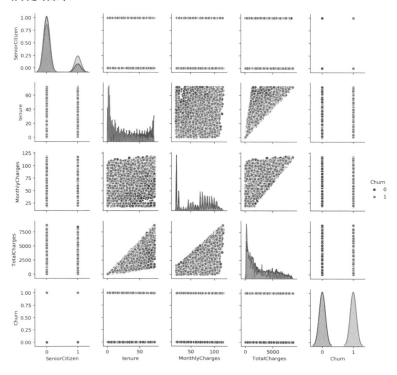

　　藍色是資料「0」，代表留下來的顧客，橘色是「1」，表示離開的顧客。從 SeniorCitizen 來看，年紀大的比較會流失。從 tenure 來看，使用時間較短的比較會離開。從 MonthlyCharges 來看，每個月花費較高的比較會離開。從 TotalCharges 來看，總花費比較少的比較會離開，可能原因是使用時間不長。

範例 15-10　檢視所有變數的相關係數

▌ 程式碼

```
df.corr().round(2)
```

▌ 執行結果

	SeniorCitizen	tenure	MonthlyCharges	TotalCharges	Churn
SeniorCitizen	1.00	0.02	0.22	0.10	0.15
tenure	0.02	1.00	0.25	0.83	-0.35
MonthlyCharges	0.22	0.25	1.00	0.65	0.19
TotalCharges	0.10	0.83	0.65	1.00	-0.20
Churn	0.15	-0.35	0.19	-0.20	1.00

　　變數間並無太高的相關性，只有 TotalCharges 和 tenure 間的相關係數最高，為 0.83。表示總花費與使用年資呈高度正相關。另一個比較高相關的是 TotalCharges 和 MonthlyCharges，表示總花費較高者，月花費通常也較高。

範例 15-11　檢視所有變數和目標變數 Churn 的關係

▌ 程式碼

```
df.corrwith(df['Churn']).round(2)
```

▌ 執行結果

```
SeniorCitizen      0.15
tenure            -0.35
MonthlyCharges     0.19
TotalCharges      -0.20
Churn              1.00
dtype: float64
```

SeniorCitizen 為正相關的 0.15，表示年紀大的比較會離開。tenure 為負相關，表示使用年資愈長者，愈不會流失。MonthlyCharges 為正相關，即月花費較高者，比較會離開。TotalCharges 為負相關，即總花費高的人，比較不會流失。

範例 15-12　繪出 tenure 的直方圖

▌程式碼

```
df['tenure'].plot(kind='hist', bins=30, alpha=0.5);
```

▌執行結果

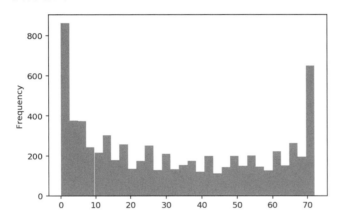

使用時間長短的分布相當有趣，沒有使用和使用年資 70 的族群人數最多。

表示沒有使用的人很多，而且使用年資高的人通常也不會換電信公司。

範例 15-13　檢視男女流失的比例

▌程式碼

```
df.groupby('gender')['Churn'].mean()
```

▌執行結果

```
gender
Female    0.269209
Male      0.261603
Name: Churn, dtype: float64
```

在本例裡，男女流失比率均為 0.26 左右，並無太大差異。

15-3 資料切割與資料預處理

範例 15-14　資料切割

▌ 程式碼

```
from sklearn.model_selection import train_test_split
X = df.drop('Churn', axis=1)
y = df['Churn']
X_train, X_test, y_train, y_test = train_test_split(X, y, test_size=0.3,
                                                    random_state=42)
```

範例 15-15　將 X 欄位再細分成數值和類別

　　　　　（提示：這裡用 select-dtypes 函數快速取到我們要的欄位。）

▌ 程式碼

```
X_col_cat = X.select_dtypes(include = 'object').columns
X_col_num = X.select_dtypes(exclude = 'object').columns
print(f'類別型資料欄位：{X_col_cat}')
print(f'數值型資料欄位：{X_col_num}')
```

▌ 執行結果

類別型資料欄位：Index(['gender', 'Partner', 'Dependents', 'PhoneService',
　　　'MultipleLines', 'InternetService', 'OnlineSecurity',
　　　'OnlineBackup', 'DeviceProtection', 'TechSupport',
　　　'StreamingTV', 'StreamingMovies', 'Contract', 'PaperlessBilling',
　　　'PaymentMethod'], dtype='object')
數值型資料欄位：Index(['SeniorCitizen', 'tenure', 'MonthlyCharges',
　　　'TotalCharges'], dtype='object')

範例 15-16　檢視類別變數裡的每個類別的出現次數

▍程式碼

```
df[X_col_cat].nunique()
```

▍執行結果

```
gender               2
Partner              2
Dependents           2
PhoneService         2
MultipleLines        3
InternetService      3
OnlineSecurity       3
OnlineBackup         3
DeviceProtection     3
TechSupport          3
StreamingTV          3
StreamingMovies      3
Contract             3
PaperlessBilling     2
PaymentMethod        4
dtype: int64
```

　　接著將建構數值和類別兩個管道器，並整合到合併器，由於本例沒有遺漏值，因此不需再刻意弄管道器，直接將轉換器放入合併器即可。

範例 15-17　建構數值和類別兩個管道器，並整合到合併器

▍程式碼

```
from sklearn.pipeline import make_pipeline
from sklearn.preprocessing import StandardScaler, OneHotEncoder
from sklearn.compose import ColumnTransformer
data_pl = ColumnTransformer([
    ('num', StandardScaler(), X_col_num),
    ('cat', OneHotEncoder(), X_col_cat)
])
```

範例 15-18 求出基礎的預測正確率

▌程式碼

```
from sklearn.dummy import DummyClassifier
from sklearn.metrics import accuracy_score
from sklearn.metrics import confusion_matrix, classification_report
dmy = DummyClassifier(strategy='most_frequent')
dmy.fit(X_train, y_train)
dmy.score(X_train, y_train)
y_pred = dmy.predict(X_test)
print(' 正確率：', accuracy_score(y_test, y_pred).round(2))
print(' 混亂矩陣 ')
print(confusion_matrix(y_test, y_pred))
print(' 綜合報告 ')
print(classification_report(y_test, y_pred))
```

▌執行結果

```
正確率： 0.73
混亂矩陣
[[1539    0]
 [ 574    0]]
綜合報告
              precision    recall  f1-score   support

           0       0.73      1.00      0.84      1539
           1       0.00      0.00      0.00       574

    accuracy                           0.73      2113
   macro avg       0.36      0.50      0.42      2113
weighted avg       0.53      0.73      0.61      2113
```

　　因為此例為目標值不均衡的資料，如果用出現最多次數的值當預測目標，預測正確率會有 0.73。以偽（dummy）預測器來說，就是全部樣本預測都為 0。因此，如果單從正確率來看，會以為 0.73 相當不錯，但從混亂矩陣來看，就會知道這預測結果很不好，類別 1 的召回率是 0。

範例 15-19　用 GridSearchCV 來挑選最佳結果──用簡單的機器學習模型

▍程式碼

```python
# 載入所有模型
from sklearn.linear_model import LogisticRegression
from sklearn.svm import SVC
from sklearn.neighbors import KNeighborsClassifier
from sklearn.tree import DecisionTreeClassifier
from sklearn.ensemble import RandomForestClassifier,
        AdaBoostClassifier, BaggingClassifier
from xgboost import XGBClassifier
# 載入 Pipeline，PCA 和 GridSearchCV
from sklearn.pipeline import Pipeline
from sklearn.model_selection import GridSearchCV

model_pl = Pipeline([
    ('preprocess', data_pl),
    ('model', LogisticRegression())
])
param_grid = {'model':[LogisticRegression(), SVC(),
            KNeighborsClassifier(), DecisionTreeClassifier(max_depth=10)]}
gs = GridSearchCV(model_pl, param_grid=param_grid,
                cv=5, return_train_score=True)
gs.fit(X_train, y_train)
score = gs.best_estimator_.score(X_test, y_test)
print('最佳預測參數 ', gs.best_params_)
print('訓練集交叉驗證的最佳結果 ', gs.best_score_.round(3))
print('測試集的結果 ', score.round(3))
y_pred = gs.best_estimator_.predict(X_test)
print(confusion_matrix(y_test, y_pred))
print('綜合報告 ')
print(classification_report(y_test, y_pred))
```

執行結果

```
最佳預測參數 {'model': LogisticRegression(C=1.0, class_weight=None,
                dual=False, fit_intercept=True,
                intercept_scaling=1, l1_ratio=None, max_iter=100,
                multi_class='auto', n_jobs=None, penalty='l2',
                random_state=None, solver='lbfgs', tol=0.0001,
                verbose=0, warm_start=False)}
```

訓練集交叉驗證的最佳結果 0.803
測試集的結果 0.812

```
[[1387  152]
 [ 245  329]]
```

綜合報告

	precision	recall	f1-score	support
0	0.85	0.90	0.87	1539
1	0.68	0.57	0.62	574
accuracy			0.81	2113
macro avg	0.77	0.74	0.75	2113
weighted avg	0.80	0.81	0.81	2113

　　觀察發現，最佳結果是羅吉斯迴歸，測試集結果是 0.81，比「僞」預測器僅稍好一點。但從混亂矩陣觀察，並沒有預測偏向類別 0 的情形，類別 1 的召回率從 0 升至 0.57。因為我們最在乎的是能找出即將離開的顧客，因此類別 1 的召回率越高越好。而 0.57 的召回率結果我們並不是太滿意，這表示約有四成要離開的顧客我們是找不出來的。接下來，我們希望透過處理目標樣本不均衡來提升召回率。

15-4　處理目標樣本不均衡的資料

　　通常像客戶流失或信用詐欺分析，都是所謂的「不均衡的目標資料集」，也就是說，流失的顧客是少數，或詐欺的顧客為少數。

　　不均衡目標資料集對機器學習會有什麼影響？你可以想像，如果在你學習的過程，絕大部分的答案都是 0，對你會有什麼影響？答案是：**當你不確定答案的時候，就會把答案猜成 0。於是，即使你得高分，也不代表你真正學會，而只是學會了猜答案技巧。**這個狀況就會讓機器學習無法去找出類別個數比較少的樣本。

解決這個問題一般有三種方法：

- **修改權重 class_weight** 的參數：這個方法會去修改預測的目標函數。權重法的問題是，並不是每個演算法都有提供這個參數。
- 向下取樣：將類別數量較多的資料重新向下取樣，使之個數「減少」至與類別數量較少的相近，樣本數量修改後再進行學習。這個方法會使資料減少。
- 向上取樣：將類別數量較少的資料重新向上取樣，使之個數「增加」至與類別數量較多的相近，這個方法會將資料增加。

目前對哪種解決方式較佳並沒有一致的看法，因此讀者可每種都試試看。

在本章的例子中，由於 K 最近鄰沒有這個參數，我們將其取消。修改權重的做法是將 class_weight 設為 'balanced'。

範例 15-20 修改權重

┃ 程式碼

```
model_pl = Pipeline([
    ('preprocess', data_pl),
    ('model', LogisticRegression())
])
param_grid = {'model':[LogisticRegression(class_weight='balanced'),
                    SVC(class_weight='balanced'),
DecisionTreeClassifier(class_weight='balanced',max_depth=10)]}
gs = GridSearchCV(model_pl, param_grid=param_grid,
                cv=5, return_train_score=True)
gs.fit(X_train, y_train)
score = gs.best_estimator_.score(X_test, y_test)
print('最佳預測參數 ', gs.best_params_)
print('訓練集交叉驗證的最佳結果 ', gs.best_score_.round(3))
print('測試集的結果 ', score.round(3))
y_pred = gs.best_estimator_.predict(X_test)
print(confusion_matrix(y_test, y_pred))
print('綜合報告 ')
print(classification_report(y_test, y_pred))
```

執行結果

最佳預測參數 {'model': SVC(C=1.0, break_ties=False, cache_size=200,
　　class_weight='balanced', coef0=0.0, decision_function_shape='ovr',
　　degree=3, gamma='scale', kernel='rbf',
　　max_iter=-1, probability=False, random_state=None, shrinking=True,
　　tol=0.001, verbose=False)}
訓練集交叉驗證的最佳結果 0.738
測試集的結果 0.754
[[1131 408]
 [111 463]]
綜合報告

	precision	recall	f1-score	support
0	0.91	0.73	0.81	1539
1	0.53	0.81	0.64	574
accuracy			0.75	2113
macro avg	0.72	0.77	0.73	2113
weighted avg	0.81	0.75	0.77	2113

　　最好的預測模型為羅吉斯迴歸，測試集正確率為 0.75，從原本的 0.81 下降了不少。但召回率卻從原本的 0.57 大幅提升至 0.81，而精確率也從 0.69 降為 0.53。這個召回率的結果就代表，約有兩成即將要流失的客戶是我們找不出來的，比起之前的 4 成要好了許多。因此我們會更滿意這個結果。

　　下面再說明向下取樣的抽樣做法。在 sklearn 裡並沒有處理向下取樣的函數，雖然自己寫也不難，但用現成的總是比較簡單。使用者要先安裝 imblearn 套件，再從 under_sampling 模組載入 RandomUnderSampler 函數。

範例 15-21 向下取樣的抽樣做法說明

安裝方式

```
pip install -U imbalanced-learn
```

程式碼

```
from imblearn.under_sampling import RandomUnderSampler
rus = RandomUnderSampler()
X_train_resample, y_train_resample = rus.fit_resample(X_train, y_train)
print('原資料的總個數 ',X_train.shape[0])
print('原本目標值 1 與 0 的個數 ')
print(pd.Series(y_train).value_counts())
print('向下取樣後的總個數 ',X_train_resample.shape[0])
print('向下取樣後的目標值 1 與 0 的個數 ')
print(pd.Series(y_train_resample).value_counts())
```

執行結果

```
原資料的總個數  4930
原本目標值 1 與 0 的個數
0    3635
1    1295
Name: Churn, dtype: int64
向下取樣後的總個數  2590
向下取樣後的目標值 1 與 0 的個數
1    1295
0    1295
Name: Churn, dtype: int64
```

　　觀察發現，原本的資料總個數為 4930，經過向下取樣後，剩下 2590。進一步觀察目標值的分布，0 與 1 都是 1295。目標值 0 的個數從 3635 降至 1295。如此一來，就解決了機器學習裡，預測樣本分布不均的問題。

　　請留意，在這個步驟裡都沒有更動到測試集的資料。換言之，在測試集裡面的資料仍然是樣本分布不均的狀況，這才是正確的狀況。我們在作業裡面會再做說明練習。

　　如果要將 RandomUnderSampler 放入管道器，就必須用 imblearn 自備的管道器，這是因為 RandomUnderSampler 用的是 fit_resample，而非 fit_transform。為了更確定用的是對的管道器，我們將其另外命名為 Pipeline_im，以示區別。

範例 15-22 將向下取樣函數放入預測器裡

▌ 程式碼

```
# 將 Pipeline 重新命名為 Pipeline_im
from imblearn.pipeline import Pipeline as Pipeline_im
model_pl = Pipeline_im([
    ('preprocess', data_pl),
    ('resample', RandomUnderSampler()),
    ('model', LogisticRegression())
])
param_grid = {'model':[LogisticRegression(), SVC(),
                KNeighborsClassifier(), DecisionTreeClassifier(max_depth=10)]}
gs = GridSearchCV(model_pl, param_grid=param_grid,
                cv=5, return_train_score=True)
gs.fit(X_train, y_train)
score = gs.best_estimator_.score(X_test, y_test)
print('最佳預測參數', gs.best_params_)
print('訓練集交叉驗證的最佳結果', gs.best_score_.round(3))
print('測試集的結果', score.round(3))
y_pred = gs.best_estimator_.predict(X_test)
print(confusion_matrix(y_test, y_pred))
print('綜合報告')
print(classification_report(y_test, y_pred))
```

▌ 執行結果

```
最佳預測參數 {'model': SVC(C=1.0, break_ties=False, cache_size=200,
    class_weight=None, coef0=0.0, decision_function_shape='ovr',
    degree=3, gamma='scale', kernel='rbf',
    max_iter=-1, probability=False, random_state=None, shrinking=True,
    tol=0.001, verbose=False)}
訓練集交叉驗證的最佳結果 0.736
測試集的結果 0.748
[[1114  425]
 [ 107  467]]
```

綜合報告

	precision	recall	f1-score	support
0	0.91	0.72	0.81	1539
1	0.52	0.81	0.64	574
accuracy			0.75	2113
macro avg	0.72	0.77	0.72	2113
weighted avg	0.81	0.75	0.76	2113

觀察發現，正確率為 0.748，比權重的方法稍差。召回率為 0.81，跟權重方式相同。以本例而言，權重法的結果比較好。

向下取樣的方式有個優點：因為學習資料量減少，因此運算時間也會減少。不過，也因為刪除掉一些樣本，可能會犧牲一些正確率。再一次強調，我們並沒有更動到測試集裡面的樣本狀況。

向上取樣用的是 over_sampling 模組裡的 SMOTE 函數。SMOTE 可算是最常被使用的向上取樣函數，因為它不只向上取樣，而且會根據樣本的特徵創造出一些新的點。換言之，它不是只傻傻的重複增加樣本而已，而是透過某種演算法來生成新的樣本點。有興趣的讀者可自行研究原理。

範例 15-23 向上取樣的抽樣做法說明

▌ 程式碼

```
from imblearn.over_sampling import SMOTE
smt = SMOTE()
X_train_upsample, y_train_upsample = smt.fit_resample(data_pl.fit_
                                 transform(X_train), y_train)
print('原資料的總個數 ',X_train.shape[0])
print('原本目標值 1 與 0 的個數 ')
print(pd.Series(y_train).value_counts())
print('向上取樣後的總個數 ',X_train_upsample.shape[0])
print('向上取樣後的目標值 1 與 0 的個數 ')
print(pd.Series(y_train_upsample).value_counts())
```

執行結果

```
原資料的總個數 4930
原本目標值 1 與 0 的個數
0      3635
1      1295
Name: Churn, dtype: int64
向上取樣後的總個數 7270
向上取樣後的目標值 1 與 0 的個數
1      3635
0      3635
Name: Churn, dtype: int64
```

　　觀察發現，原本的資料總個數為 4930 個，經過向上取樣，增加到 7270 筆。進一步觀察目標值的分布，0 與 1 都是 3635。換言之，目標值 1 的個數從 1295 增加至 3635。雖然增加樣本可解決樣本分布不均的問題，但也增加了機器學習的負擔。當樣本數增加很多時，增加的時間會變得很可觀，但其優點是保留了所有的原來樣本。

　　在我們進行向上取樣的範例說明之前，我們先介紹一個向上取樣最容易犯的錯誤。錯誤作法如下：

　　1. 先做向上取樣，
　　2. 再做資料切割，
　　3. 最後進行預測。

範例 15-24　最常犯的向上取樣錯誤

程式碼

```python
X_upsample, y_upsample = smt.fit_resample(data_pl.fit_transform(X), y)
X_train_up, X_test_up, y_train_up, y_test_up = train_test_split(X_upsample,
                                        y_upsample, test_size=0.3)
# 固定隨機亂數的起點，讓我們的結果會一致
np.random.seed(42)

lr = LogisticRegression()
lr.fit(X_train_up, y_train_up)
y_pred_up = lr.predict(X_test_up)
print(' 正確率 ')
```

```
print(accuracy_score(y_test_up, y_pred_up))
print('混亂矩陣')
print(confusion_matrix(y_test_up, y_pred_up))
print('綜合報告')
print(classification_report(y_test_up, y_pred_up))
```

執行結果

正確率
0.778743961352657
混亂矩陣
[[1120 409]
 [278 1298]]
綜合報告

	precision	recall	f1-score	support
0	0.80	0.73	0.77	1529
1	0.76	0.82	0.79	1576
accuracy			0.78	3105
macro avg	0.78	0.78	0.78	3105
weighted avg	0.78	0.78	0.78	3105

（support 欄位標註：測試集樣本 被動過）

　　與範例 15-22 相比，範例 15-24 的正確率為 0.78，比範例 15-23 的 0.75 好。類別 1 召回率維持差不多，但精確率卻從 0.52 上升至 0.76。如果你不曉得哪裡會發生錯誤的話，你一定會很開心，因為精確率大幅上升。

　　各位可以想想，這個做法的錯誤在哪裡？

　　答案是：當我們先做向上取樣後再做資料切割，**這時的測試集 (X_test_up) 已經包含了因向上取樣而重複的樣本。換言之，同一份資料可能出現在測試集和訓練集。這種錯誤往往會使得預測結果被高估。**所以讀者要記得，步驟 1 和步驟 2 的順序要對調，**先切割，再取訓練集做向上取樣，再用測試集來看結果。**

　　聽起來有點麻煩，不過更正向上取樣的作法很簡單，只要把向上取樣函數（SMOTE）放入管道器裡就好了。因為資料進入管道器裡，訓練集和測試集是分開進行的。

範例 15-25 向上取樣的正確作法

▌ 程式碼

```
model_pl = Pipeline_im([
    ('preprocess', data_pl),
    ('resample', SMOTE()),
    ('model', LogisticRegression())
])
param_grid = {'model':[LogisticRegression(), SVC(),
                KNeighborsClassifier(), DecisionTreeClassifier()]}
np.random.seed(42)
gs = GridSearchCV(model_pl, param_grid=param_grid,
                cv=5, return_train_score=True)
gs.fit(X_train, y_train)
score = gs.best_estimator_.score(X_test, y_test)
print('最佳預測參數', gs.best_params_)
print('訓練集交叉驗證的最佳結果', gs.best_score_.round(3))
print('測試集的結果', score.round(3))
y_pred = gs.best_estimator_.predict(X_test)
print(confusion_matrix(y_test, y_pred))
print('綜合報告')
print(classification_report(y_test, y_pred))
```

▌ 執行結果

```
最佳預測參數 {'model': SVC(C=1.0, break_ties=False, cache_size=200,
    class_weight=None, coef0=0.0, decision_function_shape='ovr',
    degree=3, gamma='scale', kernel='rbf',
    max_iter=-1, probability=False, random_state=None, shrinking=True,
    tol=0.001, verbose=False)}
訓練集交叉驗證的最佳結果 0.759
測試集的結果 0.767
[[1194  345]
 [ 147  427]]
```

綜合報告

	precision	recall	f1-score	support
0	0.89	0.78	0.83	1539
1	0.55	0.74	0.63	574
accuracy			0.77	2113
macro avg	0.72	0.76	0.73	2113
weighted avg	0.80	0.77	0.78	2113

　　觀察發現，正確率為 0.77，但召回率為 0.74，反而比較差。請留意，測試集的樣本數仍然是相同的。這就是我們不斷強調不要去動到測試集的資料。

範例 15-26　ROC 圖

（提示：auc 的計算結果是 0.86，放在圖形的標題上。）

程式碼

```
from sklearn.metrics import roc_curve, auc, roc_auc_score
model_pl = make_pipeline(data_pl, LogisticRegression
(class_weight='balanced')) model_pl.fit(X_train, y_train)
y_pred_proba = model_pl.predict_proba(X_test)[:,1]
fpr, tpr, thres = roc_curve(y_test, y_pred_proba)
roc_auc = auc(fpr, tpr)
roc_auc
plt.plot(fpr, tpr, marker='.')
plt.title(roc_auc.round(2));
```

執行結果

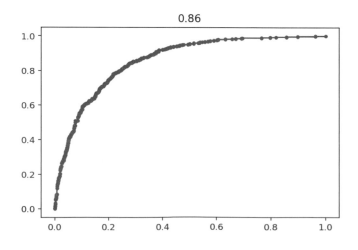

範例 15-27 PRC 圖

█ 程式碼

```
from sklearn.metrics import precision_recall_curve
model_pl = make_pipeline(data_pl, LogisticRegression
                        (class_weight='balanced'))
model_pl.fit(X_train, y_train)
y_pred_proba = model_pl.predict_proba(X_test)[:,1]
prec, recall, thres = precision_recall_curve(y_test, y_pred_proba)
plt.plot(recall, prec)
```

█ 執行結果

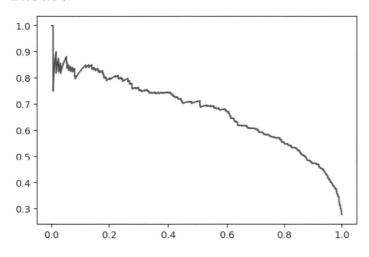

章 末 習 題

1. 請用本章資料，並用向下取樣法，再用網格搜尋來進行機器學習的挑選。

   `'model':[RandomForestClassifier(), AdaBoostClassifier(),`
   `BaggingClassifier(), XGBClassifier()]`

2. 承上題，先將資料做向下取樣，再做資料分割，再用支持向量機做資料預測。請算出預測結果、混亂矩陣和綜合報告。再與範例 15-22 比較和討論。

第 16 章
信用偵測

本章學習重點

- 信用偵測的案例示範
- 資料載入與檢查
- 資料探索
- 資料切割和預處理
- 模型建立和預測
- 處理目標樣本不均衡的問題
- PRC 和 ROC 圖

16-1 信用卡詐欺偵測

　　現代人的消費習慣，已經從實體貨幣慢慢趨向以塑膠貨幣，甚至虛擬貨幣為媒介。而塑膠貨幣裡，絕大部分都是用信用卡消費。但信用卡的便利性也帶來一些問題，有時候信用卡會被盜刷或被偷竊，對個人以及銀行都是巨大的財產損失。但如果要對一筆一筆的交易做監控，其中的複雜和困難程度不是人類能夠完成的。本章將探討，機器學習是不是能幫助我們做信用卡的交易監控？當發現有可疑的資料，就給消費者提醒與警報。

　　本章資料是歐洲信用卡的交易資料，時間是 2013 年 9 月，為期二天，共取得 28 萬筆資料，其中只有 492 筆為信用卡盜用。28 萬筆資料絕大部分都是正常的資料，僅有 500 筆左右為盜刷。這種目標類別極不平衡的情況，對機器學習會是很大的挑戰。

　　本章的資料共有 30 個特徵值，分別是 V1 到 V28、Time 和 Amount。其中，V1 到 V28 是經由主成份分析而成的結果。你會想問，為什麼不給原始的資料欄位？答案很簡單，如果信用卡盜刷集團知道銀行用什麼資訊在偵測，他們就會修改盜刷策略。因此，用 V1-V28 是比較安全的做法。目標變數是 Class，0 表示正常，1 是盜刷。Amount 是刷卡金額。

　　由於絕大部分的資料都是正常資料，只有極少部分是信用卡盜用，因此正確率不是本問題的考量，召回率才是。因為被盜刷的損失較大，我們希望只要是被盜刷的資料都能召回。不過，當召回率高時，正確率也會下降。但犯這種錯誤的影響並不大，我們只需簡訊通知消費者，「您有一筆交易金額 xxx 元，請確認是您的消費」就可以了。

　　資料來源：https://www.kaggle.com/chasekregor/credit-card-fraud-detection-using-scikit-learn

範例 16-1 載入資料並檢視

▋ 程式碼

```
import pandas as pd
import numpy as np
import matplotlib.pyplot as plt
import seaborn as sns
%matplotlib inline
# plt.rcParams['font.sans-serif'] = ['DFKai-sb']
# plt.rcParams['axes.unicode_minus'] = False
%config InlineBackend.figure_format = 'retina'
import warnings
warnings.filterwarnings('ignore')
```

```
df = pd.read_csv('creditcard.csv')
df.head()
```

執行結果

	Time	V1	V2	V3	V4	V5	V6	V7	V8	V9	...
0	0.0	-1.359807	-0.072781	2.536347	1.378155	-0.338321	0.462388	0.239599	0.098698	0.363787	...
1	0.0	1.191857	0.266151	0.166480	0.448154	0.060018	-0.082361	-0.078803	0.085102	-0.255425	...
2	1.0	-1.358354	-1.340163	1.773209	0.379780	-0.503198	1.800499	0.791461	0.247676	-1.514654	...
3	1.0	-0.966272	-0.185226	1.792993	-0.863291	-0.010309	1.247203	0.237609	0.377436	-1.387024	...
4	2.0	-1.158233	0.877737	1.548718	0.403034	-0.407193	0.095921	0.592941	-0.270533	0.817739	...

5 rows × 31 columns

...	V21	V22	V23	V24	V25	V26	V27	V28	Amount	Class
...	-0.018307	0.277838	-0.110474	0.066928	0.128539	-0.189115	0.133558	-0.021053	149.62	0
...	-0.225775	-0.638672	0.101288	-0.339846	0.167170	0.125895	-0.008983	0.014724	2.69	0
...	0.247998	0.771679	0.909412	-0.689281	-0.327642	-0.139097	-0.055353	-0.059752	378.66	0
...	-0.108300	0.005274	-0.190321	-1.175575	0.647376	-0.221929	0.062723	0.061458	123.50	0
...	-0.009431	0.798278	-0.137458	0.141267	-0.206010	0.502292	0.219422	0.215153	69.99	0

從範例 16-1 的執行結果來看，Time 像無意義的交易時間，建議刪除。

範例 16-2　檢視資料型態

程式碼

```
df.drop('Time', axis=1, inplace=True)
df.dtypes.tail()
```

執行結果

```
V26        float64
V27        float64
V28        float64
Amount     float64
Class        int64
dtype: object
```

為節省空間，我們僅呈現後五筆資料，除了 Class 是整數，其餘皆爲浮點數。

範例 16-3　檢查遺漏值

▎**程式碼**

```
df.isnull().sum().sum()
```

▎**執行結果**

0

得知本例沒有遺漏值。

範例 16-4　檢視目標變數的數目和百分比

▎**程式碼**

```
size = df['Class'].value_counts()
pct = df['Class'].value_counts(normalize=True).round(3)
pd.DataFrame(zip(size, pct), columns=[' 次數 ', ' 百分比 '],
                                    index=['No','Yes'])
```

▎**執行結果**

	次數	百分比
No	284315	0.998
Yes	492	0.002

　　變數 0 與 1 的數量差異很大，這點要留意！資料裡有 28 萬筆沒問題的資料，僅有 500 筆有問題。換言之，資料裡只有不到 1% 為詐欺資料。在本例裡，正確率沒有太大意義，因為全部猜 0，正確率就幾乎是 100% 了。我們在乎的是詐欺類別的召回率。

16-2　資料探索

因為本章範例的欄位太多，我們就不用 pairplot 做圖，直接看相關係數。

範例 16-5　資料的相關係數

▌程式碼

```
plt.figure(figsize=(7,5))
sns.heatmap(df.corr(), cmap='coolwarm');
```

▌執行結果

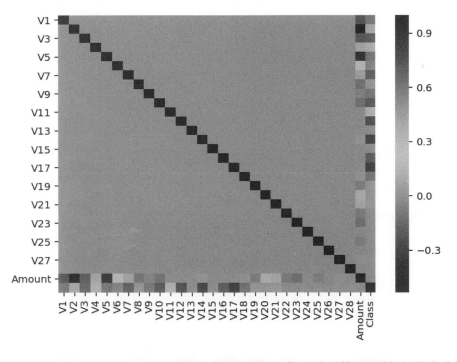

　　觀察發現，V1 到 V27 變項間的相關性皆不高，這可能是因為主成分分析的原因。只有 V7 與 Amount 和 V20 與 Amount 間的相關係數較高。

範例 16-6　探索 **Class** 與各變數的相關係數

▍ 程式碼

```
df_corr = df.drop('Class',axis=1).corrwith(df['Class']).\
sort_values(ascending=False)
print(df_corr[:3])
print(df_corr[-3:])
```

▍ 執行結果

```
V11    0.154876
V4     0.133447
V2     0.091289
dtype: float64
V12   -0.260593
V14   -0.302544
V17   -0.326481
dtype: float64
```

　　因為有正負號，我們取出排序後與目標值前三和後三筆的相關係數。觀察發現，相關係數都不太高。

範例 16-7　檢視 **Amount** 和 **Class** 的關係

▍ 程式碼

```
df.groupby('Class')['Amount'].describe()
```

▍ 執行結果

Class	count	mean	std	min	25%	50%	75%	max
0	284315.0	88.291022	250.105092	0.0	5.65	22.00	77.05	25691.16
1	492.0	122.211321	256.683288	0.0	1.00	9.25	105.89	2125.87

　　不正常交易（class 為 1）的信用卡金額，有 75% 落在 0 到 105.9（75 百分位數）之間，最大值是 2125 左右。換言之，**只要金額超過 2125，就是正常交易。**

　　因為資料數量分佈極不均衡，我們在範例 16-8 選用 violinplot 來做圖。

範例 16-8 用 **violinplot** 來探索 **Class** 和 **Amound** 的關係

▌程式碼

```
sns.violinplot(x='Class', y='Amount', data=df);
```

▌執行結果

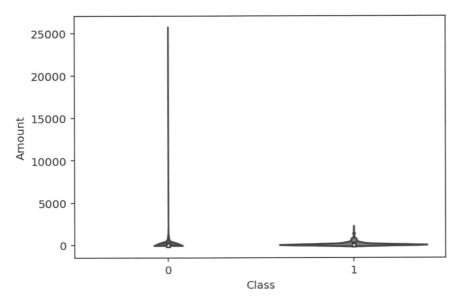

　　透過圖也可看出「詐欺不正常」的銷費金額普遍較低，這可能是因為盜刷集團怕引起信用卡公司的注意，因此金額以小額為主。

16-3　資料切割和預處理

範例 16-9 資料切割和預處理

▌程式碼

```
from sklearn.model_selection import train_test_split
X = df.drop('Class', axis=1)
y = df['Class']
X_train, X_test, y_train, y_test = train_test_split
                    (X, y, test_size=0.3, random_state=42)
```

16-4　模型建立和預測

範例 16-10　求出基礎的「偽」預測器的結果

■ 程式碼

```
from sklearn.metrics import confusion_matrix, classification_report,
    accuracy_score
from sklearn.dummy import DummyClassifier
dmy = DummyClassifier(strategy='most_frequent')
dmy.fit(X_train, y_train)
dmy.score(X_train, y_train)
y_pred = dmy.predict(X_test)
print(accuracy_score(y_test, y_pred))
print(confusion_matrix(y_test, y_pred))
print(classification_report(y_test, y_pred))
```

■ 執行結果

```
0.9984082955888721
[[85307      0]
 [  136      0]]
              precision    recall  f1-score   support

           0       1.00      1.00      1.00     85307
           1       0.00      0.00      0.00       136

    accuracy                           1.00     85443
   macro avg       0.50      0.50      0.50     85443
weighted avg       1.00      1.00      1.00     85443
```

因為此為不均衡的類別資料，如果用出現最多次的 0 當預測規則，正確率會有 0.998，但類別 1 的召回率會是 0。

由於資料有 28 萬多筆，要做資料訓練會花很多時間，因此本例就不用網格搜尋，而改用 for 迴圈將每個機器學習成果輸出（其實還是花了很多時間）。本例的資料預處理就只有 StandardScaler。我們將分析結果整理於範例 16-12。

範例 16-11　每個機器學習演算法的成果輸出

程式碼

```python
# 載入所有模型
from sklearn.linear_model import LogisticRegression
from sklearn.svm import SVC
from sklearn.neighbors import KNeighborsClassifier
from sklearn.tree import DecisionTreeClassifier
from sklearn.ensemble import RandomForestClassifier,
    AdaBoostClassifier, BaggingClassifier
from xgboost import XGBClassifier
from sklearn.preprocessing import StandardScaler
from sklearn.pipeline import Pipeline, make_pipeline
from sklearn.metrics import recall_score

models = [LogisticRegression(), SVC(), KNeighborsClassifier(),
    RandomForestClassifier()]
model_results = {}
for model in models:
    model_pl = make_pipeline(StandardScaler(), model)
    model_pl.fit(X_train, y_train)
    y_pred = model_pl.predict(X_test)
    score = accuracy_score(y_test, y_pred)
    recall = recall_score(y_test, y_pred, pos_label=1)
    model_results[model.__class__.__name__] = [score, recall]
    print(f' 模型名稱 {model.__class__.__name__:-^50}')
    print(' 混亂矩陣 \n',confusion_matrix(y_test, y_pred))
    print(f' 正確率：{score:.3f}， 召回率：{recall:.3f}\n')
```

執行結果

```
模型名稱 ----------------LogisticRegression----------------
混亂矩陣
 [[85295    12]
 [   51    85]]
正確率：0.999， 召回率：0.625
```

```
模型名稱 ------------------------SVC------------------------
混亂矩陣
   [[85301      6]
   [    49     87]]
正確率： 0.999， 召回率： 0.640
```

```
模型名稱 ----------------KNeighborsClassifier---------------
混亂矩陣
   [[85291     16]
   [    31    105]]
正確率： 0.999， 召回率： 0.772
```

```
模型名稱 --------------RandomForestClassifier--------------
混亂矩陣
   [[85301      6]
   [    28    108]]
正確率： 1.000， 召回率： 0.794
```

範例 16-12　整理上例結果

程式碼

```
df_orig = pd.DataFrame(model_results.values(), index=model_results.keys(),
          columns=['prec','recall']).sort_values(by='recall', ascending=False)
df_orig
```

執行結果

	prec	recall
RandomForestClassifier	0.999602	0.794118
KNeighborsClassifier	0.999450	0.772059
SVC	0.999356	0.639706
LogisticRegression	0.999263	0.625000

　　觀察發現，召回率最佳的結果是隨機森林，為 **0.79**。**這結果還算不錯，也就是每 100 筆的信用卡盜刷，約有 79 筆能正確指出來**。但仍有 2 成的盜刷會逃過程式的檢查。有沒有辦法更好呢？其中一個想法是處理目標類別不均衡的問題。

範例 16-13　用權重方式解決目標類別不均衡的問題

程式碼

```
models = [LogisticRegression(class_weight='balanced'), SVC(class_
          weight='balanced'), RandomForestClassifier(class_weight='balanced')]
model_results = {}
for model in models:
    model_pl = make_pipeline(StandardScaler(), model)
    model_pl.fit(X_train, y_train)
    y_pred = model_pl.predict(X_test)
    score = accuracy_score(y_test, y_pred)
    recall = recall_score(y_test, y_pred, pos_label=1)
    model_results[model.__class__.__name__] = [score, recall]
    print(f'{model.__class__.__name__:-^50}')
    print(confusion_matrix(y_test, y_pred))
    print(f' 正確率：{score:.3f}，召回率：{recall:.3f}')
    print()
```

執行結果

```
---------------LogisticRegression---------------
[[83114  2193]
 [   10   126]]
正確率：0.974，召回率：0.926
```

```
-----------------------SVC-----------------------
[[85080   227]
 [   31   105]]
正確率：0.997，召回率：0.772
```

```
--------------RandomForestClassifier--------------
[[85304     3]
 [   30   106]]
正確率：1.000，召回率：0.779
```

這結果很令人振奮，羅吉斯迴歸的召回率高達 9 成 3。

範例 16-14 整理範例 16-13 結果

▌ 程式碼

```
df_weight = pd.DataFrame(model_results.values(), index=model_results.keys(),
    columns=['prec','recall']).sort_values(by='recall', ascending=False)
df_weight
```

▌ 執行結果

	prec	recall
LogisticRegression	0.974217	0.926471
RandomForestClassifier	0.999614	0.779412
SVC	0.996980	0.772059

　　最佳結果是羅吉斯迴歸，雖然正確率略降，但召回率可達 9 成 3，這比原來的 8 成高上許多。從範例 16-14 也可以看出，為什麼我們要處理目標類別不均衡的問題。

　　向下取樣的最大優點是能大幅減少樣本來加速學習的時間。同樣我們將結果整理於範例16-15。

範例 16-15 向下取樣結果

▌ 程式碼

```
from imblearn.under_sampling import RandomUnderSampler
from imblearn.pipeline import make_pipeline
np.random.seed(42)
models = [LogisticRegression(), SVC(), KNeighborsClassifier(),
    RandomForestClassifier()]
model_results = {}
for model in models:
    model_pl = make_pipeline(StandardScaler(), RandomUnderSampler(), model)
    model_pl.fit(X_train, y_train)
    y_pred = model_pl.predict(X_test)
    score = accuracy_score(y_test, y_pred)
    recall = recall_score(y_test, y_pred, pos_label=1)
    model_results[model.__class__.__name__] = [score, recall]
    print(f'{model.__class__.__name__:-^50}')
```

```
print(confusion_matrix(y_test, y_pred))
print(f' 正確率：{score:.3f}， 召回率：{recall:.3f}')
print()
```

執行結果

```
Using TensorFlow backend.
----------------LogisticRegression----------------
[[81974  3333]
 [    9   127]]
正確率：0.961， 召回率：0.934


-----------------------SVC-----------------------
[[83857  1450]
 [   13   123]]
正確率：0.983， 召回率：0.904


---------------KNeighborsClassifier---------------
[[82633  2674]
 [   11   125]]
正確率：0.969， 召回率：0.919


--------------RandomForestClassifier--------------
[[83018  2289]
 [    8   128]]
正確率：0.973， 召回率：0.941
```

　　最佳結果是隨機森林，召回率可達 9 成 4。由於向上取樣的執行時間會太長，就留給讀者自行研究。

範例 **16-16** 整理範例 **16-15** 結果

▌程式碼

```
df_down = pd.DataFrame(model_results.values(), index=model_results.keys(),
    columns=['prec','recall']).sort_values(by='recall', ascending=False)
df_down
```

▌執行結果

	prec	recall
RandomForestClassifier	0.973117	0.941176
LogisticRegression	0.960886	0.933824
KNeighborsClassifier	0.968576	0.919118
SVC	0.982877	0.904412

範例 **16-17** 比較所有方法的召回率

▌程式碼

```
df_recall = pd.concat([df_orig, df_weight, df_down], axis=1,
                    keys=['沒處理','權重法','向下取樣'])
df_recall.xs('recall', level=1, axis=1).style.highlight_max(axis=1)
```

▌執行結果

	沒處理	權重法	向下取樣
RandomForestClassifier	0.794118	0.779412	0.941176
KNeighborsClassifier	0.772059	nan	0.919118
SVC	0.639706	0.772059	0.904412
LogisticRegression	0.625000	0.926471	0.933824

　　觀察發現，「沒有做目標類別不均衡」處理的結果為最差。向下取樣的結果，是裡面最好的。

範例 16-18　ROC 曲線圖

程式碼

```
from sklearn.metrics import roc_curve, auc, roc_auc_score
model_pl = make_pipeline(StandardScaler(),
                         RandomUnderSampler(),
                         LogisticRegression())
model_pl.fit(X_train, y_train)
y_pred_proba = model_pl.predict_proba(X_test)[:,1]
fpr, tpr, thres = roc_curve(y_test, y_pred_proba)
roc_auc = auc(fpr, tpr)
plt.plot(fpr, tpr, marker='.')
plt.title(roc_auc.round(2));
```

執行結果

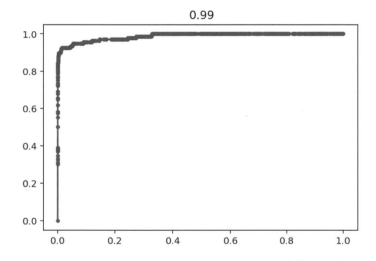

範例 16-19　PRC 圖

▍程式碼

```
from sklearn.metrics import precision_recall_curve
model_pl = make_pipeline(StandardScaler(),
                         RandomUnderSampler(),
                         LogisticRegression())
model_pl.fit(X_train, y_train)
y_pred_proba = model_pl.predict_proba(X_test)[:,1]
prec, recall, thres = precision_recall_curve(y_test, y_pred_proba)
plt.plot(recall, prec)
```

▍執行結果

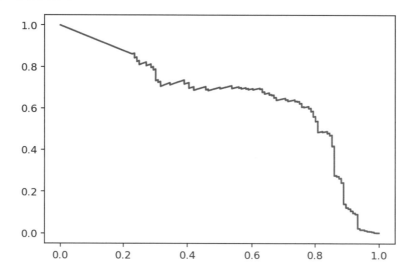

章 末 習 題

1. 請用本章資料，先做資料分割，再將資料做向下取樣，再用隨機森林做資料預測。請算出預測結果、混亂矩陣和綜合報告，繪製 ROC、PRC 圖。

2. 請用本章資料，先將資料做向下取樣，再做資料分割，再用隨機森林做資料預測。請算出預測結果、混亂矩陣和綜合報告，繪製 ROC、PRC 圖。再與第 1 題比較和討論。

第 17 章

文字處理

━━ 本章學習重點 ━━

- 介紹文字處理和數值處理的差異
- 介紹 newsgroups 資料
- 介紹文字處理
- CountVectorizer, TfidfVectorizer
- 單純貝氏分類器 MultinomialNB
- 機器學習的分類預測
- 將三種產生詞袋的編碼加入網格搜尋
- 介紹主題探索和潛在狄氏分配（LDA）
- 如何解決出現頻繁的過多字詞
- 如何知道每一篇文章屬於哪一個主題

本章我們將進入到另一大主題——文字處理，其專有名詞為「自然語言處理」（natural language processing, NLP）。相較於數字型態的資料只要做遺漏值處理、標準化或獨熱編碼，文字處理則相對麻煩。因為程式懂的只是數值，而文字並非數值，如何將文字轉換成數值以利電腦處理，是本章要探及的課題。

首先，在 sklearn 提供了一組文字資料「20newsgroups」。20newsgroups 收集了不同的新聞群組資料，這組資料除了可學習文字轉換成數字外，還可用來學習文章的分類和主題等功能的探索。

17-1 載入資料和資料檢視

為了簡單說明起見，我們只載入其中的四個新聞群組，包括無神論、基督教、圖片和醫學。

範例 17-1 載入資料

程式碼

```python
import pandas as pd
import numpy as np
import matplotlib.pyplot as plt
import seaborn as sns
%matplotlib inline
%config InlineBackend.figure_format = 'retina'
import warnings
warnings.filterwarnings('ignore')

from sklearn.datasets import fetch_20newsgroups
categories = ['alt.atheism', 'soc.religion.christian',
    'comp.graphics', 'sci.med']
train = fetch_20newsgroups(subset='train', categories=categories,
    shuffle=True, random_state=42)
test = fetch_20newsgroups(subset='test', categories=categories,
    shuffle=True, random_state=42)
print('\n'.join(train['DESCR'].split('\n')[:10]))
```

執行結果

```
.. _20newsgroups_dataset:

The 20 newsgroups text dataset
------------------------------

The 20 newsgroups dataset comprises around 18000 newsgroups posts
on
20 topics split in two subsets: one for training (or development)
and the other one for testing (or for performance evaluation).
The split
between the train and test set is based upon a messages posted
before
and after a specific date.
```

範例 17-2　了解目標類別的編碼

程式碼

```
train['target_names']
```

執行結果

```
['alt.atheism', 'comp.graphics', 'sci.med', 'soc.religion.christian']
```

類別 0 為無神論、1 為圖片、2 為醫學、3 為基督教。

變數 train 本身是字典,用索引鍵 data 可取到內容,用 target 可取到分類的類別。

範例 17-3 觀察目標值的資料分布

程式碼

```
from IPython.display import display
df_train = pd.DataFrame(zip(train['data'], train['target']),
                        columns=['content','target'])
display(df_train.head())
display(df_train['target'].value_counts())
```

執行結果

	content	target
0	From: sd345@city.ac.uk (Michael Collier)\nSubj...	1
1	From: ani@ms.uky.edu (Aniruddha B. Deglurkar)\...	1
2	From: djohnson@cs.ucsd.edu (Darin Johnson)\nSu...	3
3	From: s0612596@let.rug.nl (M.M. Zwart)\nSubjec...	3
4	From: stanly@grok11.columbiasc.ncr.com (stanly...	3

```
3    599
2    594
1    584
0    480
Name: target, dtype: int64
```

　　觀察發現，四個類別的數量還蠻平均的。

範例 17-4 詳細檢視第一筆資料

程式碼

```
print(f'檢視第一筆資料的類別為：{df_train.loc[0,"target"]}')
print(df_train.loc[0,'content'])
```

執行結果

　　檢視第一筆資料的類別為：1
　　From: sd345@city.ac.uk (Michael Collier)
　　Subject: Converting images to HP LaserJet III?

```
Nntp-Posting-Host: hampton
Organization: The City University
Lines: 14

Does anyone know of a good way (standard PC application/PD
utility) to
convert tif/img/tga files into LaserJet III format.  We would also
like to
do the same, converting to HPGL (HP plotter) files.

Please email any response.

Is this the correct group?

Thanks in advance.  Michael.
--
Michael Collier (Programmer)                    The Computer Unit,
Email: M.P.Collier@uk.ac.city                   The City University,
Tel: 071 477-8000 x3769                         London,
Fax: 071 477-8565                               EC1V 0HB.
```

第一筆資料的類別數字為 1，對應為圖片 'comp.graphics'。觀察發現，文字內容包括了誰貼新聞、主題和本文，而內文也比較偏向圖片相關。

範例 17-5 將資料放至 X_train, X_test

程式碼

```
X_train = train['data']
y_train = train['target']
X_test = test['data']
y_test = test['target']
```

這步驟是將資料放到我們所熟悉的變數裡，這樣看起來比較親切。

17-2　文字處理介紹

文字本身無法直接交給機器學習的模型進行處理，必須轉換爲數值。那要怎麼做呢？它的做法有點像是類別資料的獨熱編碼，把出現過的文字視爲類別，並計算其出現的次數，最後將結果整理成所謂的**詞袋（bag of words）**。換言之，詞袋的做法，就是用每篇**文章中文字出現的次數來代表這篇文章**。這是最簡單表示文章的方式。但這麼做的缺點是：1. 句子的語義功能不見了，剩下的只是文字。 2. 文字和文字的前後關係也不見了。雖然有這些缺點，但詞袋仍是被廣爲應用的文章表達方式。

詞袋基本介紹

在 sklearn 能將文字向量化成爲詞袋的工具，放在 feature_extraction.text 模組裡，函數爲 CountVectorizer（你可以想像它是把文字轉成特徵值向量）。使用前要先初始化才能使用。由於文字向量化後的結果爲稀疏矩陣（因爲有許多 0），因此要加上 toarray() 才能顯現出其值。

範例 17-6 以 'He do love her and He does not loves he' 句子爲例，經過詞袋轉換後爲 [1, 1, 1, 3, 1, 1, 1, 1]。這些數字代表什麼意思呢？這是句子裡，每個文字出現的次數。如果我們想知道的是數值對應到哪些文字，該要怎麼處理呢？我們在範例 17-7 中介紹。

範例 17-6　詞袋基本介紹

程式碼

```
from sklearn.feature_extraction.text import CountVectorizer
string = ['He do love her and He does not loves he']
cv = CountVectorizer()
bow = cv.fit_transform(string)
bow.toarray()
```

執行結果

```
array([[1, 1, 1, 3, 1, 1, 1, 1]])
```

範例 17-6 執行結果中，各數字所對應的文字，可用 get_feature_names() 取得，這個函數名稱跟獨熱編碼取得類別名稱是相同的，表示這兩者其實很類似。我們將詞袋資料跟它對應的文字用 DataFrame 來呈現，如範例 17-7。

範例 17-7 將文字放在上例結果

▌ 程式碼

```
df_bow = pd.DataFrame(bow.toarray(), columns=cv.get_feature_names())
df_bow
```

▌ 執行結果

	and	do	does	he	her	love	loves	not
0	1	1	1	3	1	1	1	1

觀察發現幾個有趣現象：

1. he 出現了三次，這表示在 CountVectorizer 裡會將大寫的 He 先轉換成小寫的 he 再做次數計算。

2. does 和 do 被視為不同。

3. love 和 loves 被視為不同。換言之，文字都還需進一步清理。譬如：需要將字詞還原成字根，使用的技術是詞幹（word stemming），NLTK 套件可協助完成。進一步做法就不在本書範圍，讀者可自行研究。

4. 由於我們將句子切成文字來處理，原本的語意有可能會不見。譬如：not 因為沒有前後字的連結，無法了解它否定了什麼。雖然這種簡單的方式可以用來表達文章的內文，但事實上也遺失了許多重要的資訊。

如果你的文章裡常常有文字前後的連結關係，有沒有哪一個方式讓前後字結合成一個新的文字，再進行詞袋整理？在 CountVectorizer 裡的 ngram_range 參數設立值，即可保留字與字的前後關係，並計算出現次數。為了方便資料呈現起見，範例 17-8 將 ngram_range 設為 (2, 2)，第一個參數 2 為幾個字的起點，第 2 個參數為幾個字的終點。

範例 17-8　前後文字的連結編碼

▌程式碼

```
string = ['He do love her and He does not loves he']
cv = CountVectorizer(ngram_range=(2,2))
bow = cv.fit_transform(string)
df_bow = pd.DataFrame(bow.toarray(), columns=cv.get_feature_names())
df_bow
```

▌執行結果

	and he	do love	does not	he do	he does	her and	love her	loves he	not loves
0	1	1	1	1	1	1	1	1	1

　　結果發現 not loves 已出現在編碼內了。讀者可將 ngram_range 改為 (1, 2)，自行觀察結果。

　　有些文字沒太大意義可以移除，這些文字稱為停用詞。做法是，只要在 stop_words 參數裡，給定要停用的文字串列即可。CountVectorizer 對於英文有內建的停用辭典，只要 stop_words='english' 即可使用。

範例 17-9　移除停用詞的使用

▌程式碼

```
string = ['He do love her and He does not loves he']
cv = CountVectorizer(stop_words='english')
bow = cv.fit_transform(string)
df_bow = pd.DataFrame(bow.toarray(), columns=cv.get_feature_names())
df_bow
```

▌執行結果

	does	love	loves
0	1	1	1

　　觀察發現，結果 he、she、and 都被刪除了。雖然主詞和受詞在口語溝通上很重要，但在以詞袋編碼為主的方法上其實沒有什麼太大幫助。

　　除了將文字出現用絕對次數來表示外，另一種常用的方式是 term frequency(tf)。**tf 是文字在文章中出現的頻率，就是文字在文章裡出現的百分比**（不過分母並非所有文字出現的總次數，而是向量長度）。

　　使用方式爲用 TfidfVectorizer，並將 use_idf 設爲 False。

範例 17-10 **term frequency(tf)**

▌ 程式碼

```
from sklearn.feature_extraction.text import TfidfVectorizer
string = ['dog love loves',
          'pig love loves pig']
cv = TfidfVectorizer(use_idf=False, stop_words='english')
bow = cv.fit_transform(string)
df_bow = pd.DataFrame(bow.toarray(), columns=cv.get_feature_names())
df_bow
```

▌ 執行結果

	dog	love	loves	pig
0	0.57735	0.577350	0.577350	0.000000
1	0.00000	0.408248	0.408248	0.816497

　　以第一篇文章（序號爲 0）爲例，dog 出現 1 次，總向量的長度爲 3 的平方根，因此 1 除 3 的平方根爲 0.577。tf 只會考慮文字在該篇文章中所佔的權重是如何，並不考慮跨文章的關係。當文字出現次數愈高時，其值就愈高。以第二篇文章（序號爲 1）而言，pig 出現兩次，其 tf 就高於 love 和 loves。

　　讀者如果有興趣 pig 的 0.81 值是如何算出來的，pig 的次數爲 2，其文章的向量長度是 6（1+1+4）的根號。

　　實務上更常用的是 tf-idf，而非只是 tf。預設的 TfidfVectorizer 就是使用了 idf。

　　idf 指的是 inverse document frequency，中文翻譯是反文件頻率。其背後想法是：如果某個字詞太頻繁出現在所有文章，這個字詞就不具備鑑別度，因此用 inverve（當作分母）它的出現次數來降低其重要程度。與範例 17-10 的執行結果比較，範例 17-11 中 love 和 loves 因爲兩個文章都出現，因此在第 1 個句子裡，其重要性就從 0.58 降至 0.50。反之，pig 和 dog 因爲只出現在各自的文章內，因此經過 tf-idf 計算後，其值反而都上升。

範例 17-11 tf-idf

程式碼

```
from sklearn.feature_extraction.text import TfidfVectorizer
string = ['dog love loves',
         'pig love loves pig']
cv = TfidfVectorizer(stop_words='english')
bow = cv.fit_transform(string)
df_bow = pd.DataFrame(bow.toarray(), columns=cv.get_feature_names())
df_bow
```

執行結果

	dog	love	loves	pig
0	0.704909	0.501549	0.501549	0.000000
1	0.000000	0.317800	0.317800	0.893312

17-3　機器學習的分類預測

學會如何將文字轉換成數值後，我們就要回到熟悉的機器學習。在範例 17-12 中，除了原本的函數外，我們多載入了單純貝氏分類器 MultinomialNB。單純貝氏分類器在「文件處理」和「垃圾郵件過濾」中還蠻常被使用的。當你的資料有許多 0 和 1 時，都可以將單純貝氏分類器列入考量。

範例 17-12 載入所有模組和函數

程式碼

```
from sklearn.linear_model import LogisticRegression
from sklearn.svm import SVC
from sklearn.neighbors import KNeighborsClassifier
from sklearn.naive_bayes import MultinomialNB
from sklearn.pipeline import make_pipeline, Pipeline
from sklearn.model_selection import GridSearchCV
from sklearn.metrics import confusion_matrix, accuracy_score,
    classification_report
```

接下來我們要教大家如何進行文字的預測。你可能會想要先將資料處理成「詞袋」，才能進一步用之前學過的觀念。但由於 CountVectorizer 也提供了 fit 和 transform 的對接口，它就能直接連接到管道器裡不用事先處理，這也再次說明，為什麼我們要花這麼長的篇幅學習管道器。

我們在資料預處理的部分只用 CountVectorizer。在範例 17-13 使用的機器學習模型有羅吉斯迴歸、支持向量機、K 最近鄰和單純貝氏分類器，使用 5 折交叉驗證來評估模型的好壞。

範例 17-13　用 GridSearchCV 來挑選最佳結果

▌程式碼

```
model_pl = Pipeline([
    ('preprocess', CountVectorizer(stop_words='english')),
    ('model', LogisticRegression())
])
param_grid = {
    'model':[LogisticRegression(), SVC(),
             KNeighborsClassifier(), MultinomialNB()]
}
gs = GridSearchCV(model_pl, param_grid=param_grid,
                  cv=5, return_train_score=True)
gs.fit(X_train, y_train)
score = gs.best_estimator_.score(X_test, y_test)
print('最佳預測參數 ', gs.best_params_)
print('訓練集交叉驗證的最佳結果 ', gs.best_score_.round(3))
print('測試集的結果 ', score.round(3))
y_pred = gs.best_estimator_.predict(X_test)
print(confusion_matrix(y_test, y_pred))
print('綜合報告 ')
print(classification_report(y_test, y_pred))
```

▌執行結果

```
最佳預測參數 {'model': MultinomialNB(alpha=1.0, class_prior=None,
                             fit_prior=True)}
訓練集交叉驗證的最佳結果 0.978
測試集的結果 0.942
[[289   3   5  22]
```

```
[  5 376   6   2]
[ 11  13 366   6]
[  5   4   5 384]]
```
綜合報告

	precision	recall	f1-score	support
0	0.93	0.91	0.92	319
1	0.95	0.97	0.96	389
2	0.96	0.92	0.94	396
3	0.93	0.96	0.95	398
accuracy			0.94	1502
macro avg	0.94	0.94	0.94	1502
weighted avg	0.94	0.94	0.94	1502

　　觀察結果，最佳的模型為單純貝氏分類器，正確率為 **0.94**，從混亂矩陣來看也沒什麼問題。這表示我們的機器學習模型能有效透過詞袋來判斷出每篇文章是屬於哪一個類別。這真的很酷，**對於處理文字，由於將 CountVectorizer 放入管道器，我們的程式碼並沒有特別增加。**

　　既然我們有三種產生詞袋的編碼方式，我們也將它加入網格搜尋。

範例 17-14 將三種產生詞袋的編碼方式也加入網格搜尋

▌**程式碼**

```
model_pl = Pipeline([
    ('preprocess', CountVectorizer(stop_words='english')),
    ('model', LogisticRegression())
])
param_grid = {
    'preprocess':[CountVectorizer(stop_words='english'),
                TfidfVectorizer(stop_words='english'),
                TfidfVectorizer(use_idf=False, stop_words='english')],
    'model':[LogisticRegression(), SVC(),
                KNeighborsClassifier(), MultinomialNB()]
}
gs = GridSearchCV(model_pl, param_grid=param_grid,
                cv=5, return_train_score=True)
gs.fit(X_train, y_train)
```

```
score = gs.best_estimator_.score(X_test, y_test)
print(' 最佳預測參數 ', gs.best_params_)
print(' 訓練集交叉驗證的最佳結果 ', gs.best_score_.round(3))
print(' 測試集的結果 ', score.round(3))
y_pred = gs.best_estimator_.predict(X_test)
print(confusion_matrix(y_test, y_pred))
print(' 綜合報告 ')
print(classification_report(y_test, y_pred))
```

執行結果

最佳預測參數 {'model': MultinomialNB(alpha=1.0, class_prior=None,
    fit_prior=True), 'preprocess': CountVectorizer(analyzer='word',
    binary=False, decode_error='strict',
            dtype=<class 'numpy.int64'>, encoding='utf-8',
            input='content', lowercase=True, max_df=1.0,
            max_features=None, min_df=1, ngram_range=(1, 1),
            preprocessor=None, stop_words='english',
            strip_accents=None, token_pattern='(?u)\\b\\w\\w+\\b',
            tokenizer=None, vocabulary=None)}
訓練集交叉驗證的最佳結果 0.978
測試集的結果 0.942
[[289   3   5 22]
 [5 376   6   2]
 [11 13 366   6]
 [5   4   5 384]]
綜合報告

                precision   recall   f1-score   support

            0   0.93   0.91   0.92   319
            1   0.95   0.97   0.96   389
            2   0.96   0.92   0.94   396
            3   0.93   0.96   0.95   398

     accuracy   0.94   1502
    macro avg   0.94   0.94   0.94   1502
 weighted avg   0.94   0.94   0.94   1502
```
```

結果仍與範例 17-13 相同：單純貝氏分類器為最佳，且 CountVectorizer 是產生詞袋的最佳編碼方式。其中誤判最多個數為 22，在第一行第四列位置，即類別 0（無神論）被誤判成類別 3（基督教）。這兩個類別所引用的文字確實比較接近而容易被誤判。

17-4　主題探索

在介紹完分類預測後，我們要介紹的是主題探索。主題探索有什麼用途呢？你可以想像，當你有一堆文章，卻不曉得裡面包含哪幾大類的主題，主題探索就是一個可以幫你解決這個問題的方法。

分類預測，我們會知道預測的目標值是什麼、什麼是對什麼是錯。在主題探索裡，我們不知道預測的目標，我們也無法定義什麼是對什麼是錯，**關鍵就在於「探索」兩個字，一般又稱為非監督式學習**。

本節使用潛在狄氏分配（Latent Dirichlet Allocation，一般簡稱 LDA），其背後的原理與貝氏推論有關，詳細理論說明不在本書範圍。潛在狄氏分配能根據文章的文字特性，將文章分群。它通常用來做資料的探索。

跟監督式學習的差異在於，非監督式學習並不知道目標類別的值，而是透過將資料分群來了解資料的特性。以本章的例子而言，我們「假設」文章大約分成 4 類，**潛在狄氏分配將 n_components 設為 4，表示為 4 類**，再透過結果檢視這四類分別是什麼主題。

潛在狄氏分配是放在 decomposition 模組，主成份分析也是在這個模組，表示潛在狄氏分配也是做維度縮減。使用方式：

- 將潛在狄氏分配初始化，要設定分成幾大類文章（**n_components**）。
- 再用 **fit_transform** 學習和轉換。
- 特徵值學習的結果存放在 **components_（主題的文字向量數值）**。
- **fit_transform** 的輸出是每一篇文章屬於哪一類的權重。

檢視學習結果，潛在狄氏分配主要有兩個輸出結果。第一個是**主題和文章的關係矩陣**，在範例 17-15 中為 **X_topics**，存放著每一篇文章屬於哪一主題的權重。第 2 個是**主題和文字的關係矩陣，在範例 17-15 中為 lda.components_**。lda.components_ 為二維陣列，其中第一維度為 4，表示為 4 大類的主題。**而第二維度的 35482，為詞袋的文字向量**。如何取得詞袋的文字向量呢？因為詞袋的來源是透過 CountVectorizer 產生，**因此要 cv.get_feature_names() 才能取得文字向量**。

範例 17-15　潛在狄氏分配

▍程式碼

```
cv = CountVectorizer(stop_words='english')
X = cv.fit_transform(train['data'])
# 請注意，CountVectorizer 要的是「一維」資料
np.random.seed(42)
from sklearn.decomposition import LatentDirichletAllocation
lda = LatentDirichletAllocation(n_components=4)
X_topics = lda.fit_transform(X)
# 因為是資料轉換，所以是 fit_transform
lda.components_.shape
```

▍執行結果

```
(4, 35482)
```

範例 17-16 我們透過 lda.components_[0] 取得第一個主題的詞袋對應數值，值越高重要性就越高。其次用 cv.get_feature_names() 取得詞袋的文字向量名稱。之後我們依欄位名稱 topic 進行排序，由大到小，我們選出前八個重要的字詞，來代表第一個主題的可能內容。

範例 17-16　檢視第一個主題內容

▍程式碼

```
pd.DataFrame(lda.components_[0], index=cv.get_feature_names(),
            columns=['topic']).sort_values(by='topic', ascending=False)[:8]
```

▍執行結果

	topic
god	1335.641348
edu	854.573218
subject	562.693718
lines	512.312208
organization	479.429353
people	436.046642
does	387.063643
church	381.461509

觀察發現，第一主題的重要文字包括 god、church，因此推論與宗教類有關。

由於我們只關心主題裡面的文字，並不在乎其係數大小，因此透過 .index 取得文字。範例 17-17 的程式與範例 17-16 大同小異，我們設了兩個變數，n_topics 表示要幾個主題，n_words 表示最重要的字詞要幾個。結果隱約可看出來主題 1 與 2 可能與宗教有關，主題 3 與圖片有關，主題 4 就不清楚。不清楚的其中一個原因是某些不重要的字出現太頻繁，如 edu、lines、com。接下來會介紹兩種方法來解決這個問題。

範例 17-17　將四大主題顯示出來

程式碼

```
n_topics = 4
n_words = 10
words = {}
for topic in range(n_topics):
    word = pd.DataFrame(lda.components_[topic],
                        index=cv.get_feature_names()).\
        sort_values(by=0, ascending=False)[:n_words].index.tolist()
    words[f'主題{topic+1}'] = word
pd.DataFrame(words)
```

執行結果

	主題1	主題2	主題3	主題4
0	god	edu	edu	edu
1	edu	god	lines	com
2	subject	people	subject	subject
3	lines	subject	organization	lines
4	organization	lines	image	organization
5	people	com	graphics	writes
6	does	organization	com	article
7	church	don	use	posting
8	think	writes	university	keith
9	writes	think	pitt	nntp

接下來要解決頻繁出現又沒太大意義的字詞，作法之一，是將要刪除的字詞加入停用字詞表。譬如範例 17-17 中的 edu、subject、lines、com 拿掉後，結果就比較清楚。

範例 17-18 解決頻繁出現字詞的方法 1 ──停用字詞表

┃ 程式碼

```
# 用這三行可以增加新的停用字詞
from sklearn.feature_extraction import text
extra_words = ['edu','subject','lines','com']
stop_words = text.ENGLISH_STOP_WORDS.union(extra_words)

lda = LatentDirichletAllocation(n_components=4)
cv = CountVectorizer(stop_words=stop_words)
bow = cv.fit_transform(train['data'])
X_topics = lda.fit_transform(bow)
words = {}
for topic in range(n_topics):
    word = pd.DataFrame(lda.components_[topic],
                        index=cv.get_feature_names()).\
           sort_values(by=0, ascending=False)[:n_words].index.tolist()
    words[f' 主題 {topic+1}'] = word
pd.DataFrame(words)
```

┃ 執行結果

	主題1	主題2	主題3	主題4
0	organization	god	organization	image
1	article	people	writes	graphics
2	cs	organization	keith	organization
3	writes	think	article	file
4	pitt	jesus	sgi	university
5	msg	don	caltech	posting
6	gordon	writes	posting	host
7	banks	does	host	software
8	science	believe	nntp	files
9	geb	just	university	nntp

觀察到的結果並不是很好，我們在作業裡面再多做一些練習。

另一個解決頻繁出現字詞的方法是使用 max_df 參數。範例 17-19 中在 CountVectorizerksr 加入 max_df 參數，0.4 表示如果某字詞的出現次數超過 40%的文章時就將其刪除，這個想法就跟 inverse document frequency 類似。為什麼是 0.4 呢？這是嘗試後較清楚的結果，讀者可自行嘗試不同的值。很明顯的，經過 max_df 處理後，主題清楚很多。主題 1 和 3 是宗教，主題 2 是圖形，主題 4 是醫學。這個方法顯然比範例 17-18 好，而且比較簡單。不過有時我們想要刻意拿掉某些字詞的話，就可以用範例 17-18 的方法。

聰明的讀者可能會想到，能不能將 CountVectorizer 和 LDA 用管道器連在一起呢？答案是可以的。範例 17-19 就是用管道器將詞袋功能和潛在狄氏分配串接在一起。

範例 17-19　解決頻繁出現字詞的方法 2 —— **max_df 參數**

程式碼

```
np.random.seed(42)
model_pl = make_pipeline(
    CountVectorizer(stop_words='english', max_df=0.4),
    LatentDirichletAllocation(n_components=4)
)
X_topics = model_pl.fit_transform(train['data'])
lda = model_pl.named_steps['latentdirichletallocation']
cv = model_pl.named_steps['countvectorizer']


words = {}
for topic in range(n_topics):
    word = pd.DataFrame(lda.components_[topic],
                        index=cv.get_feature_names()).\
            sort_values(by=0, ascending=False)[:n_words].index.tolist()
    words[f' 主題 {topic+1}'] = word
pd.DataFrame(words)
```

執行結果

	主題1	主題2	主題3	主題4
0	god	graphics	god	people
1	jesus	image	people	don
2	people	university	don	msg
3	christ	cs	think	like
4	know	posting	does	think
5	christian	host	believe	know
6	think	computer	just	just
7	bible	nntp	atheists	time
8	just	file	say	health
9	like	software	know	use

雖然我們大約知道文章分成四大主題，但你會不會好奇每一篇文章是屬於哪一個主題？該怎麼做？

首先將每一篇文章的預測結果存放在 X_topics 變數裡。以**第 0 篇文章來看，它屬於主題 2 的值為最大，用 idxmax() 就能算出它屬於主題 2**。其餘依此類推。透過這個資訊，我們可以更進一步去了解每個主題所包含的內容為何。譬如：第一篇文章是主題 2，內容與圖片的相關性較高（tif/img/tga 圖片的專業名稱）。如此一來，更可以確定主題 2 與圖片有關。

範例 17-20 預測每一篇文章屬於哪一個主題

▌ 程式碼

```
from IPython.display import display
print(' 每篇文章在不同主題的機率分布：')
df_class = pd.DataFrame(X_topics, columns=[f' 主題{i}' for i in
                                               range(1,5)])
df_class[' 最有可能的主題 '] = df_class.idxmax(axis=1)
display(df_class.head())


print(' 第一篇文章 ')
print(X_train[0])
```

▌ 執行結果

每篇文章在不同主題的機率分布：

	主題1	主題2	主題3	主題4	最有可能的主題
0	0.397524	0.595319	0.003620	0.003536	主題2
1	0.242089	0.751777	0.003071	0.003063	主題2
2	0.001151	0.001140	0.057780	0.939929	主題4
3	0.005034	0.218172	0.005176	0.771618	主題4
4	0.991181	0.002937	0.002915	0.002967	主題1

第一篇文章
```
From: sd345@city.ac.uk (Michael Collier)
Subject: Converting images to HP LaserJet III?
Nntp-Posting-Host: hampton
Organization: The City University
Lines: 14

Does anyone know of a good way (standard PC application/PD
utility) to
convert tif/img/tga files into LaserJet III format.  We would also
like to
do the same, converting to HPGL (HP plotter) files.
```

```
Please email any response.

Is this the correct group?

Thanks in advance.  Michael.
--
Michael Collier (Programmer)              The Computer Unit,
Email: M.P.Collier@uk.ac.city             The City University,
Tel: 071 477-8000 x3769                   London,
Fax: 071 477-8565                         EC1V 0HB.
```

章 末 習 題

1. string = ['He do love her and He does not loves he']
   請將 string 用 CountVectorizer 編碼，並將 ngram_range=(1,2) 來觀察結果。
2. 請用本章的資料來做實驗資料，並改用 (1) idf, (2) tfidf 編碼來做分類預測。
3. 請用本章範例進行主題探索，將主題的數量設為 3。利用以下程式碼：
   ```
   model_pl = makc_pipeline(
   CountVectorizer(stop_words='english'),
   LatentDirichletAllocation(n_components=3)
   )
   X_topics = model_pl.fit_transform(train['data'])
   ```
   (1) 列出 X_topics 前三篇文章屬於哪一主題。
   (2) 列出三個主題，並列舉其 8 個重要關鍵字。
4. 承第 3 題，
   (1) 請加入以下停用字再重新分析。
      ```
      extra_words = ['edu','subject','lines','com','organization','
      pitt','writes','don']
      ```
   (2) 請使用本題第 (1) 子題的停用字，並設 max_df=0.3，再分析一次。

第 18 章

Amazon
商品評論分析

===== 本章學習重點 =====

- 介紹如何分析 Amazon 商品的評論——文本情感分析
- 將資料切割成滿意和不滿意
- 單純貝氏分類器預測結果
- 處理目標樣本不均衡的問題
- 將 title 欄位也加入考量

這是一個簡短的練習，資料來源來自於 Amazon.com 裡的 kindle 商品；kindle 是電子書閱讀器，相較於平板，kindle 閱讀器比較不傷眼，適合長時間閱讀。

我寫了一個程式，把使用者對其商品評論抓取下來。裡面的欄位有：使用者名稱 id、使用者對商品的給分 rating1-5、標題 title、填表日期 date、填表內容 content。我們希望透過機器學習的方式，讓程式能判斷出使用者對商品的評價是正面還是負面的。這種使用者對於商品評價的分析稱為「文本情感分析」，也稱為意見挖掘。

情感預測分析的目的是為了找出作者在某些商品、話題上，所採取的主觀正、負評價的態度。

範例 18-1　載入資料，並將日期格式轉換成日期

程式碼

```
import pandas as pd
import numpy as np
import matplotlib.pyplot as plt
import seaborn as sns
%matplotlib inline
%config InlineBackend.figure_format = 'retina'
import warnings
warnings.filterwarnings('ignore')

df= pd.read_csv('kindle_rating.csv', parse_dates=['date'])
df.head()
```

執行結果

	id	rating	title	date	content
0	Professor Nishanth	5	An outstanding refresh of the base Kindle at a...	2019-04-15	Original review: April 15, 2019, and two updat...
1	Beverly K	3	Base Kindle gets an upgrade\n	2019-04-15	The pros: I like that you have a choice of col...
2	Gwaredd Thomas	1	Lower ppi - Not good.\n	2019-04-15	I wouldn't purchase this product for the follo...
3	Lynn	5	Greatly Improved Basic Kindle\n	2019-04-15	Don't buy into the petty negative reviews. The...
4	A.B.	4	Pleasant updates to the "base" Kindle\n	2019-04-15	I had a Kindle touch years ago and had stopped...

範例 18-2 資料檢視

▍程式碼

```
df.info()
```

▍執行結果

```
<class 'pandas.core.frame.DataFrame'>
RangeIndex: 2780 entries, 0 to 2779
Data columns (total 5 columns):
 #   Column   Non-Null Count   Dtype
---  ------   --------------   -----
 0   id       2780 non-null    object
 1   rating   2780 non-null    int64
 2   title    2780 non-null    object
 3   date     2780 non-null    datetime64[ns]
 4   content  2780 non-null    object
dtypes: datetime64[ns](1), int64(1), object(3)
memory usage: 108.7+ KB
```

總筆數為 2780 筆，無遺漏值，date 已轉化為日期格式。

範例 18-3 各評分的比例

▍程式碼

```
size = df['rating'].value_counts().sort_index()
pct = df['rating'].value_counts(normalize=True).round(2).sort_index()
pd.DataFrame(zip(size, pct), columns=[' 次數 ', ' 百分比 '], index=range(1,6))
```

▍執行結果

	次數	百分比
1	219	0.08
2	134	0.05
3	235	0.08
4	414	0.15
5	1778	0.64

本例想了解各評分的個數和比例，明顯的，滿意（4 到 5 分）佔了大多數，約 80%。這表示絕大部分使用者對於 kindle 給予正面的評價。

接下來我們將使用者意見依照其評分給予滿意 (1) 和不滿意 (0) 的編碼。絕大部分的研究用 3 為切割點。3 視為中立，3 以上為滿意，3 以下為「不滿意」。**本研究將 3 視為不滿意，原因是大部分的使用者不太會給商品低分的評價，因此給到 3 分已經是對商品的不滿意。**

範例 18-4　將資料切割成滿意和不滿意

▌程式碼

```
df['rating'] = (df['rating'] > 3).map({True:1 , False:0})
df['rating'].value_counts()
```

▌執行結果

```
1    2192
0     588
Name: rating, dtype: int64
```

由範例 18-4 執行結果可以看到，切割完後，滿意的資料約 2,000 筆，不滿意的資料約 600 筆。

請注意，到目前為止，資料還沒有經過詞袋處理。在範例 18-5 中，將評論分數存到變數 y，將評論的內文存到變數 X。再次提醒，X 要進行詞袋處理，為一維的資料。

範例 18-5　完成訓練集和測試集資料切割

▌程式碼

```
X = df['content']
y = df['rating']
from sklearn.model_selection import train_test_split
X_train, X_test, y_train, y_test = train_test_split(X, y,
                                    test_size=0.2, random_state=42)
X_train.head()
```

▌執行結果

```
315     arrived with no instructions.  did not respond...
2769    Used it for about a month and so far all is gr...
2635                      Love the light! Everything\n
```

```
2066              Hard to figure but when done great product\n
2195                Compact easy to use & good battery life\n
Name: content, dtype: object
```

由於文字要經過 CountVectorizer 處理，其資料的輸入型態為 Series 一維資料。

接下來的範例 18-6 要創建管道器，將**詞袋函數和單純貝氏分類器**串接在一起，進行文本情感分析。

範例 18-6 單純貝氏分類器預測結果

程式碼

```
from sklearn.naive_bayes import MultinomialNB
from sklearn.pipeline import make_pipeline
from sklearn.feature_extraction.text import CountVectorizer
from sklearn.metrics import confusion_matrix, accuracy_score,
    classification_report

model_pl = make_pipeline(CountVectorizer(stop_words='english'),
    MultinomialNB())
model_pl.fit(X_train, y_train)
y_pred = model_pl.predict(X_test)
score = model_pl.score(X_test, y_test)
print(' 測試集的結果 ', score.round(3))
print(confusion_matrix(y_test, y_pred))
print(' 綜合報告 ')
print(classification_report(y_test, y_pred))
```

執行結果

測試集的結果 0.853
```
[[ 54  63]
 [ 19 420]]
```
綜合報告

	precision	recall	f1-score	support
0	0.74	0.46	0.57	117
1	0.87	0.96	0.91	439
accuracy			0.85	556
macro avg	0.80	0.71	0.74	556
weighted avg	0.84	0.85	0.84	556

　　觀察結果，預測的正確率爲 8 成 5，還不錯；但樣本不滿意的召回率只有 0.46，偏低。換言之，如果店家在乎的是找出不滿意的評論，這結果並不算太好。

　　由於資料有不均衡目標類別的情況，在範例 18-7 採取向下取樣的解決方案。別忘了，我們要用的是 imblearn 套件所提供的管道器。

範例 18-7 　向下取樣的結果

┃ 程式碼

```
from imblearn.under_sampling import RandomUnderSampler
from imblearn.pipeline import make_pipeline
model_pl = make_pipeline(CountVectorizer(stop_words='english'),
                         RandomUnderSampler(),
                         MultinomialNB())
model_pl.fit(X_train, y_train)
y_pred = model_pl.predict(X_test)
score = model_pl.score(X_test, y_test)
print('測試集的結果 ', score.round(3))
y_pred = model_pl.predict(X_test)
print(confusion_matrix(y_test, y_pred))
print('綜合報告 ')
print(classification_report(y_test, y_pred))
```

┃ 執行結果

```
測試集的結果 0.781
[[103  14]
 [108 331]]
綜合報告
```

	precision	recall	f1-score	support
0	0.49	0.88	0.63	117
1	0.96	0.75	0.84	439
accuracy			0.78	556
macro avg	0.72	0.82	0.74	556
weighted avg	0.86	0.78	0.80	556

　　觀察結果發現，正確率下降至 0.78，但類別 0 的召回率升至 0.88。如果店家在乎的是找出不滿意的顧客，此預測結果更適合店家。

範例 18-8　向上取樣的結果

▌ **程式碼**

```
from imblearn.over_sampling import SMOTE

model_pl = make_pipeline(CountVectorizer(stop_words='english'),
                         SMOTE(),
                         MultinomialNB())
model_pl.fit(X_train, y_train)
y_pred = model_pl.predict(X_test)
score = model_pl.score(X_test, y_test)
print(' 測試集的結果 ', score.round(3))
y_pred = model_pl.predict(X_test)
print(confusion_matrix(y_test, y_pred))
print(' 綜合報告 ')
print(classification_report(y_test, y_pred))
```

▌ **執行結果**

```
測試集的結果 0.844
[[ 92  25]
 [ 62 377]]
綜合報告
              precision    recall  f1-score   support

           0       0.60      0.79      0.68       117
           1       0.94      0.86      0.90       439

    accuracy                           0.84       556
   macro avg       0.77      0.82      0.79       556
weighted avg       0.87      0.84      0.85       556
```

　　在範例 18-8 採取向上取樣的方案。觀察結果發現，正確率為 0.84，和原本的 0.85 差異不大；但其召回率卻從原本的 0.46 上升至 0.79。無論是向上取樣或向下取樣，都能有效改善目標類別不均衡的問題。

18-1　將 title 欄位也加入考量

title 通常包含重要的摘要資訊，可能有助於預測，我們先檢視前五筆！

範例 18-9　檢視 title 欄位

程式碼

```
df['title'].head()
```

執行結果

```
0      An outstanding refresh of the base Kindle at a...
1                          Base Kindle gets an upgrade\n
2                             Lower ppi - Not good.\n
3                      Greatly Improved Basic Kindle\n
4               Pleasant updates to the "base" Kindle\n
Name: title, dtype: object
```

因為 title 和 content 都為文字，我們讓他們分別進行文字特徵向量化，再用到水平合併器。

範例 18-10　製作 title 和 content 的水平合併器

程式碼

```
X = df[['title', 'content']]
from sklearn.compose import ColumnTransformer
data_pl = ColumnTransformer([
    ('title', CountVectorizer(stop_words='english'), 'title'),
    ('content', CountVectorizer(stop_words='english'), 'content')
])
data_pl.fit_transform(X).toarray()
```

執行結果

```
array([[0, 0, 0, ..., 0, 0, 0],
       [0, 0, 0, ..., 0, 0, 0],
       [0, 0, 0, ..., 0, 0, 0],
       ...,
```

```
          [0, 0, 0, ..., 0, 0, 0],
          [0, 0, 0, ..., 0, 0, 0],
          [0, 0, 0, ..., 0, 0, 0]], dtype=int64)
```

經檢視，data_pl 確實能將資料做文字特徵向量化。

X 在範例 18-10 已設爲 title 和 content 兩個欄位的資料，而 data_pl 會分別取所需欄位進行文字特徵向量化。

範例 18-11 進行預測──沒有處理目標類別不均衡問題

▌ **程式碼**

```
X_train, X_test, y_train, y_test = train_test_split(X, y, test_
                                      size=0.2, random_state=42)
model_pl = make_pipeline(data_pl, MultinomialNB())
model_pl.fit(X_train, y_train)
y_pred = model_pl.predict(X_test)
score = model_pl.score(X_test, y_test)
print('測試集的結果', score.round(3))
y_pred = model_pl.predict(X_test)
print(confusion_matrix(y_test, y_pred))
print('綜合報告')
print(classification_report(y_test, y_pred))
```

▌ **執行結果**

```
測試集的結果 0.871
[[ 66  51]
 [ 21 418]]
綜合報告
              precision    recall  f1-score   support

           0       0.76      0.56      0.65       117
           1       0.89      0.95      0.92       439

    accuracy                           0.87       556
   macro avg       0.82      0.76      0.78       556
weighted avg       0.86      0.87      0.86       556
```

　　觀察發現，正確率為 0.87，召回率也較只用 content 欄位的召回率略微提升，從 0.46 到 0.56。

範例 18-12 向下取樣的結果

┃ 程式碼

```
np.random.seed(42)
model_pl = make_pipeline(data_pl, RandomUnderSampler(), MultinomialNB())
model_pl.fit(X_train, y_train)
y_pred = model_pl.predict(X_test)
score = model_pl.score(X_test, y_test)
print('測試集的結果 ', score.round(3))
y_pred = model_pl.predict(X_test)
print(confusion_matrix(y_test, y_pred))
print('綜合報告 ')
print(classification_report(y_test, y_pred))
```

┃ 執行結果

```
測試集的結果 0.838
[[100  17]
 [ 73 366]]
綜合報告
```

	precision	recall	f1-score	support
0	0.58	0.85	0.69	117
1	0.96	0.83	0.89	439
accuracy			0.84	556
macro avg	0.77	0.84	0.79	556
weighted avg	0.88	0.84	0.85	556

　　觀察發現，正確率為 0.84，較原本沒有 title 的 0.79 好。類別 0 的召回率是 0.85。

章 末 習 題

1. 延續範例 18-12，繼續嘗試向上取樣，並輸出預測結果。

2. 承上題，詞袋的編碼請改用 tfidf(TfidfVectorizer())，並輸出預測結果。

3. 承上題，詞袋的編碼請用 tfidf(TfidfVectorizer())，預測機用支持向量機，並輸出預測結果。

4. 承作業 2，將 'title' 和 'content' 先合併成一個欄位 (df['title']+df['content']) 再做預測。

第 19 章

中文文字處理

19-1 前言

前幾章教各位如何分析英文的評論；本章將進一步分析中文的評論。相較於英文，**中文的處理要先經過斷字的步驟**。原因在於，**英文的字與字中間是用空白來做區隔，而中文沒有這樣子的區隔符號**，於是要先透過軟體，將句子斷開成一個字一個字的詞彙，才能進行下一步的處理。這個步驟，說簡單其實並不簡單，還好在 Python 裡有一個叫 **Jieba（音似結巴）的斷字程式**，可以幫助我們輕易完成這個動作。

本章範例的資料來源為 Tripadvisor 裡，使用者對於兩家航空公司的使用評論，資料收集方式是我寫程式去網路上抓取下來的。裡面的欄位有使用者名稱 uid、使用者對服務的給分 rating 是 1-5 分、填表日期 date、標題 title、填表內容 content。我們希望透過機器學習的方式，讓程式能判斷出使用者對商品的評價是正面還是負面的（情感分析）。

範例 19-1 載入資料

▌程式碼

```
import pandas as pd
import numpy as np
import matplotlib.pyplot as plt
import seaborn as sns
%matplotlib inline
plt.rcParams['font.sans-serif'] = ['DFKai-sb']
plt.rcParams['axes.unicode_minus'] = False
%config InlineBackend.figure_format = 'retina'
import warnings
warnings.filterwarnings('ignore')

df = pd.read_excel('tripadvisor.xlsx', parse_dates=['date'])
df.head()
```

▌執行結果

	uid	rating	date	title	content
0	Kay C	4	2019-09-05	還行, 回程延遲	位置空間還不錯，餐點也很可以，3-3機位，清潔度很不錯，對小朋友也還可以，出發的時間很準時，…
1	MinJer Lai	3	2019-09-05	空服員訓練仍有不足	台北紐約航段有一個點心餐和兩個正餐，點心餐就是堅果包和飲料\n在第一個正餐,我們被告知沒有…
2	Rui	3	2019-09-04	舊機型沒個人娛樂、回程魚肉飯好吃	舊機型沒個人娛樂，只有抬頭電視可以看公放的電影、回程魚肉飯好吃。颱風剛過有小延誤, 高的人坐起…
3	gigil169	4	2019-08-23	準點, 對之前的猶豫已一掃而空	真的沒有讓人失望, 之前只坐過一次, 但還是會猶豫不決, 最後因為航班選擇比較多, 彈性大一…
4	Wei-hsiang	4	2019-08-20	舒適	舒適平穩，並且提供餐點供乘客享用，座位上亦提供薄毯避免乘客受寒，座位前方有休閒娛樂系統，其中…

範例 19-2 資料檢視

▌ 程式碼

```
df.info()
```

▌ 執行結果

```
<class 'pandas.core.frame.DataFrame'>
RangeIndex: 2557 entries, 0 to 2556
Data columns (total 5 columns):
 #   Column  Non-Null Count   Dtype
---  ------  --------------   -----
 0   uid     2557 non-null    object
 1   rating  2557 non-null    int64
 2   date    2557 non-null    datetime64[ns]
 3   title   2557 non-null    object
 4   content 2557 non-null    object
dtypes: datetime64[ns](1), int64(1), object(3)
memory usage: 100.0+ KB
```

　　觀察發現共 2557 筆資料，無遺漏值。

範例 19-3 各評分的比例

▌ 程式碼

```
size = df['rating'].value_counts().sort_index()
pct = df['rating'].value_counts(normalize=True).round(2).sort_index()
pd.DataFrame(zip(size, pct), columns=['次數', '百分比'],
             index=range(1,6))
```

▌ 執行結果

	次數	百分比
1	52	0.02
2	72	0.03
3	287	0.11
4	1019	0.40
5	1127	0.44

範例 19-3 想了解各評分級數的個數和比例，明顯的，滿意（4 到 5 分）佔了大多數，約 84%。

範例 19-4 觀察各年的使用者評論平均分數

▎ 程式碼

```
df.groupby(df['date'].dt.year)['rating'].agg(['size','mean'])
```

▎ 執行結果

date	size	mean
2016	810	4.251852
2017	795	4.270440
2018	685	4.144526
2019	267	4.082397

平均分數都在 4 分以上，但 2019 年稍差。

19-2 中文斷字

相較於英文，如：I love you，可以很清楚地分辨出句子中有 I、love、you 三個字，因為字與字之間用空白區隔；中文句子的斷字比較難處理，如：我愛你，對程式而言，因無明顯斷字規則，它無法分辨出這裡有幾個字詞。因此處理中文的文字時，需要多一道斷字的處理。在 Python 裡最有名的是 Jeiba 斷字程式，簡單易用，也能滿足我們的需求。請讀者先安裝 jieba。

```
! pip install jieba
```

jieba 內定是做簡體斷字處理，因此需先載入繁體字典。以「下雨天留客天留我不留」為例，jieba 會建議將字斷成 '下雨天'、'留客'、'天留'、'我'、'不留' 的串列。結果看起來還蠻不錯的。但別忘了，**我們要的不是串列，是文字，因此需要將斷字後的串列再組合回文字，才能給詞袋的函數使用。**

範例 **19-5**　繁體斷字

▍ 程式碼

```
import jieba
# 載入繁體字典
jieba.set_dictionary('dict.txt.big')
print(list(jieba.cut(' 下雨天留客天留我不留 ')))
# 將串列組合回字串，用空白做區隔
s = ' '.join(jieba.cut(' 下雨天留客天留我不留 '))
print(s)
```

▍ 執行結果

```
[' 下雨天 ', ' 留客 ', ' 天留 ', ' 我 ', ' 不留 ']
下雨天 留客 天留 我 不留
```

範例 **19-6**　將範例 **19-5** 做詞袋處理

▍ 程式碼

```
from sklearn.feature_extraction.text import CountVectorizer
cv = CountVectorizer()
bow = cv.fit_transform([s])
#[s] 為一維資料
pd.DataFrame(bow.toarray(), columns=cv.get_feature_names())
```

▍ 執行結果

	下雨天	不留	天留	留客
0	1	1	1	1

　　觀察發現，奇怪的是「我」字不見了，這是因為在英文裡的一個字元的字，如：I、a 沒什麼太大意義，因此在 CountVectorizer 裡，預設就會將其視為停用字。但在中文的一個字元，如：「好」是重要的，故不能被刪除。

　　要允許詞袋裡存在單一字元的字，只需修改 **token_pattern 參數即可**，讀者可能會看不懂 \\b\\w+\\b，其實這是正規表達式，其意思為一個字（包含）以上。

範例 19-7 允許詞袋裡存在單一字元的字

程式碼

```
cv = CountVectorizer(token_pattern='(?u)\\b\\w+\\b')
bow = cv.fit_transform([s])
pd.DataFrame(bow.toarray(), columns=cv.get_feature_names())
```

執行結果

	下雨天	不留	天留	我	留客
0	1	1	1	1	1

　　果不其然，「我」字就回來了。所以**各位在進行中文的詞袋處理時，記得要加這個參數**。

　　下面範例抓出第一筆資料的內容做一系列的分析。

範例 19-8 觀察 tripadvisor 第一筆資料內容

程式碼

```
df.loc[0, 'content']
```

執行結果

　　'位置空間還不錯。餐點也很可以。3-3 機位。清潔度很不錯。對小朋友也還可以。出發的時間很準時。但是回程就碰上延遲， 約 40 分鐘。沒有個人娛樂設施。'

範例 19-9 先進行中文斷字

程式碼

```
s = ' '.join(jieba.cut(df.loc[0, 'content']))
s
```

執行結果

　　'位置 空間 還 不錯 。 餐點 也 很 可以 。 3 - 3 機位 。 清潔度 很 不錯 。 對 小朋友 也還 可以 。 出發 的 時間 很 準時 。 但是 回程 就 碰上 延遲 ， 約 40 分鐘 。 沒有 個人 娛樂 設施 。'

　　觀察發現，雖然完成斷字。但也有許多停用字，如還、也和標點符號。

範例 **19-10** 詞袋處理，並加入停用字

▍ 程式碼

```
# 從檔案讀入停用字，並做成串列
with open('stop.text','r', encoding='utf-8') as f:
    stops = f.read()
stops = stops.split('\n')


cv = CountVectorizer(token_pattern='(?u)\\b\\w+\\b',
                     stop_words=stops)
bow = cv.fit_transform([s])
print(cv.get_feature_names())
```

▍ 執行結果

['40', '不錯', '也還', '位置', '個人', '出發', '分鐘', '回程', '娛樂', '小朋友', '延遲', '時間', '機位', '沒有', '清潔度', '準時', '碰上', '空間', '約', '設施', '餐點']

觀察發現，果然所有的標點符號都消失了，而且單位數的數字也消失了。

範例 **19-11** 詞袋處理，並允許 **ngrame** 為 **1** 到 **2**

▍ 程式碼

```
cv = CountVectorizer(token_pattern='(?u)\\b\\w+\\b',
                     stop_words=stops,
                     ngram_range=(1,2))
bow = cv.fit_transform([s])
print(cv.get_feature_names())
```

▍ 執行結果

['40', '40 分鐘', '不錯', '不錯 小朋友', '不錯 餐點', '也還', '也還 出發', '位置', '位置 空間', '個人', '個人 娛樂', '出發', '出發 時間', '分鐘', '分鐘 沒有', '回程', '回程 碰上', '娛樂', '娛樂 設施', '小朋友', '小朋友 也還', '延遲', '延遲 約', '時間', '時間 準時', '機位', '機位 清潔度', '沒有', '沒有 個人', '清潔度', '清潔度 不錯', '準時', '準時 回程', '碰上', '碰上 延遲', '空間', '空間 不錯', '約', '約 40', '設施', '餐點', '餐點 機位']

如果你想保留前後文的意義，可設 ngrame 為 (1, 2)。

範例 19-12　將資料切割成滿意和不滿意

程式碼

```
df['rating'] = (df['rating'] > 3).map({True:1 , False:0})
df['rating'].value_counts()
```

執行結果

```
1    2146
0     411
Name: rating, dtype: int64
```

在範例 19-12 中以 3 為切割點，3 以上為「滿意」，編碼為 1；3 以下（含）為「不滿意」，編碼為 0。滿意的資料約為 2100 筆，不滿意的資料約為 400 筆。

範例 19-13　完成訓練集和測試集資料切割

程式碼

```
X = df['content']
y = df['rating']
from sklearn.model_selection import train_test_split
X_train, X_test, y_train, y_test = train_test_split(X, y,
                                    test_size=0.2, random_state=42)
```

接下來正式撰寫斷字程式。雖然有 jieba 斷字程式可以使用，但我們希望做到的不僅僅是如此，更希望把 jieba 程式包裝到管道器裡面，是不是很貪心呢？**由於 jieba 程式並沒有提供對管道器的串聯接口，因此，如果要整合進管道器的話，就要自己寫程式**。還好，有更簡單的解決方案！

我們只要將寫好的「斷字函數」放入 CountVectorizer 的 preprocessor 參數裡即可，就這麼簡單。

CountVectorizer 在設計之初就已經有考量到，非英文的文字資料需要特別的預處理才能使用，接下來的所有步驟就和英文的文字處理是相同的。超級貼心！

範例 19-14　撰寫斷字程式

┃ 程式碼

```
def preprocessor(s):
    return ' '.join(jieba.cut(s))


print('斷字函數的結果：', preprocessor('下雨天留客天留我不留'))
cv = CountVectorizer(preprocessor=preprocessor,
    token_pattern='(?u)\\b\\w+\\b',
    stop_words=stops)
# 超級貼心！
bow = cv.fit_transform(['下雨天留客天留我不留'])
# 具備中文處理能力
pd.DataFrame(bow.toarray(), columns=cv.get_feature_names())
```

┃ 執行結果

斷字函數的結果： 下雨天 留客 天留 我 不留

	下雨天	不留	天留	留客
0	1	1	1	1

　　我們總結一下，處理中文的文章要寫一個「斷字函數」並放入 CountVectorizer 的 preprocessor 參數，再來參數 token_pattern 要設立，最後是中文停用詞要處理。再來就跟處理英文沒什麼差異了。

　　因為 CountVectorizer 參數較多，我將它先存到 cv 變數裡，再放回管道器。

範例 19-15　單純貝氏分類器預測結果

┃ 程式碼

```
from sklearn.naive_bayes import MultinomialNB
from sklearn.pipeline import make_pipeline
from sklearn.feature_extraction.text import CountVectorizer
from sklearn.metrics import confusion_matrix, accuracy_score,
    classification_report


cv = CountVectorizer(preprocessor=preprocessor,
    token_pattern='(?u)\\b\\w+\\b',
    stop_words=stops)
```

```
model_pl = make_pipeline(cv, MultinomialNB())
model_pl.fit(X_train, y_train)
y_pred = model_pl.predict(X_test)
score = model_pl.score(X_test, y_test)
print('測試集的結果', score.round(3))
print(confusion_matrix(y_test, y_pred))
print('綜合報告')
print(classification_report(y_test, y_pred))
```

▌執行結果

測試集的結果 0.844

```
[[ 14  73]
 [  7 418]]
```
綜合報告

	precision	recall	f1-score	support
0	0.67	0.16	0.26	87
1	0.85	0.98	0.91	425
accuracy			0.84	512
macro avg	0.76	0.57	0.59	512
weighted avg	0.82	0.84	0.80	512

　　觀察發現，預測的正確率為 8 成 4，還不錯。但很明顯地，結果偏頗地預測 1，導致類別 0 的召回率只有 0.16。換言之，如果店家在乎的是找出不滿意的評論，這結果是不好的。

　　從範例 19-15 的結果發現，資料有不均衡目標類別的情況，我們在範例 19-16 採取向下取樣的解決方案。

範例 19-16　向下取樣的結果

▌程式碼

```
from imblearn.under_sampling import RandomUnderSampler
from imblearn.pipeline import make_pipeline


np.random.seed(42)
model_pl = make_pipeline(cv, RandomUnderSampler(), MultinomialNB())
model_pl.fit(X_train, y_train)
```

```
y_pred = model_pl.predict(X_test)
score = model_pl.score(X_test, y_test)
print('測試集的結果 ', score.round(3))
print(confusion_matrix(y_test, y_pred))
print('綜合報告 ')
print(classification_report(y_test, y_pred))
```

執行結果

測試集的結果 0.695

```
[[ 63  24]
 [132 293]]
```

綜合報告

	precision	recall	f1-score	support
0	0.32	0.72	0.45	87
1	0.92	0.69	0.79	425
accuracy			0.70	512
macro avg	0.62	0.71	0.62	512
weighted avg	0.82	0.70	0.73	512

觀察結果發現，正確率雖下降至 0.70，但類別 0 的召回率升至 0.72。如果店家在乎的是找出不滿意的顧客，此預測結果其實更適合店家。

範例 19-17 向上取樣的結果

程式碼

```
from imblearn.over_sampling import SMOTE
np.random.seed(42)
model_pl = make_pipeline(cv, SMOTE(), MultinomialNB())
model_pl.fit(X_train, y_train)
y_pred = model_pl.predict(X_test)
score = model_pl.score(X_test, y_test)
print('測試集的結果 ', score.round(3))
y_pred = model_pl.predict(X_test)
print(confusion_matrix(y_test, y_pred))
print('綜合報告 ')
print(classification_report(y_test, y_pred))
```

執行結果

測試集的結果 0.846

```
[[ 29  58]
 [ 21 404]]
```

綜合報告

	precision	recall	f1-score	support
0	0.58	0.33	0.42	87
1	0.87	0.95	0.91	425
accuracy			0.85	512
macro avg	0.73	0.64	0.67	512
weighted avg	0.82	0.85	0.83	512

　　觀察發現，正確率為 0.85，召回率只有 0.33 並不好。因此以這個例子而言，如果在乎的是召回率，向下取樣的結果是最好的。

19-3　將 title 欄位也加入考量

　　title 通常包含重要的摘要資訊，可能有助於預測，我們來實驗看看。先檢視前五筆資料！

範例 19-18 檢視 title 欄位

程式碼

```
df['title'].head()
```

執行結果

```
0              還行，回程延遲
1              空服員訓練仍有不足
2       舊機型沒個人娛樂、回程魚肉飯好吃
3         準點，對之前的猶豫已一掃而空
4                  舒適
Name: title, dtype: object
```

　　因為 title 和 content 為兩個欄位，我們要讓他們分別進行文字特徵向量化，再用到水平合併器。

範例 19-19　title 和 content 的水平合併器

▎程式碼

```
from sklearn.compose import ColumnTransformer
X = df[['title', 'content']]
cv = CountVectorizer(preprocessor=preprocessor,
    token_pattern='(?u)\\b\\w+\\b',
    stop_words=stops)
data_pl = ColumnTransformer([
    ('title', cv, 'title'),
    ('content', cv, 'content')
])
data_pl.fit_transform(X).toarray()
```

▎執行結果

```
array([[0, 0, 0, ..., 0, 0, 0],
       [0, 0, 0, ..., 0, 0, 0],
       [0, 0, 0, ..., 0, 0, 0],
       ...,
       [0, 0, 0, ..., 0, 0, 0],
       [0, 0, 0, ..., 0, 0, 0],
       [0, 0, 0, ..., 0, 0, 0]], dtype=int64)
```

　　經檢視，data_pl 確實能將資料做文字特徵向量化。

範例 19-20　用向下取樣並進行預測

▎程式碼

```
X_train, X_test, y_train, y_test = train_test_split(X, y,
                                test_size=0.2, random_state=42)
model_pl = make_pipeline(data_pl,
                        RandomUnderSampler(),
                        MultinomialNB())
model_pl.fit(X_train, y_train)
y_pred = model_pl.predict(X_test)
score = model_pl.score(X_test, y_test)
print('測試集的結果', score.round(3))
```

```
print(confusion_matrix(y_test, y_pred))
print('綜合報告')
print(classification_report(y_test, y_pred))
```

執行結果

測試集的結果 ⎡0.742⎤

```
[[ 67  20]
 [112 313]]
```
綜合報告

```
              precision    recall  f1-score   support

           0       0.37      0.77      0.50        87
           1       0.94      0.74      0.83       425

    accuracy                           0.74       512
   macro avg       0.66      0.75      0.66       512
weighted avg       0.84      0.74      0.77       512
```

觀察發現，正確率為 0.74，較原本的 0.70 略有提升，且類別 0 的召回率上升至 0.77。

範例 19-21 用向上取樣並進行預測

程式碼

```
model_pl = make_pipeline(data_pl,
                         SMOTE(),
                         MultinomialNB())
model_pl.fit(X_train, y_train)
y_pred = model_pl.predict(X_test)
score = model_pl.score(X_test, y_test)
print('測試集的結果', score.round(3))
print(confusion_matrix(y_test, y_pred))
print('綜合報告')
print(classification_report(y_test, y_pred))
```

執行結果

測試集的結果 0.854

```
[[ 28  59]
 [ 16 409]]
```

綜合報告

	precision	recall	f1-score	support
0	0.64	0.32	0.43	87
1	0.87	0.96	0.92	425
accuracy			0.85	512
macro avg	0.76	0.64	0.67	512
weighted avg	0.83	0.85	0.83	512

觀察發現，正確率為 0.85，召回率則仍只有 0.32。以這個例子而言，預測結果並不好。

19-4 主題探索

接下來要進行的是主題探索，使用的技術是潛在狄氏分配。以本章的例子而言，我們假設文章大約分成 12 類。

範例 19-22 印出第一篇主題

程式碼

```
n_topics = 12
n_words = 10
from sklearn.decomposition import LatentDirichletAllocation
lda = LatentDirichletAllocation(n_components=n_topics, random_state=42)
cv = CountVectorizer(preprocessor=preprocessor,
                     token_pattern='(?u)\\b\\w+\\b',
                     stop_words=stops,
                     max_df=0.5)
X_array = cv.fit_transform(df['content'])
X_topics = lda.fit_transform(X_array)
idx = cv.get_feature_names()
```

```
pd.DataFrame(lda.components_[0], index=idx, columns=['topic']).\
sort_values(by='topic', ascending=False)[:n_words]
```

▌ 執行結果

	topic
華航	414.809518
飛機	295.703462
沒有	183.315111
餐點	175.200515
服務	164.033361
經濟艙	158.884403
搭	141.379416
座位	138.453261
搭乘	133.017620
班機	119.719500

這個主題比較跟華航餐點服務有關。

範例 19-23　印出 12 個主題的內容

▌ 程式碼

```
words = {}
for topic in range(n_topics):
    word = pd.DataFrame(lda.components_[topic], index=idx).\
            sort_values(by=0, ascending=False)[:n_words].index.tolist()
    words[f' 主題 {topic+1}'] = word
pd.DataFrame(words)
```

執行結果

	主題1	主題2	主題3	主題4	主題5	主題6	主題7	主題8	主題9	主題10	主題11	主題12
0	華航	服務	一個	一个	服務	機上	長榮	飛機	時間	機場	飛機	長榮
1	飛機	長榮	航空公司	他们	非常	餐點	服務	長榮	旅客	台北	服務	餐點
2	沒有	航空	食物	飞机	飛機	服務	飛機	航空	服務	航班	餐點	搭乘
3	餐點	餐點	飛機	食物	人員	飛機	航空	沒有	吃	小時	比較	服務
4	服務	不錯	航班	航班	很棒	親切	航空公司	時間	班機	台灣	機上	航空
5	經濟艙	搭乘	座位	航空公司	航班	非常	旅客	航空公司	機上	kitty	設備	不錯
6	搭	親切	非常	我们	一個	航空	餐點	餐	小時	華航	航空	空姐
7	座位	艙	服務	真的	這是	好吃	搭	服務	機場	改	華航	沒有
8	搭乘	人員	很棒	更	座位	餐	會	座位	會	hello	長榮	機上
9	班機	飛機	沒有	座位	親切	人員	班機	坐	態度	通知	台灣	座位

主題的探索就留給各位讀者自己分析。

19-5　文字雲

　　文字雲是一種文字資料呈現的方式。簡單來說，文字雲會將全部文章裡面的文字，用雲朵一般的圖形來呈現，**文字的大小代表出現相對次數多寡**。文字雲好處是什麼？相較於一般死板板的文字呈現方式，文字雲提供一種視覺的樂趣，和尋找重要的詞彙動力。

範例 19-24　先進行斷字並產生詞袋

程式碼

```
cv = CountVectorizer(preprocessor=preprocessor,
                     token_pattern='(?u)\\b\\w+\\b',
                     stop_words=stops, max_df=0.5)
bow = cv.fit_transform(df['content'])
df_bow = pd.DataFrame(bow.toarray(), columns=cv.get_feature_names())
df_bow.head()
```

執行結果

	00	000	01	01Jan	02	03	04	05	06	07	...	A	B	C	N	P	R	k	o	暢	裡
0	0	0	0	0	0	0	0	0	0	0	...	0	0	0	0	0	0	0	0	0	0
1	0	0	0	0	0	0	0	0	0	0	...	0	0	0	0	0	0	0	0	0	0
2	0	0	0	0	0	0	0	0	0	0	...	0	0	0	0	0	0	0	0	0	0
3	0	0	0	0	0	0	0	0	0	0	...	0	0	0	0	0	0	0	0	0	0
4	0	0	0	0	0	0	0	0	0	0	...	0	0	0	0	0	0	0	0	0	0

5 rows × 13709 columns

範例 19-25 用長條圖繪出最常出現的十大關鍵字

程式碼

```
df_bow.sum().sort_values(ascending=False)[:10].plot(kind='bar');
```

執行結果

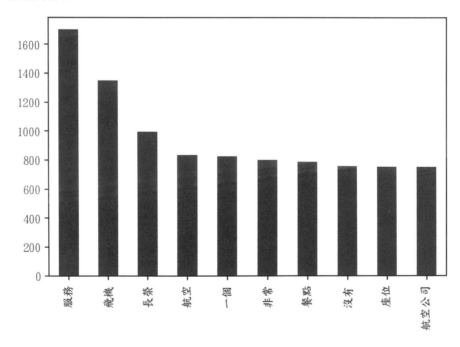

　　繪製文字雲前必須要先安裝 wordcloud 套件，cloud_mask7 提供了雲朵的形狀，font_path
提供的中文字型。程式會從 df_bow.sum() 去找出每個字出現的頻率，而根據出現的頻率來決
定每個字的大小（可以跟上個例子做比較），最後我們將繪出的圖形存到 cloud.png 檔案裡。

範例 **19-26**　繪製文字雲

▌程式碼

```
from wordcloud import WordCloud
from matplotlib import pyplot as plt
from PIL import Image

alice_mask = np.array(Image.open("cloud_mask7.png"))
wc = WordCloud(background_color="white", max_words=2000,
               mask=alice_mask, font_path="simsun.ttf")
wc.generate_from_frequencies(df_bow.sum())
wc.to_file("cloud.png")

plt.figure(figsize=(15,15))
plt.imshow(wc, interpolation='bilinear')
plt.axis("off")
```

▌執行結果

　　觀察結果跟範例 19-25 是相同的。換言之，文字雲只是另外一種結果呈現方式，並沒有提供新的資訊。

章 末 習 題

1. 如果只用 title 這個欄位來預測本章範例的消費者滿意或不滿意，正確率會是如何？請特別留意類別 0 的召回率情況。

2. 承第 1 題，請用向下取樣的做法，將整個結果再做一次。

3. 承上，將 CountVectorizer 改成 TfidfVectorizer，再看結果是否有改善？

4. 承上，這一次請同時用兩個欄位 'title', 'content'，並用詞袋編碼 TfidfVectorizer，再向下取樣後，看看結果是否有所改善。

第 20 章

KMeans 集群分析

━━━━━━ **本章學習重點** ━━━━━━

■ 介紹非監督學習法── KMeans 集群分析

■ 取得每筆資料到集群中心點的距離

■ 集群內的誤差平方和

■ 用集群內誤差平方的轉折來判斷最佳的集群數目

■ 將每個點與中心點的距離當作預測的資訊

■ 自製 KMeans 預測器

本章將介紹非監督式的學習方式。相較於監督式的學習方式，非監督式的學習方式並不需要告訴模型它要預測的目標值，即不需要 y。既然沒有了目標值 y，也就沒有正確率的計算問題。因此，非監督式的學習方式通常用於資料探索。常用的例子包括：假設有一群顧客的消費資料，可藉由他們消費的金額、頻率，將**顧客做分群**，再試著了解每一個消費族群的特性（稱爲集群分析），這就是非監督式的學習方式。

集群分析的特色是集群內的資料相似度要高，跨群的相似度要低。這裡的相似度一般用歐拉距離來衡量。本章用鳶尾花的資料來做說明。

範例 20-1 先載入鳶尾花資料，僅取 'sepal width (cm)', 'petal length (cm)' 兩欄位並做圖。請問讀者：觀察結果，你會覺得這資料可分成幾群？一般人都會直觀地認爲分爲兩群。群集分析就是在這樣盲目的情況之下，要處理分群的問題。

範例 20-1　載入鳶尾花資料來做說明

▌程式碼

```
import pandas as pd
import numpy as np
import matplotlib.pyplot as plt
import seaborn as sns
%matplotlib inline
plt.rcParams['font.sans-serif'] = ['DFKai-sb']
plt.rcParams['axes.unicode_minus'] = False
%config InlineBackend.figure_format = 'retina'
import warnings
warnings.filterwarnings('ignore')

from sklearn.datasets import load_iris
iris = load_iris()
df = pd.DataFrame(iris['data'], columns=iris['feature_names'])
df['target'] = iris['target']

X_cols = ['sepal width (cm)', 'petal length (cm)']
y_col = 'target'

X = df[X_cols]
y = df[y_col]
```

```
df.plot(kind='scatter', x='sepal width (cm)', y='petal length (cm)',
        title=' 沒有目標值的輔助 ');
```

▌執行結果

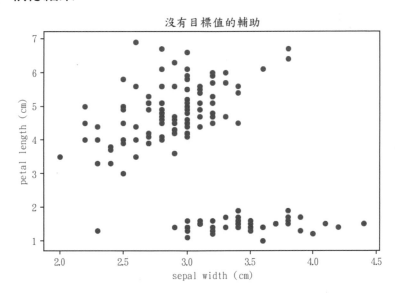

當有目標值作為輔助時,我們才會知道裡面分成 3 個族群。但從分群學習的角度來看,它所看見的資料是範例 20-1 的樣貌,並沒有目標值作為輔助,它單純透過資料的屬性將資料分群。

範例 20-2 將目標值當作輔助放至散布圖裡

▌程式碼

```
df.plot(kind='scatter', x='sepal width (cm)', y='petal length (cm)',
        c='target', cmap='coolwarm', colorbar=False,
        title=' 有目標值做輔助 ');
```

▌執行結果

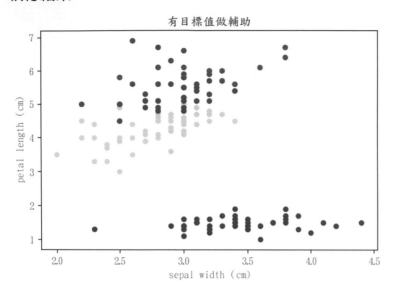

接下來開始實作集群分析法，本章是用 KMeans 集群分析法。KMeans 集群分析要「事先」告訴它，你要將資料分成幾群。假設我們將 n_clusters 設為 3，就表示要分成 3 群（之後我會教大家如何決定分群的群數）。使用方式和監督式學習幾乎相同。

- 第一步：初始化 **KMeans** 集群分析，並設定要分群的群數
- 第二步：用 **fit** 進行學習

學習完後會得到三個群的三個中心點，並存放在 cluster_centers_ 裡。

範例 20-3　**KMeans 集群分析**

▌程式碼

```
from sklearn.cluster import KMeans
kms = KMeans(n_clusters=3, random_state=42)
kms.fit(X, y)
print(kms.cluster_centers_)
```

▌執行結果

```
[[2.75087719 4.32807018]
 [3.03255814 5.67209302]
 [3.428      1.462     ]]
```

　　觀察發現，cluster_centers_ 有三個座標點，第 1 個座標點為 (2.75, 4.32)，依此類推。那我們如何知道每筆資料屬於哪一群呢？最簡單的方式就是用「每個點與三個集群中心點的距離」來做判斷。我們利用範例 20-4 說明。

　　cluster_centers_ 為三個集群的中心點，如果要自己算每個點到三個集群點的中心距離，程式會有點複雜。還好在 **KMeans 裡，透過 transform 函數就能幫我們算出每筆資料到三個集群中心點的距離。**

範例 20-4　取得每筆資料到三個集群中心點的距離

▌ 程式碼

```
pd.DataFrame(kms.transform(X)[:3],
    columns=['集群0','集群1','集群2']).style.highlight_min(axis=1)
```

▌ 執行結果

	集群0	集群1	集群2
0	3.022380	4.297590	0.095016
1	2.938649	4.272217	0.432467
2	3.061196	4.375298	0.279693

　　觀察發現，第一筆資料到集群 0 中心點的距離為 3.02；到集群 1 中心點的距離為 4.30；到集群 2 中心點的距離為 0.95。由於它和集群 2 最靠近，因此推論屬於集群 2。依此類推，第二筆資料同樣最靠近集群 2，第三筆資料也是。**請注意，集群 0、1、2 並非固定的，因此你的預測結果不一定會和我的一樣。**

　　雖然我們可以自己寫函數來判斷每筆資料屬於哪個集群，但用 predict 函數就可以幫我們直接算出每一筆資料屬於哪一群。

範例 20-5　推論每筆資料屬於哪個集群

▌ 程式碼

```
kms.predict(X)[:3]
```

▌ 執行結果

```
array([2, 2, 2], dtype=int32)
```

觀察發現，前三筆資料均屬於集群 2，與範例 20-4 結果相符。這裡要特別提醒的是，**predict 的預測結果並非「真實目標值」，而是集群的值。**別忘了，**集群分析從來都不知道你的目標類別是什麼。**

範例 20-6　觀察真實目標值前三筆

▍程式碼

```
df.loc[:2,'target']
```

▍執行結果

```
0    0
1    0
2    0
Name: target, dtype: int64
```

觀察發現，前三筆資料的目標值均為 0，而非 2。這就說明，集群分析並沒有使用「真實的目標值」。因此它的 0、1、2 只代表是哪一群，而非真實的目標值。

在上面的例子裡，我們是用猜測的方式來決定資料內有三個集群。有沒有比較客觀的方式能幫助我們做這個決定呢？我們可以參考的指標是「**集群內的誤差平方和**」。白話解釋，就是**每個點和其對應的集群中心點的距離平方和。以第一筆資料來說，其預測結果屬於第 2 個集群，而集群的中心為 [3.428, 1.462]，因此其距離平方和為 0.009。**我們將所有點的集群內誤差平方加總起來，就是集群內的誤差平方和。當集群數目增加的時候，集群內的誤差平方和會降低。我們用的是**降低的幅度**而非是否降低來判斷集群的數目，範例 20-8 會加強解釋。

範例 20-7　第一筆資料集群內的誤差平方和

▍程式碼

```
from scipy.spatial import distance
print(f'第一筆資料為 {X.loc[0].values}')
print(f'第一筆資料屬於集群 {kms.predict(X.loc[[0]])}', end='')
print(f'，該集群的中心為 {kms.cluster_centers_[2]}')
dst = distance.euclidean(X.loc[0].values, kms.cluster_centers_[2])
print(f'其距離平方和為 {dst**2:.3f}')
```

▍執行結果

```
第一筆資料為 [3.5 1.4]
第一筆資料屬於集群 [2]，該集群的中心為 [3.428 1.462]
其距離平方和為 0.009
```

如果要我們自己計算每一個點的「集群內的誤差平方」，工程有點浩大。還好在 KMeans 裡已自動幫我們算好，**它的計算結果存放在 inertia_ 變數。我們寫一個迴圈來觀察集群數與集群內誤差平方和的關係**，如範例 20-8，在範例中繪製集群從 1 到 7 的「集群內的誤差平方和」，隨著集群愈多，**觀察到誤差平方和就愈小。最極端的情況當然是，每個樣本都是自己的集群中心點，其誤差平方和就會為** 0。

因此，我們要觀察的不是最小值，而是**轉折點**。從一個集群到二個集群，誤差平方和有明顯下降，**表示兩個集群能大幅下降誤差平方和**，表示兩個集群的必要性。但從兩個集群變成三個集群時，雖然誤差平方和仍有下降，**但下降幅度就較小了，表示三個集群能降低的誤差平方和較少，其必要性較低。**到四個集群以後，其降低幅度就變得非常小。因此以本例而言，保守的選擇是二個集群，三個集群也是可考慮的選項。

範例 20-8 用集群內誤差平方的轉折來判斷找出最佳的集群數目

程式碼

```
errors = []
for i in range(1,7):
    kms = KMeans(n_clusters=i)
    kms.fit(X, y)
    errors.append(kms.inertia_)
plt.plot(range(1,7), errors, marker='o')
plt.xlabel(' 集群數目 ')
plt.ylabel(' 集群內的誤差平方和 ');
```

執行結果

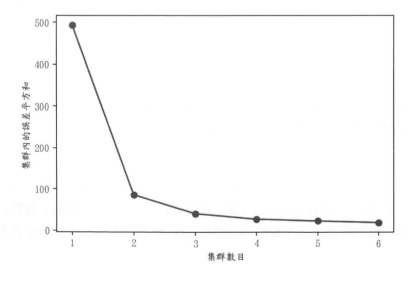

範例 20-9 繪製 Kmeans 的三集群結果

▌程式碼

```
ks = KMeans(n_clusters=3)
ks.fit(X, y)
y_pred = ks.predict(X)
fig, axes = plt.subplots(1, 2, figsize=(10, 4))
df.plot(kind='scatter', x='sepal width (cm)',
    y='petal length (cm)', c='target',
        cmap='coolwarm', colorbar=False, ax=axes[0], title='原始資料')
df.plot(kind='scatter', x='sepal width (cm)',
    y='petal length (cm)', c=y_pred,
        cmap='coolwarm', colorbar=False, ax=axes[1], title='集群結果')
axes[1].scatter(ks.cluster_centers_[:,0],
                ks.cluster_centers_[:,1], s=70, c='red');
```

▌執行結果

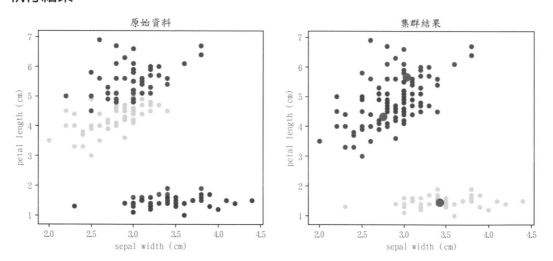

　　左方圖形為原始資料並用目標值來著色，右方圖形是 KMeans 的分群結果，圖中的**三個大圓點，為三個集群的中心點**。你會發現左右圖形的點顏色並不相同，這是因為左方圖形用的是真實目標值，而右方圖形用的是集群分析的結果。

　　那麼，能不能將每個點與中心點的距離當作預測的資訊呢？這是一個有趣的實驗，實務上很少這麼做，不過我們來試試看！把 KMeans 放在羅吉斯迴歸之前，因此 KMeans 會被視為轉換器，輸出每個點與中心點的距離給羅吉斯迴歸做預測。範例 20-10 將 **n_clusters 設為4**。

範例 20-10 判斷能不能將每個點與中心點的距離當作預測的資訊

▌ 程式碼

```
from sklearn.model_selection import train_test_split
X_train, X_test, y_train, y_test = train_test_split(X, y, test_
                                    size=0.3, random_state=2)

from sklearn.pipeline import make_pipeline
from sklearn.linear_model import LogisticRegression
model_pl = make_pipeline(KMeans(n_clusters=4), LogisticRegression())
model_pl.fit(X_train, y_train)
y_pred = model_pl.predict(X_test)

from sklearn.metrics import confusion_matrix,
    classification_report, accuracy_score
score = model_pl.score(X_test, y_test)
print('測試集的結果 ', score.round(3))
print(confusion_matrix(y_test, y_pred))
print('綜合報告 ')
print(classification_report(y_test, y_pred))
```

▌ 執行結果

```
測試集的結果 0.956
[[17  0  0]
 [ 0 14  1]
 [ 0  1 12]]
綜合報告
              precision    recall  f1-score   support

           0       1.00      1.00      1.00        17
           1       0.93      0.93      0.93        15
           2       0.92      0.92      0.92        13

    accuracy                           0.96        45
   macro avg       0.95      0.95      0.95        45
weighted avg       0.96      0.96      0.96        45
```

觀察結果，正確率有 0.956，很不錯！

範例 20-11　直接用羅吉斯迴歸來估算正確率

程式碼

```
from sklearn.preprocessing import StandardScaler
model_pl_lr = make_pipeline(StandardScaler(), LogisticRegression())
model_pl_lr.fit(X_train, y_train)
y_pred = model_pl_lr.predict(X_test)
print(confusion_matrix(y_test, y_pred))
print(accuracy_score(y_test, y_pred))
```

執行結果

```
[[16  1  0]
 [ 0 14  1]
 [ 0  1 12]]
0.9333333333333333
```

這結果很有趣，直接用羅吉斯迴歸沒有比較好，反而差了一點。但這不代表結果就比較好，可能剛好切割的資料適合。

範例 20-12 主要是示範如何創造一個新的轉換器，是可以加入管道器的。這個練習主要是教你怎麼自己做轉換器，其本身並沒有太大價值。

首先，KMeans 的 predict 無法放進管道器的前端（前端的連接串口需為 fit 和 transform），因此我們要自己設計一個新的轉換器類別，其 transform 的輸出為 Kmeans. predict 的結果。sklearn 聰明的地方是它定義了不同函數的「接口」函數，只要遵守這個規則，就能讓自己的轉化器或預測器，成為管道器的一部分。處理上，這是屬於物件導向的觀念，難度較高，讀者可將此例視為程式模版，修改這個模版使之成為你要的功能。

首先，我們從 base 模組裡繼承其他兩個物件類別 BaseEstimator 和 TransformerMixin。然後在模型初始化時，會需要一個變數 n_clusters，取得後將結果存放到物件裡（即 self.n_clusters）。

再來設計 fit 函數，我們將 KMeans 學習結果存放至物件的變數 model 裡。因此，只要經過 fit 函數後，我們就能透過 model 來取得其學習結果。

最後要定義的是 transform 函數，這時我們會利用學習到的 model 進行 predict。由於結果為一維陣列，需透過 reshape(-1, 1) 將其轉為二維的陣列，這是因為在 sklearn 裡的 X 資料都是以二維的方式傳送。

範例 20-12 將 **KMeans** 的 **predict** 類別放入管道器裡

▌ 程式碼

```python
from sklearn.base import BaseEstimator, TransformerMixin
class Kmeans_label(BaseEstimator, TransformerMixin):
    def __init__(self, n_clusters):
        self.n_clusters = n_clusters

    def fit(self, X, y=None):
        self.model = KMeans(self.n_clusters).fit(X, y)
        return self

    def transform(self, X, y=None):
        return self.model.predict(X).reshape(-1, 1)
np.random.seed(42)
kms_l = Kmeans_label(n_clusters=4)
kms_l.fit(X_train, y_train)
kms_l.transform(X_train)[:5]
```

▌ 執行結果

```
array([[2],
       [1],
       [0],
       [1],
       [1]], dtype=int32)
```

觀察結果發現，資料確實是以二維的 numpy 陣列方式輸出。

範例 20-13 用 Kmeans_label 來進行轉換，完成 Kmeans_label 後，就能將其裝入管道器裡做資料轉換後再進行預測。

範例 20-13 用 **Kmeans_label** 來進行預測

▌ **程式碼**

```
np.random.seed(42)
model_pl_lr = make_pipeline(Kmeans_label(3), LogisticRegression())
model_pl_lr.fit(X_train, y_train)
y_pred = model_pl_lr.predict(X_test)

from sklearn.metrics import confusion_matrix, accuracy_score
print(confusion_matrix(y_test, y_pred))
print(accuracy_score(y_test, y_pred))
```

▌ **執行結果**

```
[[17  0  0]
 [ 0 14  1]
 [ 0  3 10]]
0.9111111111111111
```

　　觀察發現，其正確率為 0.91，還不錯。雖然不見得實用，但主要介紹讀者如何自行設計符合管道器要求的轉換器。

章 末 習 題

1. 請用以下函數產生資料，再用 KMeans 集群分析裡的「集群內誤差平方」的轉折來探索裡面分成幾群比較合理。

   ```
   X, y = make_blobs(n_samples=500, n_features=2, centers=7,
   cluster_std=1, random_state=42)
   plt.scatter(X[:,0], X[:,1], c=y)
   ```

2. 將第 1 題的分群結果用散布圖繪製出來。

第 21 章

Keras 深度學習

━━━━━━━━ **本章學習重點** ━━━━━━━━

■ 介紹如何將 Keras 包裝至 sklearn 裡

■ 介紹 UCI ML hand-written digits datasets 手寫資料集

■ 介紹圖像資料

■ keras 架構和進行手動資料轉換

■ keras 包裝器

■ 以網格搜尋尋找 Keras 裡的 epochs 和 validation_split 參數

■ 用網格搜尋來尋找第一隱藏層的節點數

■ 用網格搜尋來尋找最佳隱藏層的數目

　　深度學習（Deep Learning）可說是近年來最熱門的議題。在 Python 裡，我們可以 Keras 來實作深度學習。不過，整個深度學習的理論和說明足夠再寫一本書，因此本章的重點僅在於如何將 Keras 包裝進 sklearn 使用。將 Keras 包裝進 sklearn 裡有什麼好處呢？就是管道器。將 Keras 放進管道器裡，就能使用各種 sklearn 所提供的資料預處理功能，當然也包括最好用的網格搜尋功能。

　　本章的範例是一個手寫數字的辨識。資料是來自於 UCI ML hand-written digits datasets，主要包含手寫的 0 到 10，共有 1797 筆資料、64 個特徵值，64 是因為將 8 乘 8 的圖像變成 1 維的結果。

範例 21-1　載入資料

▌程式碼

```
import pandas as pd
import numpy as np
import matplotlib.pyplot as plt
import seaborn as sns
%matplotlib inline
%config InlineBackend.figure_format = 'retina'
import warnings
warnings.filterwarnings('ignore')

from sklearn.datasets import load_digits
digit = load_digits()
print('\n'.join(digit['DESCR'].split('\n')[:19]))
```

▌執行結果

```
.. _digits_dataset:

Optical recognition of handwritten digits dataset
--------------------------------------------------

**Data Set Characteristics:**

    :Number of Instances: 5620
    :Number of Attributes: 64
    :Attribute Information: 8x8 image of integer pixels in the
```

```
range 0..16.
    :Missing Attribute Values: None
    :Creator: E. Alpaydin (alpaydin '@' boun.edu.tr)
    :Date: July; 1998

This is a copy of the test set of the UCI ML hand-written digits
datasets
https://archive.ics.uci.edu/ml/datasets/Optical+Recognition+of+Ha
ndwritten+Digits

The data set contains images of hand-written digits: 10 classes
where
each class refers to a digit.
```

　　圖像是電腦針對人類視覺重新做的呈現，事實上，在電腦裡一切的資料，不管是文字、聲音、圖片和影片，都是 0 與 1 的集合。如果你不信的話，我取出第 1 筆資料，並將其還原成 8 乘 8 的大小。你猜這是什麼數字。以黑白來說，**0 是黑色，15 接近是白色**，數值愈大，愈亮。我來公布答案，這是數字 0。

範例 21-2　資料檢視

▌程式碼

```
digit['data'][0].reshape(8, 8)
```

▌執行結果

```
array([[ 0.,   0.,   5.,  13.,   9.,   1.,   0.,   0.],
       [ 0.,   0.,  13.,  15.,  10.,  15.,   5.,   0.],
       [ 0.,   3.,  15.,   2.,   0.,  11.,   8.,   0.],
       [ 0.,   4.,  12.,   0.,   0.,   8.,   8.,   0.],
       [ 0.,   5.,   8.,   0.,   0.,   9.,   8.,   0.],
       [ 0.,   4.,  11.,   0.,   1.,  12.,   7.,   0.],
       [ 0.,   2.,  14.,   5.,  10.,  12.,   0.,   0.],
       [ 0.,   0.,   6.,  13.,  10.,   0.,   0.,   0.]])
```

　　範例 21-3 將範例 21-2 還原成人類大腦看得懂的圖片，這樣你就會更清楚了。**我們用 plt.imshow() 將數值轉成圖像，參數 cmap='gray' 是強調這是灰階的圖形。**因為我們不想呈現座標軸，就將參數 axis 設為 off。

範例 21-3 　將範例 21-2 的數字變成圖像

▌程式碼

```
plt.figure(figsize=(1,1))
plt.imshow(digit['data'][0].reshape(8, 8), cmap='gray')
plt.axis('off');
```

▌執行結果

　　對照範例 21-2，這樣子是不是更清楚了？

範例 21-4 　將前 16 筆資料繪出，並在標題上註記其真實數值

▌程式碼

```
fig, axes = plt.subplots(4,4, figsize=(6,4))
for i, ax in enumerate(axes.flatten()):
    img = digit['data'][i].reshape(8, 8)
    ax.imshow(img, cmap='gray')
    ax.set_title(digit['target'][i])
    ax.axis('off')
plt.tight_layout()
```

▌ 執行結果

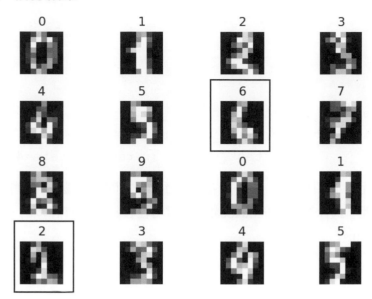

　　觀察發現，有些數值真的容易搞混。如第二列第三行的 6，但很像 1。又或者第四列第一行的 2，也很像 1。究竟在這模糊的圖片裡，機器學習能學習到幾分的正確率呢？

　　因為 digit['target'] 為 numpy 格式，我們直接用 bincount() 來計算每個類別的個數。

範例 21-5　檢視目標值的個數

▌ 程式碼

```
print(' 資料總筆數為 :', np.size(digit['target']))
print(' 資料目標值的個數 :', np.bincount(digit['target']))
```

▌ 執行結果

資料總筆數為： 1797
資料目標值的個數： [178 182 177 183 181 182 181 179 174 180]

　　觀察發現，每個類別約出現 180 次。

範例 21-6　資料切割

▌程式碼

```
X = digit['data']
y = digit['target']
from sklearn.model_selection import train_test_split
X_train, X_test, y_train, y_test = train_test_split(X, y,
                                    test_size=0.3, random_state=42)
```

　　我們先用 K 最近鄰來進行模型預測，由於資料都在 0 到 16 之間的整數，我們用 MinMaxScaler 來進行資料預處理。為什麼用 MinMaxScaler？因為在資料裡面有許多的 0，MinMaxScaler 能讓 0 還是維持是 0。

範例 21-7　模型預測

▌程式碼

```
from sklearn.neighbors import KNeighborsClassifier
from sklearn.linear_model import LogisticRegression
from sklearn.preprocessing import MinMaxScaler
from sklearn.pipeline import make_pipeline
model_pl_kn = make_pipeline(MinMaxScaler(), KNeighborsClassifier())
model_pl_kn.fit(X_train, y_train)
y_pred = model_pl_kn.predict(X_test)

from sklearn.metrics import confusion_matrix, accuracy_score
print(' 正確率：',accuracy_score(y_test, y_pred).round(3))
print(confusion_matrix(y_test, y_pred))
```

▌執行結果

```
正確率： 0.993
[[53  0  0  0  0  0  0  0  0  0]
 [ 0 50  0  0  0  0  0  0  0  0]
 [ 0  0 47  0  0  0  0  0  0  0]
 [ 0  0  0 54  0  0  0  0  0  0]
 [ 0  0  0  0 60  0  0  0  0  0]
 [ 0  0  0  0  0 65  0  0  0  1]
```

```
[  0   0   0   0   0   0  53   0   0   0]
[  0   0   0   0   0   0   0  55   0   0]
[  0   0   0   0   0   0   0   0  43   0]
[  0   0   0   1   1   1   0   0   0  56]]
```

　　觀察發現，正確率高達 9 成 9。從混亂矩陣來看，也沒什麼問題。以這個例子而言，其實用 K 最近鄰法就已足夠。用深度學習法主要是教各位如何將它包進 sklearn 裡，而非教深度學習的觀念和語法。

　　接著要講解 Keras 深度學習架構，讀者要先安裝 tensorflow 才能執行以下程式。我們建構最簡單的學習模型，並存放在 model 的變數裡。

範例 21-8　**Keras 深度學習架構**

▌ 程式碼

```
from tensorflow.keras import models
from tensorflow.keras.layers import Dense

model = models.Sequential()
model.add(Dense(512, activation='relu', input_shape=(64,)))
model.add(Dense(10, activation='softmax'))
model.compile(optimizer='adam', loss='categorical_crossentropy',
              metrics=['accuracy'])
```

▌ 執行結果

```
WARNING:tensorflow:From /Users/simon/anaconda3/lib/python3.6/
site-packages/tensorflow/python/ops/resource_variable_ops.py:435:
colocate_with (from tensorflow.python.framework.ops) is deprecated
and will be removed in a future version.
Instructions for updating:
Colocations handled automatically by placer.
```

　　在 Keras 的類神經網路輸出是十個神經元，因此要輸出的目標值 0 到 9 先做獨熱編碼。因為在 sklearn 裡的獨熱編碼函數要的是二維資料，因此要將原本的一維目標值透過 reshape(-1, 1) 轉換成二維資料，才能進行獨熱編碼。

範例 21-9 將 y 值改成獨熱編碼

程式碼

```
from sklearn.preprocessing import OneHotEncoder
oh = OneHotEncoder()
y_train_oh =  oh.fit_transform(y_train.reshape(-1,1))
y_test_oh = oh.transform(y_test.reshape(-1,1))
print('第一筆資料的目標值：', y_train[0])
print('獨熱編碼結果：')
print(pd.DataFrame(y_train_oh.toarray()[[0]]))
```

執行結果

第一筆資料的目標值： 8
獨熱編碼結果：
```
     0    1    2    3    4    5    6    7    8    9
0  0.0  0.0  0.0  0.0  0.0  0.0  0.0  0.0  1.0  0.0
```

　　觀察發現，第一筆資料的目標值為 8。獨熱編碼後的結果也是 8。

　　接著做模型的學習和預測。這裡要注意的是，經過深度學習的預測結果，仍為獨熱編碼 y_pred_oh，因此要再進一步轉換成原本的 0 到 9，才能計算正確率和混亂矩陣。正確率是 0.98，也相當不錯。

範例 21-10 模型的學習和預測

程式碼

```
np.random.seed(42)
model.fit(X_train, y_train_oh.toarray(),
          epochs=50, verbose=0, validation_split=0.2)


y_pred_oh = model.predict(X_test)
y_pred = y_pred_oh.argmax(axis = 1)


print('正確率：',accuracy_score(y_test, y_pred).round(3))
print(confusion_matrix(y_test, y_pred))
```

執行結果

```
WARNING:tensorflow:From /Users/simon/anaconda3/lib/python3.6/site-
packages/tensorflow/python/ops/math_ops.py:3066: to_int32 (from
tensorflow.python.ops.math_ops) is deprecated and will be removed
in a future version.
Instructions for updating:
Use tf.cast instead.
正確率： 0.983
[[53  0  0  0  0  0  0  0  0  0]
 [ 0 49  0  0  0  0  0  0  0  1]
 [ 0  0 47  0  0  0  0  0  0  0]
 [ 0  0  1 52  0  1  0  0  0  0]
 [ 0  0  0  0 60  0  0  0  0  0]
 [ 0  0  0  0  0 64  1  0  0  1]
 [ 1  0  0  0  0  0 52  0  0  0]
 [ 0  0  0  0  0  0  0 54  0  1]
 [ 0  0  0  0  0  0  0  0 43  0]
 [ 0  0  0  0  0  0  0  0  2 57]]
```

　　不過，目標值要先轉換成獨熱編碼，獨熱編碼又要再轉換成原本的數字才能計算正確率，相當不方便。轉到最後頭都暈了。有沒有更好的解決方式？我們用範例 21-11 來介紹。

　　範例 21-11 示範 Keras 包裝器。首先**在 tensorflow.Keras 套件裡載入 KerasClassifier** 包裝器。有了這個包裝器之後，我們就可以將深度學習串接在管道器裡面。歡呼！

　　使用上很簡單，首先將整個深度學習模型定義成一個函數，其 return 輸出值為模型架構。之後深度學習的模型就可以像一般的 sklearn 的預測函數一樣，不用再將 y 轉來轉去了。這麼一來，就能使用到 sklearn 的所有資料預處理功能。觀察發現，正確率仍為 0.98，但原本繁雜的步驟被大幅地化簡了！

範例 21-11　Keras 包裝器

▌ 程式碼

```
from tensorflow.keras.wrappers.scikit_learn import KerasClassifier

def build_model():
    model = models.Sequential()
    model.add(Dense(512, activation='relu', input_shape=(64,)))
    model.add(Dense(10, activation='softmax'))
    model.compile(optimizer='adam', loss='categorical_crossentropy',
                  metrics=['accuracy'])
    return model

np.random.seed(42)
model_deep = KerasClassifier(build_fn=build_model, epochs=50, verbose=0)
model_pl = make_pipeline(MinMaxScaler(), model_deep)
model_pl.fit(X_train, y_train)
y_pred = model_pl.predict(X_test)

print('正確率：',accuracy_score(y_test, y_pred).round(3))
print(confusion_matrix(y_test, y_pred))
```

▌ 執行結果

```
正確率： 0.981
[[53  0  0  0  0  0  0  0  0  0]
 [ 0 50  0  0  0  0  0  0  0  0]
 [ 0  0 47  0  0  0  0  0  0  0]
 [ 0  0  0 52  0  1  0  0  1  0]
 [ 0  0  0  0 60  0  0  0  0  0]
 [ 0  0  0  0  0 64  1  1  0  0]
 [ 0  0  0  0  0  1 52  0  0  0]
 [ 0  0  0  0  0  0  0 54  0  1]
 [ 0  1  0  0  0  1  0  0 41  0]
 [ 0  0  0  0  0  0  0  0  2 57]]
```

那能不能進一步使用網格搜尋，來調整深度學習的參數？答案是可以的。範例 21-12 就是實作的程式碼。

範例 21-12 以網格搜尋尋找 Keras 裡的 epochs 和 validation_split 參數

▌ 程式碼

```
param_grid = {
    'kerasclassifier__epochs':[50, 100, 150],
    'kerasclassifier__validation_split':[0.1, 0.2]
}
from sklearn.model_selection import GridSearchCV
gs = GridSearchCV(model_pl, param_grid=param_grid,
                  cv=5, scoring='accuracy')
gs.fit(X_train, y_train)

print(' 最佳參數： ',gs.best_params_)
y_pred = gs.best_estimator_.predict(X_test)
print(' 正確率： ',accuracy_score(y_test, y_pred).round(3))
print(confusion_matrix(y_test, y_pred))
```

▌ 執行結果

最佳參數： {'kerasclassifier__epochs': 150, 'kerasclassifier__
validation_split': 0.2}

正確率： 0.972

```
[[52  0  0  0  1  0  0  0  0  0]
 [ 0 47  0  0  0  0  0  0  0  3]
 [ 0  0 47  0  0  0  0  0  0  0]
 [ 0  0  1 52  0  1  0  0  0  0]
 [ 0  0  0  0 60  0  0  0  0  0]
 [ 0  1  0  0  0 63  1  0  0  1]
 [ 0  0  0  0  0  1 52  0  0  0]
 [ 0  0  0  0  0  0  0 54  0  1]
 [ 0  1  0  0  0  1  0  0 41  0]
 [ 0  0  0  0  0  0  0  0  2 57]]
```

　　然後用網格搜尋來尋找**第一隱藏層的節點數**。範例 21-13 示範用網格搜尋來尋找第一隱藏層的節點數。**節點數目越高，模型的預測能力越強，但易有過度擬合的情況。**

範例 21-13 用網格搜尋來尋找第一隱藏層的節點數

程式碼

```
def build_model(node_numbers=128):
    model = models.Sequential()
    model.add(Dense(node_numbers, activation='relu', input_shape=(64,)))
    model.add(Dense(10, activation='softmax'))
    model.compile(optimizer='adam', loss='categorical_crossentropy',
                  metrics=['accuracy'])
    return model

model_deep = KerasClassifier(build_fn=build_model, epochs=10, verbose=0)
model_pl = make_pipeline(MinMaxScaler(), model_deep)

param_grid = {
    'kerasclassifier__node_numbers':[64, 128, 512],
}

gs = GridSearchCV(model_pl, param_grid=param_grid,
                  cv=5, scoring='accuracy')
gs.fit(X_train, y_train)
gs.fit(X_train, y_train)

print('最佳參數：',gs.best_params_)
y_pred = gs.best_estimator_.predict(X_test)
print('正確率：',accuracy_score(y_test, y_pred).round(3))
print(confusion_matrix(y_test, y_pred))
```

執行結果

```
最佳參數： {'kerasclassifier__node_numbers': 512}
正確率： 0.967
[[53  0  0  0  0  0  0  0  0  0]
 [ 0 46  1  0  0  0  0  0  3  0]
 [ 0  0 47  0  0  0  0  0  0  0]
 [ 0  0  1 50  0  1  0  0  2  0]
 [ 0  0  0  0 60  0  0  0  0  0]
 [ 0  0  0  0  1 62  1  0  0  2]
```

```
[ 1  0  0  0  0  0 52  0  0  0]
[ 0  0  0  0  0  0  0 54  0  1]
[ 0  1  0  0  0  1  0  0 41  0]
[ 0  0  0  1  0  0  0  0  1 57]]
```

　　最後示範如何用網格搜尋來尋找最佳隱藏層的數目。一般而言，隱藏層數目越多，模型的預測能力越強，但易有過度擬合的情況。

範例 21-14 用網格搜尋來尋找最佳隱藏層的數目

程式碼

```
def build_model(hidden_layers=1):
    model = models.Sequential()
    model.add(Dense(128, activation='relu', input_shape=(64,)))
    for i in range(hidden_layers):
        model.add(Dense(64, activation='relu'))
    model.add(Dense(10, activation='softmax'))
    model.compile(optimizer='adam', loss='categorical_crossentropy',
                  metrics=['accuracy'])
    return model

model_deep = KerasClassifier(build_fn=build_model, epochs=50, verbose=0)
model_pl = make_pipeline(MinMaxScaler(), model_deep)

param_grid = {
    'kerasclassifier__hidden_layers':range(1,5),
}
gs = GridSearchCV(model_pl, param_grid=param_grid, cv=5,
                  scoring='accuracy')
gs.fit(X_train, y_train)

print('最佳參數：',gs.best_params_)
y_pred = gs.best_estimator_.predict(X_test)
print('正確率：',accuracy_score(y_test, y_pred).round(3))
print(confusion_matrix(y_test, y_pred))
```

▌ **執行結果**

最佳參數：{'kerasclassifier__hidden_layers': 3}
正確率：0.981

```
[[53  0  0  0  0  0  0  0  0  0]
 [ 0 50  0  0  0  0  0  0  0  0]
 [ 0  0 47  0  0  0  0  0  0  0]
 [ 0  0  1 52  0  1  0  0  0  0]
 [ 0  0  0  0 60  0  0  0  0  0]
 [ 0  0  0  0  1 64  1  0  0  0]
 [ 0  0  0  0  1  0 52  0  0  0]
 [ 0  0  0  0  0  0  0 54  0  1]
 [ 0  0  0  0  0  1  0  0 42  0]
 [ 0  0  0  1  0  0  0  0  2 56]]
```

如果 Keras 安裝不起來，可試指令：

```
!conda install -c conda-forge keras
```

※（請由此線剪下）

歡迎加入 全華會員

● 會員獨享

　會員享購書折扣、紅利積點、生日禮金、不定期優惠活動…等。

● 如何加入會員

　掃 QRcode 或填妥讀者回函卡直接傳真 (02) 2262-0900 或寄回，將由專人協助登入會員資料，待收到 E-MAIL 通知後即可成為會員。

如何購買

全華書籍

1. 網路購書

　全華網路書店「http://www.opentech.com.tw」，加入會員購書更便利，並享有紅利積點回饋等各式優惠。

2. 實體門市

　歡迎至全華門市（新北市土城區忠義路21號）或各大書局選購。

3. 來電訂購

　(1) 訂購專線：(02) 2262-5666 轉 321-324
　(2) 傳真專線：(02) 6637-3696
　(3) 郵局劃撥（帳號：0100836-1　戶名：全華圖書股份有限公司）

　※ 購書未滿 990 元者，酌收運費 80 元。

OpenTech.com.tw 全華網路書店

全華網路書店 www.opentech.com.tw
E-mail: service@chwa.com.tw

※ 本會員制如有變更則以最新修訂制度為準，造成不便請見諒。

讀者回函卡

掃 QRcode 線上填寫 ▶▶▶

姓名：_____ 生日：西元_____年_____月_____日 性別：□男 □女

電話：(　　)_____ 手機：_____

e-mail：(必填)_____

註：數字零，請用 Ф 表示，數字 1 與英文 L 請另註明並書寫端正，謝謝。

通訊處：□□□□□

學歷：□高中・職 □專科 □大學 □碩士 □博士

職業：□工程師 □教師 □學生 □軍・公 □其他

學校／公司：_____ 科系／部門：_____

・需求書類：

□A. 電子 □B. 電機 □C. 資訊 □D. 機械 □E. 汽車 □F. 工管 □G. 土木 □H. 化工 □I. 設計

□J. 商管 □K. 日文 □L. 美容 □M. 休閒 □N. 餐飲 □O. 其他

・本次購買圖書為：_____ 書號：_____

・您對本書的評價：

封面設計：□非常滿意 □滿意 □尚可 □需改善，請說明_____

內容表達：□非常滿意 □滿意 □尚可 □需改善，請說明_____

版面編排：□非常滿意 □滿意 □尚可 □需改善，請說明_____

印刷品質：□非常滿意 □滿意 □尚可 □需改善，請說明_____

書籍定價：□非常滿意 □滿意 □尚可 □需改善，請說明_____

整體評價：請說明_____

・您在何處購買本書？

□書局 □網路書店 □書展 □團購 □其他

・您購買本書的原因？（可複選）

□個人需要 □公司採購 □親友推薦 □老師指定用書 □其他

・您希望全華以何種方式提供出版訊息及特惠活動？

□電子報 □DM □廣告 (媒體名稱_____)

・您是否上過全華網路書店？ (www.opentech.com.tw)

□是 □否 您的建議_____

・您希望全華出版哪方面書籍？_____

・您希望全華加強哪些服務？_____

感謝您提供寶貴意見，全華將秉持服務的熱忱，出版更多好書，以饗讀者。

填寫日期：　　　／　　　／

2020.09 修訂

親愛的讀者：

感謝您對全華圖書的支持與愛護，雖然我們很慎重的處理每一本書，但恐仍有疏漏之處，若您發現本書有任何錯誤，請填寫於勘誤表內寄回，我們將於再版時修正，您的批評與指教是我們進步的原動力，謝謝！

全華圖書 敬上

勘 誤 表

書 號		
頁 數	行 數	書 名

頁　數	行　數	錯誤或不當之詞句	建議修改之詞句
			作　者

我有話要說：（其它之批評與建議，如封面、編排、內容、印刷品質等⋯）